世界旅客機年鑑

2024年最新鋭機対応版

World Passenger Aircraft Yearbook 2024

青木謙知 著

JN090579

はじめに

多くの人にとってもっとも身近な航空機といえば、「旅客機」であろう。ヘリコプターはよく見かけるがそうそう乗る機会はないし、ましてや戦闘機などの軍用機は、乗ったり触れたりという観点からは縁遠い。一方で、航空会社の旅客機は、ちょっと遠くへの旅行で使用することは多いだろうし、海外旅行となれば移動手段に用いるのに大多数を占めていることは確かだ。国土交通省発表の統計によれば、2022年1年間の国内線航空旅客数は約7,951万人、日本発着の国際線航空便の利用者数は約629万3,000人で、あわせると約8,600万人となる。これにはもちろん訪日外国人や日本在住外国人も含まれているが、2022年の日本の人口約1億2,560万人の約68％にあたり、かなりの数の人が旅客機を利用していたといってよい。

そうした利用者のなかには、今乗った飛行機はどのようなものなのかとか、今度乗るのはどのようなものなのかなどといった興味をもたれる方もいらっしゃるかもしれないし、次はこんなのに乗ってみたいとか、今話題の旅客機はどんなものなのかなどと関心をさらに進める方もおられるだろう。本書はそうした方々のお役に立ち、さらには旅客機という乗り物への理解や知識を深めていただく一助になればとして編纂した、世界中で使われている「旅客機の手引き書」を目指したものだ。

本書の類書としては、イカロス出版株式会社が長年にわたって隔年で刊行してきた『旅客機年鑑』があって、私が監修・執筆を続けてきた。2023年は2年に一度の改訂の年であったのだが、出版社側の決定で2024～2025年版以降は発行しないことが決まった。とはいっても、年鑑のような形式で特定の機種を網羅した便覧のような出版物の要望や需要などはまだあるとの考えが秀和システムとの間で一致し、形を変えて本書の刊行へとつながった。こうした経緯から、本の作りや構成などの基本的な部分はイカロス出版の『旅客機年鑑』と似た面はあるが、もちろん内容は最後となった『旅客機年鑑2022～2023年』版よりも大幅にアップデートしてあるし、各機種の取り上げ方にも違いをだすなどした。

飛行機が好きなファンには、いろいろなタイプが存在していることは百も承知二百も合点だ。乗ることを楽しみにしている人もいるだろうし、また空港にいって送迎デッキにでれば、多くの旅客機ファンの人が出発機や到着機に手をふったりし、あるいは望遠レンズつきカメラで機体を追いかけている人もいる。飛行機の楽しみ方はもちろん十人十色で、こうでなくてはならないなどの決まりはまったくなく、規則を守って周りに迷惑をかけなければ自由である。そうしたなかで、旅客機とはどのようなものなのかという知的好奇心が、本書によって満たされれば望外の喜びである。

2024年1月　青木謙知

本書について

- 本書は、2023年8月の時点で、世界中の民間航空機オペレーターにより使用されていた、いわゆる現役の旅客機および旅客機をベースにした貨物機を収録の対象とした。ただ、ほぼ完全な退役状態にあるような機種であっても、掲載しておく価値があると判断したものは収録した。
- 将来の旅客機として研究作業が行われているものについては、実現の可能性が高そうなものにかぎって収録した。
- 「空飛ぶクルマ」とか「空飛ぶタクシー」などと呼ばれているいわゆるeVTOL(電気モーターによる垂直離着陸)機については、現段階では航空機として(すなわち旅客機としても)扱われていないので、いっさい収録していない。
- 貨物機については、最初から貨物型の開発・製造が決められていたものだけに限定し、貨物機への改造機(SF、BCF、P2Fなど)は独立した項目は設けないこととした。ただし、関連機種のページで必要に応じて触れるなどしたものはある。
- 掲載順については、国際基準にあわせてアルファベット順とした。まず原産国の国名をオリンピックなどと同様に英語での表記によるアルファベット順とし、次いで各国のメーカー名のアルファベット順で並べてある。ただ一部について、見やすさなどを考慮して入れ替えを行ったものがあることをご了解いただきたい。
- 巻末のエンジンについては、収録機種が装備しているものを取り上げたが、紙数の都合で一部について省略・割愛した。
- 各機種のデータでは、航空機での通常の表記基準に従い速度はノット(kt:knot)、距離は海里(nm:nautical mile)で表記した。どちらも「1.852」を乗じると速度は「km/h」に、距離は「km」になる。それ以外はもとの単位がなんであるかにかかわらず、換算などを行ってメートル法単位で表記を統一した。

CONTENTS

特殊貨物機

貨物機

CONTENTS

特集1　*Special Feature*

操縦桿の進化

旅客機で初めてサイドスティックを導入したエアバスA320のコクピット

操縦装置のなかでの操縦桿の役割

パイロットは、両手と両足を使って航空機を操縦する。両足は、機首の左右方向の向きを制御する方向舵のペダルの操作に使い、手の使用は操縦桿の操作が基本だが、操縦桿を握っていないほうの手は、エンジンの出力を調節するパワー・レバー(スロットル・レバーともいう)の操作に使用する。これらの操縦装置のうち、進化を続けているのが操縦桿だ。

古来、操縦桿は棒状でパイロットの正面に置かれて、上端部は握り(グリップ)あるいはハンドル状(ホイール)などの形状をしていた。戦闘機など1人乗り機の多くは今もグリップ式の操縦桿が多く、英語ではControl Stickという。これに対して旅客機などの大型機のものは、両手で握れるように左右にグリップのあるものが主流であった。

これらは、英語ではControl Wheel、Control Column、Control Yokeといった言葉が用いられるが、どれも「操縦桿」と訳しても誤りではない。Control Wheelには、「操縦輪」という訳語が使われることもある。

121.825 VHF1
123.125 VHF2
DATA
FLAPS
GPS PRIMARY

超大型機A380の操縦室。小型のA320と同様のサイドスティックにしたことでパイロットの正面にはなにもなくなり、引きだし式のテーブルがつけられた

Photo : Yoshitomo Aoki

サイドスティックに移行したエアバス

旅客機における操縦桿は、ピストン・エンジンの時代からジェット旅客機になってもControl Wheel形式が主流だった。そこにSitck形状をもち込んだのがエアバスで、1987年2月に初飛行させたA320に装着した。A320はコンピューター制御のフライ・バイ・ワイヤ操縦装置を使用したことで操縦装置の形状を従来のものから大きく変えることを可能にしたのだ。A320では、機長席(左席)の操縦桿は左脇に、副操縦士席(右席)の操縦桿は右脇に配置していて、このことからこの操縦桿は、サイドスティックとも呼ばれている。

エアバスはA320以降のA330/340、A380、最新のA350XWBまで、いずれも同様のサイドスティックによる操縦装置を用いて、計器表示画面とあわせて全機種に高い共通性をもたせている。またエアバス以外でも、ボンバルディアがCシリーズで同様の操縦桿方式を用いたほか、ロシアのスホーイ・スーパージェット100やイルクートMC-21、中国のCOMAC C919が採用していて、サイドスティックのジェット旅客機が増えてきている。

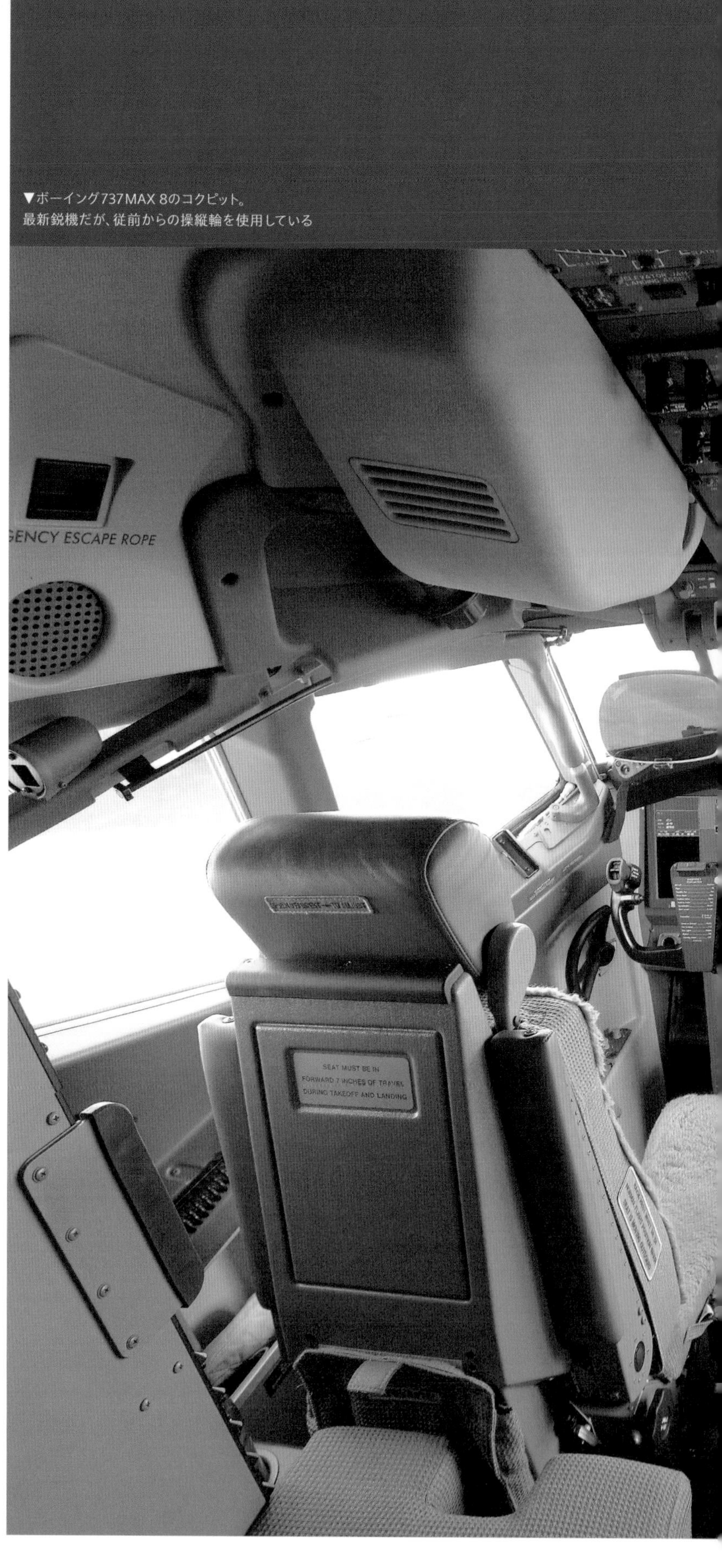

▼ボーイング737MAX 8のコクピット。
最新鋭機だが、従前からの操縦輪を使用している

ボーイングが操縦輪を維持する理由

これに対してボーイングは、新型機である787や737 MAXでも従来どおりの操縦輪を維持している。737 MAXは、操縦システムが初期タイプから大きくは変わっておらず、油圧機力式なのでサイドスティック式にはできない。しかし777や787はフライ・バイ・ワイヤ機だから、サイドスティックを用いることも可能ではあった。そうしなかった理由についてボーイングは、旅客機パイロットのほとんどが最初の操縦訓練から長時間を操縦輪式の航空機で訓練を受けていてなじみ深いから、と説明している。

ただサイドスティックには、操縦桿が自然体姿勢での手の位置にあること、パイロットの敏感な判断や操作が伝えやすいことなどのメリットがあることも確かだ。今のところボーイングがサイドスティック旅客機を作ることはないだろうが、革新的な旅客機の開発に乗りだせば一気に変わる可能性はある。

初期の操縦訓練に使われる小型機にも、サイドスティックを意識した機種がある。アメリカのシーラスが開発したSR20/22がその機種で、パイロットと座席の側方にグリップを配置した「サイドヨーク」と呼ぶ操縦桿を用いて、サイドスティックと同様の感覚で操縦を行えるようにしている。このSR22は、国立で固定翼パイロットを養成する航空大学校の訓練機として導入されている。

▶エアバスのサイドスティック。A320からA350XWBまで、同じ形状である

Photo : Yoshitomo Aoki

Photo : Yoshitomo Aoki

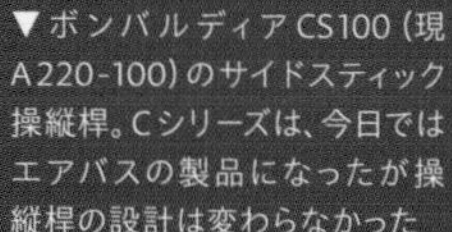

▼ボンバルディアCS100（現A220-100）のサイドスティック操縦桿。Cシリーズは、今日ではエアバスの製品になったが操縦桿の設計は変わらなかった

▼ボーイング787は完全なフライ・バイ・ワイヤ機だが、操縦桿は操縦輪が維持されている

Photo : Yoshitomo Aoki

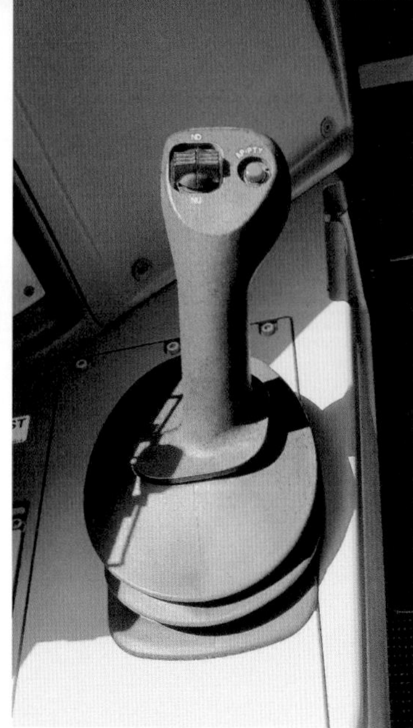

Photo : Yoshitomo Aoki

Photo : Wikimedia Commons

◀きわめて一般的な初級訓練機のセスナ152のコクピット。多くのパイロットがこの機種で飛行訓練を開始している、操縦桿はU字型の操縦輪

▼新世代の軽飛行機である
シーラスSR22

Photo : Cirrus Aircraft

Photo : Cirrus Aircraft

▲SR22の機長席側のサイドヨーク

▶シーラスSR22のコクピット。大画面の横長カラー液晶表示装置によるグラスコクピットと、サイドヨーク操縦桿を備えている

Photo : Cirrus Aircraft

特集2　*Special Feature*

消えゆく4発

▲世界最初の実用ジェット旅客機のデハビランド・コメット。4基のエンジンは主翼付け根部に埋め込んでいる

▲アメリカ初のジェット旅客機であるボーイング707。主翼吊り下げ式でエンジンを装着した

なぜ最初は4発機ばかりだったのか

1949年7月2日に初飛行し1952年5月2日に就航を開始した世界初の実用ジェット旅客機であるデハビランドD.H.106コメットは、ターボジェット・エンジン4基を備えた4発機であった。それに続いたアメリカのボーイング707とダグラスDC-8も4発機で、さらにイギリスのビッカースが長距離機として開発したVC10もまた4基のエンジンを備えていた。当時のジェット・エンジンの信頼性は低く、飛行中のエンジン停止の発生の可能性などを考えれば、4発機とすることは安全性の確保からも不可欠であった。

4発機のエンジン取りつけ方式

それらには同じ4発機でも特徴的な違いがあった。それはエンジンの取りつけ方式で、コメットは左右の主翼付け根部に2基ずつを埋め込んで、エンジンの装着による飛行中の抵抗を最小化するとともに、主翼の

▲ボーイング707を追いかけて開発されたダグラスDC-8。機体の全体的な印象はボーイング707に似ている

▲4基のエンジンを後方胴体にまとめて装着したビッカースVC10

表面をクリーンにすることで主翼の効果を最大限に発揮できるようにした。これに対してアメリカのボーイングは、パイロンを介して左右の主翼に2基ずつのエンジンを吊り下げる方式を用いることにした。

飛行中の空気抵抗や主翼に空気流を妨げるものがつくという点ではコメットの方式よりは劣るが、カウリングを開けるだけでエンジンの整備や交換ができるという大きなメリットがあり、アメリカ初のジェット旅客機となったボーイング707に続いたダグラスDC-8も同じ設計を用いている。そして今日では、多くの旅客機がこのエンジン搭載方式を採っている。

"ジャンボジェット"機が切り開いた4発機の時代

VC10は、4基のエンジンを2基一組にして後方胴体左右に装着するリアマウント方式を用い、旧ソ連のイリューシンIℓ-62"クラシック"もまた同様の設計であった。ただこの方式は機体後部の重量が重くなる、いわゆ

Photo : Wikimedia Commons

▲超大型長距離旅客機としてデビューしたボーイング747。4発ジェット旅客機の大成功作である

Photo : Wikimedia Commons

▲旧ソ連で最初のワイドボディ旅客機となったイリューシンIl-86“キャンバー”。旧ソ連のジェット旅客機で初めてパイロン吊り下げ方式でエンジンを装備した機種だ

る「テイルヘビィ」となって重心位置範囲に制約がでやすいこと、主翼の燃料タンクからエンジンまで距離があって燃料配管が長くなることなどの問題もあり、大型機には適した方式ではなかった。リアマウント機は小型の双発機や3発機には多く用いられたものの、4発機で主流になることはなかった。

その後ジェット旅客機はいくつもの機種が開発されて、中型機や小型機で3発機や双発機も登場したが、長距離機の使用では4発機が多数を占めた。その頂点となったのがボーイングが開発した747“ジャンボジェット”機である。

1960年代末期当時には、400席級の4発機は大きすぎるなどの意見もあり、実際にライバルのロッキードとダグラスはL-1011トライスターとDC-10というひと回り小型の300席級で3発の機種を開発したが、さまざまな要素がボーイング747にとって追い風となったことで、その2機種を販売数で圧倒し、1970年代初頭の大量輸送時代幕開けの旅客機市場で一人勝ちを収めたのである。

▲エアバスで最初の4発ジェット旅客機となったA340。まず標準型のA340-200と胴体延長型のA340-400が作られ、その大型発展型のA340-500/-600も開発された。写真はA340-300

3発機や4発機から双発機の時代へ

1970年12月にはヨーロッパでエアバス・インダストリー(現エアバス)が設立されて、双発ワイドボディ機A300の開発に入った。それに続いたA310や、同級のボーイング767が開発されるころには、高バイパス比ターボファン・エンジンが開発されて双発機の大型化が可能になって、さらにエンジンの信頼性が大幅に高まったことで、洋上飛行時の代替飛行場までの所要時間が緩和されるようになった。

この規定は、双発機が洋上飛行中にエンジン1基が停止しても安全に陸上飛行場に着陸できるようにするためのもので、ピストン・エンジンの時代の1953年に最長で60分とされ、それがジェット機にも適用されていた。しかし1970年代中期にはエンジンや航空機のシステムの信頼性が向上し、飛行中の運転停止などの可能性が大幅に低下したことから、規制の緩和(時間の延長)を行うこととなった。これが双発機の拡張運用規準(ETOPS:Extended-range Twin-engine Operational Performance Standards)と呼ばれるもので、90分で開始された。

旧ソ連でも1970年代中期には大型ワイドボディ機の研究が行われたが、最大の問題は大推力の高バイパス比ターボファン・エンジンの開発に手間どっていたことであった。このためエンジンは4基で300席強の機種を開発することとなって、イリューシンIℓ-86"キャンバー"が誕生したが、欧米の機種と比べると見劣りするものであったことは明白であった。今日ロシアでは、高バイパス比ターボファンも実用化し、Iℓ-86の基本機体設計にそれを組み合わせたIℓ-96も開発されているが、大規模な量産が行われる可能性はきわめて低い。

エアバスは1980年代末期に、同一の基本設計を使って、双発の中距離機と4発の長距離機を並行して開発した。これがA330とA340で、4発のA340は長距離専用機としてすみ分けを図る戦略であった。しかしそののちにETOPSが広く普及すると、双発のA330でも一部のA340の路線をカバーできることなどから、両タイプの各種派生型も含めて引き渡し機数はA340はA330の5分の1にすぎないという結果に終わっている。

ETOPSが双発機の時代を後押し

双発機の発展に大きな影響をおよ

747

▲ボーイング747の最後の旅客型となった747-8I。747最初の生産型である747-100と比べると標準客席数は1.3倍、最大離陸重量は1.4倍になっている

▲総2階建てで世界最大のジェット旅客機となったエアバスA380。のちに公式データの変更が行われたが、計画当初の発表値では最大離陸重量が560t、客席数が555席で、それまでの最大旅客機の座にあったボーイング747を大きく凌ぐものだった

Photo : Yoshitomo Aoki

ぼしたETOPSについて記すと、今日では最長で370分が認められている。こうしたETOPS認定を取得すれば、多くの航路で双発機は4発機と同等の運航を行うことが可能になる。またエンジンの推力の増加も4発機を追いやる一因になる。たとえば747-400ERに使われているジェネラル・エレクトリックCF6-80C2の最大推力は281.7kNで、これに対して777-300ERのジェネラル・エレクトリックGE90-115Bは512.8kNなので、4発の747-400の総推力は1,126.8kNとなり、777-300ERの1,025.6kNとほとんど変わらない。数字上の理屈でいえば、747-400は777-300ERのエンジン2基で飛行させることがほぼ可能なのである。

ボーイングとエアバスによる、今の時点での最後の4発機は747-8とA380で、ともに超大型機に分類される機種だ。しかし、航空旅客需要のさらなる成長が見込まれてはいたものの、受注機数を伸ばすことができずに、コロナ禍も手伝ってすでに生産を終了している。

経済性で不利な4発機はいずれ姿を消すかも

4発機と双発機でよく比較されるのが、経済性だ。仮に、合計推力が同等になることでエンジン4基と2基の総燃費率が大きく違わないのであれば、燃料費に差はなくなる。一方でエンジンの数が増えると、保有すべきスペア・エンジンの数や備品数が増加し、また保守・点検・修理などの手間やコストは大きく増える。今の時点では、旅客機を4発にする大きなメリットはなく、その結果、世界中で使われているジェット旅客機の数は圧倒的に双発機が多くなった。

そしてエアバスが超大型機A380の、ボーイングが1970年から作り続けてきた747の製造を終了したことで、西側では製造されている4発旅客機はなくなった。ただロシアでは、Iℓ-96の最新型で胴体を延長するなどしたIℓ-96-400Mが、2023年11月1日に初飛行している。このタイプはこれから量産される可能性を残してはいるが、大規模量産の可能性はまずない。こうしたことは、世界の空からすぐに4発旅客機が姿を消すことを意味するものではないとはいえ、今後20年以内に次第に目にする機会が減っていくことになり、この種の旅客機が絶滅危惧種になっているといってよい。

ファンジェット旅客機

FANJET AIRLINERS

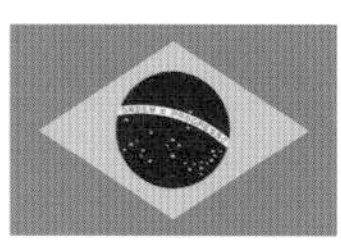

Brazil
(ブラジル)

エンブラエル ERJ 135 / 140 / 145

3タイプで構成されたERJファミリーでもっとも大型のERJ 145 Photo : Yoshitomo Aoki

ERJの開発経緯と機体概要

エンブラエルは1989年のパリ航空ショーで、EMB 145アマゾンと名づけた45〜48席の小型ジェット旅客機計画を発表した。胴体はEMB 120ブラジリア(P.179参照)のものを延長し、直線の主翼の上面に小型のターボファンを取りつけるという設計で、尾翼はT字型であった。1991年3月には、風洞試験の結果として主翼を22.3度の後退角つきのものにし、エンジンはパイロンを介する通常の取りつけ方式にするなどの設計変更案が示された。その後も設計に関する詳細な研究が行われて、1991年にエンジンをリアマウント形式することが決まり、また胴体長は31インチ(78㎝)ピッチで40〜44席を上限とする長さに制限することとされた。これは離着陸時の12度の引き起こし時に、尾部を滑走路につかないようにするための制約であった。

胴体がEMB 120のものである点に変わりはなく、機内は横1席+3席配置という細身のもので、通路は座席取りつけ位置よりも低く設計したことで機内最大高1.83mを確保した。またこの客室には、小さいものではあるが、オーバーヘッド・ビンが標準装備されている。

主翼は25%翼弦で22度48分48秒の後退角をもつ後退翼で、後縁の内側に二重隙間式フラップが、外翼には補助翼がある。また主翼上面には片側2枚ずつのスポイラーがあって、飛行中にはロール操縦での補助翼の補佐やリフトダンパーとして機能し、地上ではエアブレーキになる。翼型はスーパークリティカル翼型で、アスペクト比は7.9。後述するようにこの機種は3タイプでファミリー化されているが、胴体長以外の設計はすべて同じである。操縦室には、ハニウェル・プリマス1000電子飛行計器システムが備わっている。ファミリーの3タイプは多くの面で共通性が高く、パイロットの操縦資格限定も共通化が図られている。

こうして機体設計がまとまっていくと、エンブラエル自体とブラジルおよびアメリカの投資家が計80%、ブラジル政府が20%の開発資金を分担することが決まり、開発がスタートした。エンジンにはアリソン(現ロールスロイス)が開発していたGMA3007が選ばれた。30〜40kN級の小型ターボファンでありながら5:1という高いバイパス比を有するこのエンジンは当然燃費にも優れ、小型地域ジェット旅客機最大の問題であった経済性に対する懸念を払拭

南アフリカ航空のERJ 135。接続便を運航する子会社のSAエアリンクにより運航された

Photo : Embraer

アメリカンイーグルのERJ 140。同航空100機目のERJで胴体にそのことが大書きされている

Photo : Embraer

し、地域ジェット旅客機開発に貢献したのである。

エンブラエルはこの新ジェット旅客機の誕生にあわせて、それまで機種名に使用していた「EMB」を、地域ジェット旅客機であることを強調するために「ERJ」に変更した。

ERJ 145は1995年8月11日に初飛行して、4機の試作機により飛行試験が行われた。このうち3号機には基本的な客室装備が備わっていて、ほかの機体のような飛行計測関連器材はほとんど積まれていなかった。型式証明の取得は1996年12月10日で、1997年4月6日に実用就航を開始している。

エンブラエルは続いて胴体を3.50m短縮して37席機としたERJ 135をローンチして1998年7月14日に初飛行させ、さらにERJ 135の胴体から主翼の前方で2.30m、後方で1.53mの計3.83mのフレームを外し、それに代えて主翼の前に3.94m、後ろに2.85mのフレームを追加したERJ 140の開発に入った。このERJ 140は44席機で、ERJ 145とは96%の部品共通性を有する。また胴体の短縮によりエンジン推力をわずかに減少させたことで、航続距離が延びている。ERJ 140の初飛行は2000年6月28日で、これにより3タイプで37～50席をカバーするERJファミリーがでそろった。

ERJファミリー各タイプの概要

このERJファミリーには、次のタイプがある。

◇**ERJ 135ER**：航続距離延長を示す「ER」がついているが、ERJ 135の基本型。

◇**ERJ 135LR**：ERJ 135の長距離型。

◇**ERJ 135KL**：ベルギー空軍向け。

◇**ERJ 140LR**：燃料搭載量を5,187kgにしたERJ 140の長距離型。

◇**ERJ 140LU**：ERJ 140の最大離陸重量を21,990kgに引き上げたタイプ。

ERJ 145の超長距離仕様機であるERJ 145XR。写真の機体はビジネスジェット機のデモンストレーターとしても使われた

Photo : Embraer

LOTポーランド航空のERJ 145。ERJ 145EPと呼ばれる性能強化型である

Photo : Embraer

◇**ERJ 145MK**：ERJ 145の最大燃料増加型。

◇**ERJ145XR**：ERJ145の最大離陸重量を24,100kgにして航続距離を2,000海里(3,704㎞)とした超長距離型。

◇**レガシー600**：ERJ 135のビジネスジェット機型。

◇**レガシー650**：レガシー600の航続距離延長型。

またこのほかに、ブラジル空軍が輸送機(C-99A)、空中早期警戒機(R-99A)、リモートセンシング型(R-99B)、海洋哨戒/対潜作戦型(P-99)を運用しており、空中早期警戒型はインド空軍とギリシャ空軍も購入している。またレガシー600は、ロシアのワグネル・グループも所有していて、2023年8月23日に墜落してワグネルのリーダーであるプリゴジン氏が死亡している。

2002年12月には、中国の哈爾浜飛機工業集団との間で、ジョイント・ベンチャー企業を設立してERJ 145の中国生産を行うことが合意された。生産予定機数は年間最大24機とされ、まずノックダウン生産用のキットが引き渡されて、中国組み立て初号機が2004年4月に完成した。しかしその2カ月後には、中国での生産計画が打ち切られたことが発表されている。

[データ：ERJ 135LR、ERJ 140LR、ERJ 145XR]

	ERJ 135LR	ERJ 140LR	ERJ 145XR
全幅	20.04m	←	←
全長	26.34m	28.45m	29.87m
全高	6.67m	←	←
主翼面積	51.2㎡	←	←
基本運航自重	11,500kg	←	12,591kg
最大離陸重量	20,000kg	21,100kg	24,100kg
エンジン×基数	AE3007-A1/3×2	←	AE3700-A1E×2
推力	33.7kN	←	39.7kN
燃料重量	4,499kg	←	5,973kg
最大巡航速度	M=0.78	←	M=0.8
実用上昇限度	11,278m	←	←
航続距離	1,750nm	1,650nm	2,300nm
客席数	37席	44席	50席

Brazil
（ブラジル）

エンブラエル Eジェット

フジドリームエアラインズのE170。Eジェットファミリーで最小型のタイプである　Photo : Yoshitomo Aoki

Eジェットの開発経緯と機体概要

ERJシリーズで地域ジェット旅客機というカテゴリーを築いたエンブラエルが、機体規模をさらに大型化して70席級にする計画としたのがERJ 170である。ERJシリーズは、ターボプロップ機特有の機内の騒音や振動がなく快適で、高速であることから移動時間が短縮でき、それらが利用者からの支持を得て好評を博し、経済性にはまだ問題はあるものの、航空会社も無視できない存在になっていた。経済性のなかで重視されるものの1つが乗客1人あたりの運航コストで、1回の飛行にかかる経費を乗客数で割って算出する。すなわち、単純にいうと、機体が大きくなって客席数が増えれば1人あたりのコストは下がる。もちろん機体が大きくなれば重量が増えて燃料槽費が増加するなど経費を引き上げる要素も多々あるが、乗客数がそれを打ち消せばよい。

ERJシリーズは50席にまで増加できたが、さらに胴体を延長することは無理で、このためエンブラエルは大型地域ジェット旅客機を、一からの新設計機とすることとして1997年初めに機体計画を明らかにし、1999年のパリ航空ショーでERJ 170を公表した。前作のERJ 135シリーズに比べると胴体が太くなって、2つの円を組み合わせた楕円断面を有し、最大幅2.74mの客室に2席＋2席の横4席配置を可能にし、また客室内最大高は2.00mで完全なスタンダップ・キャビンとなった。機体の全長は29.90mで、単一クラス最大で78席、2クラス編成でもファースト6＋エコノミー60の66席を配置できるようにされた。主翼はアスペクト比9.3の後退翼で、後縁には外側と内側に分けた二重隙間フラップがある。飛行操縦装置はデジタル式フライ・バイ・ワイヤで、操縦室は完全なグラス・コクピットだ。

エンジンにはジェネラル・エレクトリックCF34が選定されて、パイロンを介して主翼下に装着する通常の配置形式が採られた。こうしたERJ 170は、1999年6月14日に最初の受注を獲得してプログラム・ローンチとなり、2000年10月29日に初号機がロールアウトした。そしてエンブラエルは、前作のERJ 135シリーズとはまったく別の機種であることを明確にするために、名称をエンブラエル170（E170）に変更した。以後いくつかの胴体延長型が開発されることになったが、それらも同様の名称付与方式となり、またファミリー全体を示す際には「Eジェット」と呼ばれるようになっている。ただ型式証明取得審査の申請に際しては「ERJ」を用いたため、正式な型式名には「ERJ」が使われている。

エンブラエル170の初号機は2002

Photo : Alaska Airlines

アラスカ航空の赤を基調にした特別塗装のE175ER。胴体のGO COUGS（ゴー・クーグス）はワシントン州立大学の設立精神

ブラジルのアマゾナス航空のE 190。同航空では最大型の機種で、2023年夏時点で3機を保有している
Photo : Embraer

年22月19日に初飛行して、2003年11月13日にブラジルの型式証明を取得した。その最初の派生型が胴体を1.77m延長して75席級にしたエンブラエル175で、胴体長以外はエンブラエル170と同じだが、主翼端に初めてウイングレットがつけられ、これはエンブラエル170にフィードバックされた。エンブラエル175の初号機は2003年6月14日に初飛行して、2004年12月23日に型式証明を取得した。

続いて175の全長を4.61m延長して36.25mとして90席級にするエンブラエル190の開発が行われ、さらにはその胴体を2.41m延長するシリーズ最大のエンブラエル195への開発へと進んで、このエンブラエル195は2004年12月7日に初号機が初飛行して、2006年7月17日に型式証明を取得した。

Eジェット・ファミリーは多くの部分で共通性が高いが、エンブラエルはエンブラエル190の開発にあたって主翼の設計を変更している。機体の大型化、すなわち重量の増加に対して各種の性能低下を招かないようにするためで、面積を大きくすることで翼面荷重を低く保ち離着陸性能の低下を避け、面積は72.7㎡から92.5㎡へ約30%の拡大を行った。この大型主翼はエンブラエル190の、さらなる大型化を見越して行われており、エンブラエル195にも適用された。ちなみにエンブラエル195の最大離陸重量は52,290kgで、エンブラエル170の1.35倍であり、主翼面積とほぼ同じ増加比率になっている。

Eジェット・ファミリー各タイプの概要と名称

Eジェット・ファミリーでは各タイプで、標準型(STD)と長距離型(LR)が作られていて、基本的には長距離型は燃料搭載量の増加を可能にして最大離陸重量を引き上げたものである。ここではE190と195のみを例示するが、各タイプの最大離陸重量と航続距離は下記のとおり。

◇**E190STD**：47,790kgで1,700nm
◇**E190LR**：50,900kgで2,300nm
◇**E195STD**：48,790kgで1,500nm
◇**E195LR**：50,790kgで2,200nm

また先に記したようにEジェット・ファミリーは製品名称では「ERJ」を使っていないが、正式な登録型式名称では「ERJ」が使われている。それらの対比は次のとおり。型名に

Photo : Wikimedia Commons

エア・ヨーロッパのE195。Eジェットファミリーでもっとも大きく100席超級になった

ウクライナのアエロスビト航空の長距離E 190LR。ロシアの侵攻により同航空の現状はまったく不明であるが、少なくとも運航はできていない

Photo : Yoshitomo Aoki

使われているARは航続距離追加型、SRは短距離型、IGWは総重量増加型の略号である。

◇**E170STD**：ERJ 170-100STD
◇**E170LR**：ERJ 170-100LR
◇**E175STD**：ERJ 170-100STD
◇**E175LR**：ERJ 170-200LR
◇**E190AR**：ERJ 190-100IGW
◇**E190STD**：ERJ 190-100STD
◇**E190LR**：ERJ 190-100LR
◇**E190SR**：ERJ 190-100SR
◇**E195AR**：ERJ 190-200IGW
◇**E195STD**：ERJ 190-200STD

エンブラエルはE190をベースにして、ビジネスジェット機も開発している。製品名はリネージ1000で、2007年10月26日に初飛行して、2009年1月7日にアメリカの型式証明を取得した。標準仕様では、13人を乗せて4,600nmの航続力を有する。登録型式名称はERJ190-100ECJだ。ECJは、エンブラエル・コーポレートジェットの略号である。

また2020年3月7日には、E190とE195について貨物機転換の提案を開始することが発表された。すみやかに開発に入れれば、2024年に初飛行できるという。

[データ：E170、E175、E190、E195]

	E170	E175	E190	E195
全幅	26.01m	←	28.73m	←
全長	29.90m	31.67m	36.25m	38.66m
全高	9.83m	9.86m	10.57m	10.54m
主翼面積	73.7㎡	←	92.5㎡	←
基本運航自重	21,141kg	21,141kg	27,837kg	28,677kg
最大離陸重量	38,600kg		51,800kg	52,290kg
エンジン×基数	CF34-8E×2	←	CF34-10E×2	←
最大推力	63.2kN	←	89.0kN	←
最大燃料重量	9,335kg	←	12,791kg	←
巡航速度	M=0.75	←	M=0.78	←
上昇限度	12,497m	←	←	←
航続距離	2,150nm	2,200nm	2,450nm	2,300nm
客席数	66～78席	76～88席	106～114席	100～124席

Brazil
（ブラジル）

エンブラエル E2ジェット

スイスのヘルベティク航空のE 190-E2。初代Eジェットに比べて、明らかにエンジンのファン直径が大きくなっている

Photo : Embraer

E2ジェットの開発経緯と機体概要

ERJファミリー、そしてEジェットファミリーで地域ジェット旅客機市場に幕を開け、そこで機体メーカーとして確固たる地位を築いたエンブラエルの新しい地域ジェット旅客機ファミリーが、E2ジェットである。機体名称からわかるように、Eジェット・ファミリーの近代化版で、胴体はEジェットと同一設計のものを用いている。

開発計画がスタートしたのは2010年代初めのことで、ボンバルディアが110～130席級のCシリーズ（現エアバスA220）の計画を明らかにしたことでE190/E195では世代的に対抗が難しいこと、100席以下では日本のミツビシ・リージョナルジェット（MRJ。のちに開発中止）とロシアのスホーイ・スーパージェット100（SSJ-100、P.105参照）といった新型機の開発が着手されたことで、Eジェットが上と下から新世代の同級機に挟み撃ちされるかたちになったことから、Eジェットの新世代化が必要と考えたのである。このためE2ジェットの開発の基本には、エンジンを新世代型にして経済性を高め、機体の一部に炭素繊維複合材料や新世代アルミ合金を適用して機体の軽量化を行うことで、他社の新設計機に対抗できるものにすることが定められた。搭載エンジンに選ばれたのはプラット＆ホイットニーが開発していたギアード・ターボファン（GTF）で、MRJが採用したことで、ピュアパワーPW1000Gとしてプログラム・ローンチしていたものだ。そしてMRJとCシリーズの双方がこのエンジン・ファミリーを使用することとなったので、エンジンの面ではこの2社の機種と互角になった。

E2ジェットもEジェットと同様に、胴体長の違うタイプにより広い客席数の範囲を有するファミリー化が行われている。ただEジェットが4タイプであったのに対し、E2ジェットは3タイプによる構成となった。これはいちばん小型のE170だけE2化を行わないことにしたためで、そ

E190-E2の操縦室計器盤。Eジェットも同じグラス・コクピットだが、Eジェットの表示装置が縦長だったのに対しE2は横長になり、面積も増加した

Photo : Yoshitomo Aoki

の理由は「需要を見込めないから」とされた。実際にボーイングもエアバスも、旅客機ファミリーを新世代化する際に最小型のタイプは加えておらず、A318はA318neoが作られていないし、737MAXで737-600に対応する737MAX 6は製造されていない。その最大の理由は、旅客機でファミリー化が進むと航空会社は大型のタイプを購入する傾向が強まるからだ。たとえばボーイングは次世代737をスタートさせた当時には737-700を中核機種とし、実際に初期にはこのタイプが多くの受注を集めた。しかし737-800と737-900が開発されてファミリーが大型化すると、受注の中心は737-800に移っていったのである。このため新型の737 MAXでは、737 8 MAXをファミリーの中心に置いている。

各メーカーがこうした判断に至ったのは、1つは客席数の少ないタイプは相対的に重量が重いため運航コストが高くなり、さらに座席数が少なければ1座席あたりのコストが上がって航空会社に敬遠されるためだ。また航空会社も、使用する路線で将来的な旅客の増加が見込めるならば、早めに大きめの機種を導入しておいたほうが得策と考えることが多い。こうしていくつかの旅客機では、最小型機の新世代化が見送られているのである。

E2ジェットは、基本的な機体構成などはEジェットを受け継いでいるが、主翼は設計し直す必要があった。装備エンジンを変更したことによるもので、EジェットのCF34はE170/175用はバイパス比が4でファン直径が1.17m、大型のE190/195用でもバイパス比が5.4でファン直径が1.30mだったが、E2ジェットのピュアパワーPW1000Gは、E175-E2用のPW1715Gは1.42m、E190/195-E2用のPW1919G/21G/22G/23Gは1.85mにもなっていて、エンジンの位置でカウリング底部と地面に十分な間隔を確保するにはその部分までに主翼をもち上げておく必要があり、このため取りつけ部から外に向けての角度がきつくすることとなった。あわせて同じ理由で、主脚柱もトレーリング・アームを66cm延長している。またエンジン取りつけ用のパイロンは、短縮された。主翼後縁のフラップは二重隙間フラップから単隙間フラップに変更されたが、これは整備性の向上や風切り騒音の低下など多くの新型旅客機で行われている措置で、E2ジェットもほかの新型機に追いついたということになる。

また全タイプで、主翼端からは、ウイングレットがなくされた。それに代わってボーイングが開発したレイクドウイングチップ(傾斜翼端)に似た形状の延長部が加えられている。これにより主翼のアスペクト比は、E190/195の8.9からE190/-E2/195-E2では11.5に大きくなってより細長くなり、長距離巡航能力を高くすることが目指されている。また同様に飛行効率向上のため、水平尾翼面積

E2ジェット・ファミリーのなかで最後となり2019年12月12日に初飛行したE 175-E2。まだ実用就役の目処は立っていない。このタイプでもウイングレットは廃止された

Photo : Embraer

が、E190/195の26.0㎡がE190-E2/195-E2では23.2㎡に小さくされた。

E2ジェットの客室および操縦室の特徴

前記のとおり胴体はEジェットの設計をそのまま活用しているので、客室は2席＋2席の横4席が配置が標準であり、幅46㎝の座席が基本になっている。内装には細かな設計変更が加えられていて、居住性の向上やオーバーヘッドの手荷物収容スペースの増加などが行われており、Eジェットとは異なる客室の雰囲気をかもしだしている。客席数は、E175-E2が2クラスで88席（C8＋Y80）、単一クラスで31席（最大90席）、E190-E2が2クラスで96席（C12＋Y84）、単一クラスで104席（最大114席）、E195-E2が2クラスで120席（C12＋Y108）、単一クラスで132席（最大146席）となっていて、E190-E2/E195-E2は100席以上の旅客機といってよい存在となった。

客室と同様に、操縦室の設計にも手が加えられた。グラス・コクピットであることはもちろんだが、電子飛行計器システムにハニウェルのプリマス・エピックの新型であるエピック2が用いられている。この計器システムは、4基の横長大画面表示装置を基本とするもので、各画面にはウィンドウを切る機能があってパイロットが必要とする複数の情報を選択表示させることが可能となっている。またオプションで、ヘッド・アップ・ディスプレーを装着することも可能だ。なお飛行操縦装置はフライ・バイ・ワイヤで、操縦桿はエンブラエルの伝統であるM字型グリップをもつものが使われている。また飛行の安全性を確保するため、フライ・バイ・ワイヤの飛行制御則にはあらゆる飛行範囲における完全な飛行エンベロープ保護機能が組み込まれた。

E2ジェットの開発および受注状況

E2ジェットは2013年6月のパリ航空ショーで機体計画の詳細が発表されるとともにプログラム・ローンチとなった。最初に作られたのはE190-E2で、予定よりも早い2016年2月16日にロールアウトして、同年5月23日に初飛行した。続いて2017年3月23日にE195-E2の初号機も初飛行してE190E-2 2機とE195-E2 1機により型式証明取得の飛行試験プログラムに入った。ブラジル航空当局による証明の交付は2018年2月でまずE190-E2に対して行われ、2019年4月にはE190-E2にも証明が交付された。これによりこの両タイプは航空会社による実用就航が開始されたが、残るE175-E2は難産となった。

理由の1つは、Eジェットと同様に異なる設計の主翼を使用することになったためで、EジェットではE190/195用の主翼はE170/175用を大型化して装備された。これに対してE2ジェットでは、E190-E2/195-E2が基本となって、E175-E2用はそれを小型化することとなったのである。E175-E2の主翼に関するアスペクト比や面積といった細かなデータは公表されていないが、主翼幅は2.72m短縮される。これはE195とE170の差と同じ数値であるが、小型のE175-E2で大型機種と同等の効率や離着陸性能を確保できる主翼の設計に少々手間どったようだ。

それ以上に逆風となったのが、アメリカにおけるスコープ・クローズの規定である。アメリカの大手航空会社ではパイロットに対する雇用の確約のため、地域ジェット旅客機に関する規定を設けて労使間で合意している。その内容には客席数などいくつもの要素が含まれているが、地域ジェット旅客機メーカーにとって最大の壁となったのが最大離陸重量であった。アメリカン航空、デルタ航空、ユナイテッド航空の大手各社は、地域ジェット旅客機は最大離陸重量を86,000ポンド（39,001kg）以下とすることで合意し、それを超える地域（あるいは小型）ジェット旅客機の導入を行わないことを労使で合意したのである。現実には、これよりも軽い

E2ジェットの優れた経済性を表した謳い文句"PROFIT HUNTER（利潤追求者）"を胴体に書いたE195-E2

Photo : Embraer

機種はE170だけで、E175-E2は44,800kgで大きく超過している。ちなみに三菱航空機はスペースジェットM100（旧MRJ70）のアメリカ向け型で36,200kgにできるのでクリアが可能としていたが、もちろん絵に描いた餅である。

これらのほかにもコロナ禍などさまざまな問題がE175-E2の前に立ちはだかり、開発は大幅に遅れることとなった。それでも2019年12月12日に初飛行し、この時点で約2年間の飛行試験プログラムに入るとされた。しかし2023年末までに型式証明取得の情報はなく、見直された最新スケジュールである2027～28年の引き渡し開始も困難と考えられている。

こうしたこともあって、2023年12月の時点でE175-E2には1機の発注もない。ほかのタイプは、下記のとおりである。

◇**E190-E2**：確定発注234機、引き渡しずみ18機、受注残216機

◇**E195-E2**：確定発注236機、引き渡しずみ63機、受注残173機。

今のところ、ファミリー中最大型のタイプに受注が集中しているようだ。

［データ：E175-E2、E190-E2、E195-E2］

	E175-E2	E190-E2	E195-E2
全幅	31.00m	33.72m	←
全長	32.40m	36.25m	41.51m
全高	9.98m	10.96m	10.91m
主翼面積	未公表	103.2㎡	←
運航自重	未公表	33,000kg	35,700kg
最大離陸重量	44,800kg	56,400kg	61,500kg
エンジン×基数	PW1715G×2	PW1919/21G/22G/23G	←
エンジン推力	66.7kN	84.5～102.3kN	←
最大燃料重量	8,522kg	13,500kg	13,690kg
巡航速度	M=0.78	←	←
実用上昇限度	12,497m	←	←
航続距離	2,017nm	2,850nm	2,655nm
客席数	80～90席	96～114席	120～146席

Canada
（カナダ）

ボンバルディア CRJ

エールフランスの接続便を運航するHOP!（発音はオップ）のCRJ700 Photo : Wikimedia Commons

CRJの開発経緯と機体概要

デハビランド・カナダを買収したことで多くのターボプロップ旅客機を自社の製品としたボンバルディアは1987年に、50席級の地域ジェット旅客機の設計に着手した。ただ、完全な新規設計機とするのではなく、同様に買収したカナデアが開発・販売を行っていたCL-600チャレンジャーをそのベースに活用することにした。チャレンジャーは、大型化が求められるようになっていたビジネスジェット機に対し、他社のような胴体の延長ではなく、胴体を太くすることで収容力と快適性の向上を同時にすることを目指したもので、1978年11月8日に初飛行していた。ビジネスジェット機とはいえその胴体は直径2.69mの真円断面で、機内に小型旅客機用の普通座席ならば2席＋2席の4席配置が可能であった。もちろん機体全長は短いのでそれを主翼の前後で計5.92m延長して、単一クラスで50席を設けられるようにした。エンジンはジェネラル・エレクトリックCF34のままで、リアエンジン配置も変更されていない。

こうして作られたのがCRJ100で、1991年5月10日に初飛行した。コクピットにはコリンズのプロライン4電子飛行計器システムを備え、また気象レーダーも標準装備品とされた。このCRJ100のエンジンを高効率型に変更したのがCRJ200で、それ以外の変更点はない。CRJ100と200では、機内燃料搭載量を増加した航続距離延伸型ERと長距離型のLRが作られていて、さらにエンジンを高温・高地性能向上型にしたタイプがありこれらは100/200のあとにBがついた。たとえば200ERならば200BERとなった。

CRJ100/200からCRJ700/900へ

CRJ100/200は、エンブラエルERJ135/140/145とともに地域ジェット旅客機の存在を確立するのに大きく貢献し、特にアメリカでは大手航空会社と関係をもつ多数の地方航空会社が、大手の幹線便との接続用フライトに使用して、利用者を増やしていった。そしてボンバルディアもエンブラエルと同様に、こうした機種での客席数の増加が必要と考えるようになったのである。

客席数の増加は、多くの機種と同様に、胴体の延長により行われた。最初のタイプは、胴体を4.72mにしたもので、あわせて客室の後方隔壁を後ろに1.20m移動したことで70席級

客室設計を一新し居住性を高めた
CRJ900 NextGen

ノースウエスト・エアリンクの名称で運航されていた当時のCRJ900

Photo : Yoshitomo Aoki

としたのがCRJ700である。細かな分類では70席に制限した701と最大で78席にした702があり、どちらでも航続距離延長型ERが作られている。胴体の延長と重量の増加にあわせて主翼は拡大され、エンジンはCF34のパワーアップ型になった。主翼の大型化は、付け根に挿入部を加えるのと弦長の延長の双方で行われ、これはその後のタイプでも採られることになった手法で差ある。

コクピットはコリンズのプロライン4の新バージョンになって、6基の12.7×17.8cmのカラー液晶表示装置が並ぶようになった。またフライト・ダイナミックスHGS2000ヘッドアップ・ガイダンス装置が備わった。これは、ヘッド・アップ・ディスプレーと同様の機能を有するものだ。

CRJ700は1997年1月に正式にプログラム・ローンチとなり、1999年5月27日に初号機が初飛行して、2000年12月22日にカナダ運輸省の型式証明を取得した。

CRJ700に次いで2000年7月24日には、ファーンボロ航空ショーの会場でCRJ900のローンチが発表された。CRJ900はCRJ700の胴体を主翼の前で2.29m、後ろで1.57m延長するもので、次の5タイプが作られることとなった。

◇**CRJ900標準型**：最大離陸重量35,514kgで標準客席数86席、航続距離1,598nm。

◇**CRJ900ER**：最大離陸重量38,142kgで航続距離1,820nm。

◇**CRJ900ヨーロピアン**：CRJ900ERの最大離陸重量を36,955kgに制限した航続距離短縮型。「ヨーロピアン」とは、ヨーロッパ大陸内向けの短距離仕様機で、最大離陸重力を引き下げることで直接運航経費の低減を図ったものである。

◇**CRJ900LR**：最大離陸重量38,283kgで航続距離1,828nm。

◇**CRJ900LRヨーロピアン**：LRの最大離陸重量を37,995kgに制限。このCRJ900は2001年2月21日に初飛行し200年9月9日にカナダの、10月25日にアメリカの型式証明を取得した。

CRJでもっとも大きなCRJ1000 Photo : Yoshitomo Aoki

CRJ次世代化の概要

ボンバルディアは2007年5月31日に、CRJ700とCRJ900について次世代化を図ることを発表して、これらをNextGenと呼ぶことにした。このNextGenの主眼は機体の軽量化と客室の改良に置かれており、機体の軽量化は、一部の素材を新合金や樹脂含浸法を使って製造した炭素繊維複合材料に置きかえて燃費の低減と経済性の向上を目指すものであった。また客室の改良は、CRJシリーズの客室設計は基本的にCRJ100/200から変わっていなかったため、新しい基準で見ると見劣りするようになったことが実施の理由であった。

具体的には、オーバーヘッド・ビンを大型化してこれまでは不可能だったローラーバッグの収納を可能にすること、機内照明を発光ダイオード(LED)に変更すること、窓を大きくして総面積を24%増加すること、天井の設計を一新することなどであった。さらにNextGenキャビンの導入にあわせて機体を大型化する、CRJ1000をファミリーに加えることも発表された。

CRJ1000は、CRJ900の胴体を主翼の前後で2.95m延長して100席級とするもので、これまでの胴体延長型と同様に主翼にも手を加えて、翼幅の拡大や面積の増加が行われた。CRJ1000は、CRJ900Xの計画名称で設計に着手されたが、2007年12月19日に開発が正式にローンチされたことでCRJ1000の名称になった。エンジンはこれまでどおりCF34だが、もちろんパワーアップ型になっている。サブタイプとしては、最大離陸重量40,824kgの標準型を中心に、38,995kgに軽量化した短距離型1000ELと41,640 kgに増加した長距離型1000LRがある。

CRJ次世代型の初飛行とその後

CRJ1000の試作初号機(CRJ900改造機)は2008年9月3日に初飛行し、CRJ1000 NextGenとして作られた量産初号機も2009年7月29日に初飛行したが、飛行操縦システムの制御則に問題が見つかるなどして飛行試験が長引き、カナダとヨーロッパの型式証明を同時に取得したのは2010年11月10日になってのことであった。

またCRJでは、スコープ・クローズに対応するタイプも開発された。1つはCRJ705で、CRJ900の機体フレームを活用して客室配置を余裕をもたせた仕様にするというもので、あわせて機内もち込み手荷物の収納場所を確保するようにした。もう1つはCRJ550で、CRJ700をベースに客席数をファースト10席、エコノミーとプレミアムエコノミーの各20席で計50席として、やはり客室スペースに余裕をもたせている。CRJ550の最大離陸重量は、スコープ・クローズの86,000ポンド(39,0001kg)をクリアできている。

CRJシリーズの問題点

CRJシリーズの大きな問題点の1

CRJシリーズのスタート機種となった50席級の
CRJ1000の航続距離延長型CRJ100ER

Photo : Wikimedia Commons

つは、ビジネスジェット機をベースにしたためエンジンがリアマウント形式であることで、新世代の大型化した高効率エンジンに変更するにはかなりの設計変更が必要となるため現実的には困難で、発展性に乏しいことが挙げられる。加えてボンバルディアは110～130席の新旅客機としてCリーズと名づけた新設計の100席超級機の開発に入ったのだが、それにともなって発生したさまざまな理由から民間旅客機ビジネスに失望するとともに完全に興味を失って、同社は2008年にこのビジネスから撤退することを決めた。こうしてCRJは、2021年2月28日に最後の機体(CRJ900 NextGen)をアメリカのスカイウエスト航空に引き渡して生産を完了した。

なお、機体の生産は終了しても、使用者に対するカスタマー・サポートは当然継続しなければならないが、三菱重工業が2020年6月にボンバルディアからCRJ事業部門の買収を終えて子会社としてMHI RJアビエーショングループを発足させていて、この新子会社がCRJのカスタマー・サポート業務を受け継いでいる。

[データ:CRJ100/200、CRJ700、CRJ900、CRJ1000]

	CRJ100/200	CRJ700	CRJ900	CRJ1000
全幅	21.21m	23.24m	24.87m	26.18m
全長	26.77m	32.33m	36.25m	39.14m
全高	6.22m	7.57m	7.49m	←
主翼面積	48.4㎡	70.6㎡	71.1㎡	77.4㎡
運航自重	13,835kg	20,069kg	21.845kg	23,188kg
最大離陸重量	24,041kg	34,019kg	38,330kg	41,640kg
エンジン×基数	CF34-3A1/3B1×2	CF34-8C5B1×2	CF34-8C5×2	CF34-8C5A1×2
最大推力	38.8kN	61.3kN	64.5kN	←
燃料重量	6,489kg	8,888kg	←	8,822kg
巡航速度	M=0.74～0.81	M=0.78～0.825	←	←
実用上昇限度	12,497m	←	←	←
航続距離	1,650～1,700nm	1,400nm	1,550nm	1,650nm
客席数	50席	66～78席	81～90席	97～104席

China
(中国)

中国商用飛機有限責任公司 ARJ21

2023年10月30日に引き渡された2機のARJ21-700F(P2F)。向かって左は広東龍浩航空向け、右はYTO(圓通貨物航空)向け。どちらにも客室窓はない　Photo：COMAC

中国の航空機開発事情

中国が独自開発を行った地域ジェット旅客機で、中国の第10次5カ年計画(2001年から2005年まで)により作業が進められたもの。この5カ年計画に盛り込まれた1つのプロジェクトが70～90席級の小型の国産ジェット旅客機の開発で、2002年3月に具体的な作業がスタートした。事業をとりまとめる部署には中国航空工業集団(AVIC：Aviation Industry Corporation of China)の第Ⅰ集団(AVIC Ⅰ)傘下に組織された中国商用飛機有限公司(ACAC：AVIC Ⅰ Commercial Aircraft Company)が指定され、2008年5月には中国の民間航空機製造部門の再編成により、中国商用飛機有限責任公司(COMAC：Commercial Aircraft Corporation of China)となった。なお「飛機」とは中国語で「飛行機」の意味である。

中国は多くの独自開発航空機を生みだしているが、実際の航空機開発は圧倒的に軍用機が優先されていて、ジェット旅客機については1980年にボーイング707をコピーした運輸10(Y-10)を上海飛機製造有限公司が完成させた程度であった。輸送機では、アントノフAn-24“コーク”を手本にした西安飛機製造有限公司運輸7(Y-7)と、同様にアントノフAn-12“カブ”を手本にした陝西飛機製造有限公司運輸8(Y-8)があり、また哈爾浜飛機製造有限公司が運輸11(Y-11)を一から独自に開発したが、いずれもプロペラ機で、民間向けジェット旅客機には見向きもしていなかったというのが事実であった。ただそうしたなかで中国政府が1985年12月に、マクダネル・ダグラス(現ボーイング)MD-82を中国の国内線向けのトランクライナー(主要航空機)として採用を決めるとアメリカは26機の販売を承認して、さらに内25機についてはコンポーネント類を引き渡し、上海飛機製造有限公司で組み立てを行うことで合意した(のちに組み立ては30機に増加)。こうして作られたのがMD-82Tで、1997年7月2日に中国組み立ての初号機が初飛行した。これは中国にとって、近代的なジェット旅客機技術を習得する貴重な機会になった。

ARJの機体概要

5カ年計画において中国が国内開発する小型ジェット旅客機は、ARJ21と名づけられた。ARJは先進

南昌に本拠を置く江西航空のARJ21-700。5機を発注している

Photo : Wikimedia Commons

中国東方航空の子会社で上海に本社を置く一二三航空のARJ121-700ER。35機を発注している

Photo : Wikimedia Commons

地域ジェット(Advanced Regional Jet)の略号で、「21」は21世紀向けを指している。この時点で中国も、世界各国で地域ジェット旅客機が注目を集めていることを十分に認識していたことがわかる。エンジンは、技術的に国内で開発が行えないため、アメリカからジェネラル・エレクトリックCF34を購入することとなった。

機体の設計は、国内組み立てを行ったMD-82に範をとっていて、同じ断面の胴体を用いて、リアマウント・エンジンにT字型尾翼の組み合わせになっている。主翼は、ウクライナのアントノフ設計局の協力を得て設計変更を行い、スーパークリティカル翼型をもつ後退角25度のものになるとされ、主翼端にはウイングレットがある。飛行操縦装置はMD-80のものを受け継いでいるので、油圧機力システムになっている。主翼の高揚力装置は単隙間フラップと前縁スラットの組み合わせで、T字型尾翼の頂部にある水平安定板は取りつけ角変更式である。コクピットは、正面計器盤に縦長のカラー液晶表示装置5基を横1列に並べたグラス・コクピットで、ヘッド・アップ・ディスプレーはない。

胴体の断面はダグラスDC-9当時のものそのままで、客室の標準仕様は通路を挟んで2席+3席の横5席配置になる。左右座席列頭上には、固定棚式のオーバーヘッド・ビンが並んでいる。客席数はMD-82よりも少ないため胴体はかなり短縮されて、2クラス編成で78席、単一クラスで90席が標準客席数となっている。これがARJ21-700と呼ばれるタイプで、2008年11月28日に上海の大場空港で初飛行した。2014年6月18日には量産初号機(通算5号機)も初飛行して飛行試験作業が加速され、2014年11月には製造4号機だけで飛行回数711回、飛行時間1,422時間23分に到達した。そしてすべての作業を終えて2014年12月30日に中国民用航空総局(CAAC:Civil Aviation Administration of China)の型式証明を取得した。

ARJ21のローンチ・カスタマーである成都航空のARJ21-700 Photo : Wikimedia Commons

ARJ21の型式証明問題

ARJ21を最初に受領したのは中国の成都航空で、2015年11月29日であった。そして2016年11月28日に、成都〜上海間で初の商用飛行を実施している。

CAACの型式証明は、承認基準や手続きなどが欧米のものとは異なっているため、アメリカ連邦航空局や欧州航空安全庁はARJ21に証明をだしておらず、ARJ21の飛行が認められているのは中国国内とミャンマー、インドネシア、カンボジア、スリランカ、ネパール、コンゴ民主共和国、コンゴ共和国、ジンバブエ、イエメンなど中国の証明を認めている国にかぎられる。それでも2022年末時点での受注総数は330機に達していてほかに20機のオプション契約もある。その大半はもちろん中国の顧客だが、アメリカからも1社、GECASが確定5機とオプション20機を発注している。このGECASは、エンジンを供給しているジェネラル・エレクトリックの航空機リース事業部門で、前記の理由から貸出先は見つかっていない。

ARJ21各タイプの概要

ARJ21では、計画中も含めて、次のタイプがある。

◇**ARJ21-700**：標準型で70〜95席の旅客型

◇**ARJ21-900**：胴体を延長型（延長幅は未公表）で95〜105席級機とするもの。

◇**ARJ21F**：ARJ21-700の純貨物型でLD7コンテナ5個かPIPパレット5枚の搭載を可能にする。最大ペイロードは10,150kg。今のところARJ21の純貨物型は旅客型からの改造機（次項）だけとなっていて、最初から貨物型として作られているものはない。

◇**ARJ21P2F**：ARJ21-700の純貨物機転換改造機で、ARJ21Fと同じ搭載力をもつ。2022年12月に広州の広州飛機修工程有限公司で試作改造が開始されている。

◇**ARJ21B**：ARJ21-700をベースにしたビジネスジェット型で、標準客席数は20席。

上記の各タイプのうち、基本型のARJ21-700以外にはまだくわしい発表はなく、P2Fを除いて開発作業などは行われていない。

2023年夏の時点での確定受注機数は197機で、ほかにオプション受注が24機あって、うち109機が引き渡しずみとされる。

［データ：ARJ21-700］

全幅	27.28m
全長	33.46m
全高	8.44m
主翼面積	79.9㎡
運航自重	24,955kg
最大離陸重量	43,500kg（航続距離延伸型）
エンジン	ジェネラル・エレクトリックCF34-10A（75.9kN）×2
通常巡航速度	M=0.78
上昇限度	11,889m
航続距離（航続距離延伸型、満載時）	2,000nm

China
(中国)

中国商用飛機有限責任公司 C919

中国東方航空のC919。2023年5月にC919を初就航させた同航空は、オプションも含めて120機を発注している

Photo : Wikimedia Commons

C919の開発経緯と機体概要

2008年に開発計画がスタートされた中国の単通路双発ジェット旅客機で、前作の地域ジェット旅客機ARJ21まではなんらかの手本があった中国の民間旅客機のなかで唯一、中国が完全に独自設計した機種である。

C919の基本的な機体構成は、幅3.96m、高さ4.17mのわずかに縦長の楕円断面を有する胴体に主翼を低翼で配置し、垂直尾翼と胴体に取りつけた水平尾翼という、きわめて一般的なものである。主翼の後退角などの詳細は不明だが、写真を見るかぎりでは上反角や取りつけ角はほとんどない。翼型にはスーパー・クリティカル翼型が使われて、通常の翼型に比べて飛行中の抵抗を8%減らすとともに、効率を20%向上できているとされる。計画当初は中央翼ボックスを炭素繊維複合材料製にするとされていたが、構造が複雑になって工作が難しいことから、通常のアルミ合金製に変更された。これも含めた機体構造全体では、新素材が炭素繊維を含む複合材料が12%、アルミ-リチウム合金が8.8%といった比率で使用されている。

胴体内には、通路を挟んで3席+3席の横6席配置が可能で、エアバスA320やボーイング737に匹敵するキャビン・スペースを有する。座席列の頭上にはピボット式のオーバーヘッド・ビンがあり、また航空会社の選択にもよるだろうが、普通席でもパーソナル・モニターつきの機内娯楽システムを装備することが可能とされる。客席数は、2クラス編成ならば158席を、単一クラス最大では192席を配置できる。また床下貨物室には、LD3-46コンテナを収容可能である。

主翼の外形について少し記すと、主翼端は計画初期の模型の主翼端では上方のみのウイングレットになっていたが、完成機ではボーイングのレイクド・ウイングチップに似た形状になっている。エンジンの取りつけ方式もきわめて一般的な、パイロンを介しての主翼への吊り下げ式である。

C919のエンジン問題

エンジンには、CFMインターナショナルの新世代ターボファンであるLEAP-1Cが選ばれた。最後の「C」は、中国(China)向けを示している。アメリカは中国に対する高度技術品の販売規制を実施しており、LEAP-1Cも

C919の試作初号機。エンジンは国内開発ではなくCFMIのLEAP-1Cである　Photo : COMAC

上海虹橋国際空港を離陸する成都航空のC919　Photo : Wikimedia Commons

その対象になるとされたのだが、2020年4月に売却許可がでている。ただ今後の政治的な動きなどによっては、中国が入手できなくなる可能性もある。このため、中国航空工業集団公司(AVIC)の民間機エンジン部門ではCJ-1000Aと名づけたエンジンの開発を行い、2017年12月に試作エンジンを完成させて2018年5月に初運転を行って開発に入った。2023年3月には陝西運輸20(Y-20)に搭載して飛行試験を開始したとされるが、くわしいことはわかっていない。写真もないため確定的なことは記せないが、これまでに中国で実用使用している同級のエンジンを考えると、LEAP-1Cのような高バイパス比エンジンになっている可能性は低いだろう。ただ中国のリバース・エンジニアリング技術はきわめて高く、すでにLEAP-1Cを入手しているから、それを手本にしたエンジンを近い将来に完成させられることは十分に考えられる。

C919の初飛行と飛行試験

C919の初号機は、2011年12月9日に製造に着手して2017年4月に完成し、5月5日に初飛行した。この時点COMACは飛行試験について、約4,200時間の飛行を行う計画とした。これはボーイングやエアバスが新型機で通常予定する3,000時間よりは多いが、ARJ21で消化した5,000時間よりは少ないものであった。また飛行試験には、6機の試験機を投入することとされた。2回目の飛行は2017年9月28日に行われて、高度約3,000mに到達して2時間46分で着陸した。3回目の飛行は11月3日で、このときも約3,000mに上昇して、3時間45分の飛行を行った。そして11月10日には上海から西安へのフェリー飛行を実施し、飛行高度7,800mで約1.300kmを、マッハ0.74の巡航速度により2時間24分で飛びきっている。また2017年12月17日には2号機も初飛行した。

飛行試験機の最初の3機は、主として飛行特性や操縦性の確認、エンジンおよびシステムの確認と試験飛行領域の拡張といった作業に用いられた。4号機は搭載電子機器と電機・電子機器の開発試験を主目的とし、5号機と6号機で客室関連の試験が行われた。こうした試験では、まず初期段階で低高度・低速飛行試験でいくつかの問題が生じ、空力弾性によるフ

COMACの上海工場で飛行試験の準備を整えるC919の初号機　*Photo : COMAC*

ラッターの発生が予測よりも速かったため飛行に制約が生じた。また2018年6月には、飛行試験で確認された問題の改修のため、飛行試験を中断して機体に手直しを加えることになり、作業に遅延が生じている。

2018年10月には、操縦室の設計を変更して再評価を受けることが決まった。C919はデジタル式フライ・バイ・ワイヤ飛行操縦装置を使用し、コクピットは完全なグラス・コクピットで、またサイドスティック操縦桿を操作装置にしている。加えて、機長席と副操縦士席の双方に、上方折りたたみ収納式のヘッド・アップ・ディスプレーがある。各種のスイッチやつまみ類もかなり少ない近代的な設計であるが、COMACはこれがアメリカ連邦航空規定（FAR）25.1302に合致しているのかの評価を受けることにしたのである。C919は中国の型式証明の取得のみを目指していて欧米の基準を満たす必要はなかったのだが、今後のコクピット設計に役立たせることを考えてのものであった。

2018年12月28日には3号機が1時間38分の初飛行を行い、また地上の静強度と疲労強度の試験も一通り完了した。2019年8月1日には4号機が、10月24日には5号機が初飛行し、5号機は高温や寒冷といった環境試験にも用いられることになった。そして2019年12月27日に6号機が初飛行して、予定していた飛行試験機全機がでそろった。中国の民間航空当局が型式証明を交付したのは、2020年11月27日であった。

C919の型式証明と受注状況

これまでの中国製の各種旅客機と同様に、C919の型式証明は欧米や日本などで通用するものではなく、中国の証明を認定しているきわめてかぎられた国にしか通用しないため、C919を運航したり乗り入れ承認をしたりする国はきわめてかぎられる。このため、2023年8月時点で583機の確定受注と120機のオプション契約が発表されているが、そのほとんどが中国の航空会社で、いくつかの国際的なリース会社も名を連ねているが、もちろん西側顧客向けに用意しているものではない。

初引き渡しは2022年12月9日に中国東方航空に対して行われ、同航空は確定5機とオプション15機の契約を交わしている。2023年夏時点で受領しているのは、この中国東方航空（2機）のみだ。なお現在の生産は航続距離2,235nmの標準型のみだが、最大離陸重量を75,100kgから78,900kgに引き上げて航続距離を3,011nmにする航続距離延伸（ER）型の開発も計画されている。

［データ：C919 Std］

全幅	35.79m
全長	38.71m
全高	11.94m
主翼面積	129.2㎡
運航自重	45,700kg
最大離陸重量	75,100kg
エンジン	CFMインターナショナル LEAP-1C×2
最大推力	126.7kN
巡航速度	M＝0.785
実用上昇限度	12,131m
航続距離	2,235nm
客席数	158～192席

Germany
(ドイツ)

フェアチャイルド-ドルニエ 328Jet

オーストリアのチロリアン・ジェット・サービスが使用していたDo328-300Jet
Photo : Wikimedia Commons

328Jetの開発経緯と機体概要

ドイツのドルニエが1980年代末期に開発したターボプロップ双発の30席級旅客機Do328(P.199参照)をベースにジェット化したもので、1997年2月5日にプロジェクトを明らかにし、その年の6月にパリ航空ショーの会場で正式ローンチを発表した。エンジンにはプラット&ホイットニー・カナダPW306/9小型ターボファンが選ばれ、まずDo328の試作2号機のエンジンを換装して1997年12月6日にロールアウト、1998年1月20日に初飛行させた。これがジェット化版の試作初号機となり、さらに3機を完全な新規製造で製作して飛行試験にあてた。その初号機は、1998年5月20日に初飛行した。

これら4機の試作機は、1号機と2号機が操縦性や性能試験、3号機が搭載電子機器、4号機が各種機能や信頼性と航空会社による実運用に即した実用試験のものに用いられ、4機あわせて約950回で約1,560時間の飛行試験を行って、1999年7月4日にアメリカ連邦航空局の型式証明を取得し、7月にアメリカのスカイウェイ航空に引き渡されて、実用就航を開始した。機体名称は、当初は328-300とされていたが、ジェット旅客機であることを強調するために、328Jetになった。

機体の基本構成はターボプロップ型のDo328を受け継ぎ、高翼配置の主翼にT字型尾翼の組み合わせである。もちろんエンジンの取りつけ方は変わっており、パイロンを介して主翼下に吊り下げている胴体の断面も変わっておらず、キャビン幅は2.24mあり、通路を挟んで1席+2席の横3席が標準仕様になっている。2席側の上部にはオーバーヘッド・ビンがあり、1席側は扉のない簡素な棚が標準装備品となっている。キャビン高は1.88m、キャビン長は12.80mで、単一クラス最大で33席を設けることができる。また機内は46.9kPaの差圧で与圧されている。

コクピットの設計もDo328を受け継いで、ハニウェル・プリマス2000電子飛行計器システムによるグラ

カナダウィニペグEO本拠とする地域航空会社カームジェットのDo328-300 Jet　*Photo : Yoshitomo Aoki*

ス・コクピットで、5基の縦長カラー液晶表示装置が計器盤に並んでいる。328Jetには、旅客型の派生型はないが、ビジネスジェット型の製造は行われている。なお328Jetの型式名称は328-300Jetであるが、328-100Jetや328-200Jetというタイプは存在しない。

フェアチャイルド-ドルニエはまた、機体を大型化して44席機とする428Jetの開発も計画した。全長を24.69mとする計画だったので、単純計算で3.58mのストレッチになる。そのほかの変更点は極力減らすこととされ、エンジンもPW300シリーズのパワーアップ型とされた。この機体案は1998年5月19日に発表されたが、もとになる328Jetがエンブラエルやボンバルディアに対して大幅に出遅れていてこの時点で100機程度しか受注がなかったこと、そして40席級にしても新たな市場は獲得できずビジネス・ケースにならないという判断から、39機の確定受注は得ていたものの2000年8月8日に、計画はキャンセルとなった。

ロッキード・マーチンは328Jetを1機購入して、X-55先進複合材料貨物航空機（ACCA）研究機に改造して、2009年6月2日に初飛行させた。ACCAはAdvanced Composite Cargo Aircraftの略号で、アルミ合金を主体に作られていた機体フレームに設計変更を加えて複合材料にし、全長を16.76mに短縮するとともに直径を2.74mに増加している。加えて胴体最後部にはランプ兼用の貨物扉が装備された。また垂直尾翼は、一体成型の炭素繊維複合材料製になった。改造作業は、カリフォルニア州パームデールにあるロッキード・マーチンの「スカンクワークス」の施設で行われた。アメリカ空軍の研究所が主導しているこのX-55プロジェクトでは、機体の垂直尾翼や胴体の一部（長さ16.76m、直径2.74mといった大型部材）が複合材料製に変更されて、素材の耐久性などの試験・確認などに用いられた。

アメリカのシエラ・ネバダ社は328Jetの型式証明などの権利を取得し、ドイツ政府などの支援を得て胴体を2m程度延長するとともに操縦室と客室に設計を一新するなどして経済性に優れたものにする改良型328ecoを計画したが、実質的な進展はなにもなかった。

なおドルニエは1996年にアメリカのフェアチャイルドに買収されたことで社名がフェアチャイルド-ドルニエとなり、それ以降は新たな旅客機も航空機も開発していない。

[データ:328-300Jet]

全幅	20.98m
全長	21.11m
全高	7.24m
主翼面積	40.0㎡
空虚重量	9,420kg
最大離陸重量	15,660kg
エンジン×基数	プラット&ホイットニー・カナダPW306B×2
最大推力	26.9kN
最大速度	400kt
実用上昇限度	10,668m
航続距離	1,480nm
客席数	30～33席

International
(国際共同)

エアバス A220

エアバスがボンバルディアのCシリーズ(CS)のすべての権利を取得して製造・販売を行っているA220

Photo : Yoshitomo Aoki

A220の開発経緯と実用化までの道のり

ワイドボディ・ビジネスジェットのCL-600チャレンジャーをベースにして、50～100席級の地域ジェット旅客機CRJシリーズ(P.34参照)で成功を収めたボンバルディアはより大型の機種の開発を考えて、2004年7月のファーンボロ航空ショーでその計画を発表した。Cシリーズ(CS)と名づけたその機種は、胴体の異なる2タイプで100席級と130席級とするもので、それ以外は基本的に同一とするものであった。しかし航空会社の反応はかんばしくなく、2006年1月にはプロジェクトの事業規模の縮小が決められた。ただ、プラット&ホイットニーが新エンジンのギアード・ターボファン(GTF)計画を明らかにすると2007年11月にそれを搭載エンジンとすることが決められて機体構成の最終確定作業へと進み、2008年2月22日には航空会社への提案活動を再開することとなって、2008年7月31日にルフトハンザとの間で60機(うち30機はオプション)の購入趣意書が交わされて、開発が正式にローンチした。

機体名称は、110席機がCS100、130席機がCS300に決まり、まずCS100から先に開発を行うことになった。そのCS100の初号機は2013年9月16日に初飛行して型式証明取得に向けた飛行試験に入り、CS300の初号機も2015年2月27日に初飛行して、同様に飛行試験を開始した。

飛行試験には5機のCS100と2機のCS300が用いられて、CS100は2015年12月12日に、CS300が同年12月14日にカナダ運輸省の型式証明を取得した。また両タイプともすぐにアメリカとヨーロッパの証明も得て、2016年7月15日にスイス・インターナショナル・エアラインズがCS100の実用就航を開始した。CS300の初就航はラトビアのエア・バルティックスによるもので、2016年12月14日であった。

Cシリーズの開発から実用化までの道のりは、決してスムーズではなかった。機体の技術やシステムなどでは大きな問題はなかったのだが、ボーイングやエアバスの最小型機と競合するカテゴリーになるため、この大手2社からの反発は激しかった。このことはボンバルディアに民間旅

グリーンを基調にした特別なアート・カラーで仕上げられたカンタスリンク向けA220の一番機

Photo : Qantas

客機ビジネスに失望を抱かせるに十分なもので、ボンバルディアは2008年4月に、CRJとターボプロップ旅客機のQシリーズの事業活動の停止を明らかにし、航空機としてはビジネスジェット機とCL-415飛行艇についてのみ事業を継続することとした。そしてCシリーズについては、まず2017年10月にエアバスと業務提携を結び、続いて2018年6月8日にエアバスが事業を完全に買収した。これによりCシリーズはエアバスの製品群に加わることになって、名称もCS100がA220-100、CS300がA220-300に変更された。なおこれらは製品名であり、登録上の型式名称はボンバルディア当時のままで、前者がBD-500-1A10、後者がBD-500-1A11である。

A220の機体概要

A220の機体構成はきわめて一般的なもので、直径3.71mの真円断面をもつ胴体に主翼を低翼で配置し、尾翼も一般的な垂直尾翼と水平尾翼の組み合わせで、水平尾翼は取りつけ角変更式のトリム調整型である。エンジンは、パイロンを介して主翼下に吊り下げられている。

機体構造は、約70%がアルミ-リチウム合金や炭素繊維複合材料といった先進素材で作られていて、前者が24%、後者が46%とされている。A220-300のほうが胴体が3.35m長くまた総重量が約25%重くなっているので、中央翼部の構造と主脚が強化されている。

機内の客室は最大幅が3.29m、最大高が2.10mと、ボーイング737やエアバスA320と比較するとわずかに狭く、このため普通席の標準仕様は幅19インチ(48.3cm)の座席を用いて、通路を挟んで3席+2席の横5席配置になる。この仕様だと通路幅が20インチ(50.1cm)になるので、20分の作業でターンアラウンドを行うことが可能と、開発時にボンバルディアは説明していた。頭上にはピボット式で下がってくるオーバーヘッド・ビンが並ぶが、胴体が細身なので容積は大きくなく、乗客1人あたりは0.23㎥程度になる。それでも一区画の最大化が図られていて、61×43×28cmのローラーバッグを収納できるとされている。機内照明には発光ダイオードが使われていて、標準で3色に設定することができる。オプションで、個人画面を使った機内娯楽システムの装備も可能だ。

飛行操縦装置は完全なデジタル式フライ・バイ・ワイヤで、操縦翼面としては補助翼、方向舵、昇降舵の通常の3舵を有する。また主翼には、前縁にはほぼ全翼幅のスラットが、後縁内側には二分割された単隙間式のフラップがあり、内側フラップの前に1枚、外側フラップの前に4枚のスポイラーが、主翼上面にある。これらはすべて着陸時にはグラウンド・スポイラーとなって制動を補助し、外側の4枚はフライト・スポイラーとして飛行中のロール操縦の補佐やリフトダンパー/エアブレーキとしての機能を果たす。翼端には、外側に傾けたウイングレットがある。

操縦室はもちろん完全なグラス・

Photo : Delta Airlines

デルタ航空のA220-300。
機内は3クラス編成で130席である

Photo : Yoshitomo Aoki

2016年12月にA220を世界で最初に実用就航させたエア・バルティックのA220-300

コクピットでロックウェル・コリンズのプロライン・フュージョンが標準装備品になっている。これにより正面計器盤には4基の15.1インチ(38cm)横長カラー液晶表示装置が並び、中央ペデスタル最前方にも5基目の同じ表示装置が配置されている。またオプションで、機長席と副操縦士席の双方にヘッド・アップ・ディスプレーがつけられる。操縦操作装置はサイドスティック操縦桿でほかのエアバス製旅客機と同じだが、エアバスの製品となる以前のCシリーズの開発段階から使われていて、A220になったからこの方式にしたのではもちろんない。このため操縦桿のグリップの形状はA320などエアバス旅客機とは異なり、また操作時の動きの感覚も異なる。さらに、通常は双方の操縦桿が機能しているが、どちらか一方が瞬間的に強く操作するともう一方の操縦桿が機能しないようにすることができる。飛行中の操縦権の移動などに際してこれを使用すると、飛行パイロット(PF)と非飛行パイロット(PNF)を明確化させることが可能になる。なお操縦室のレイアウトや機能はA320-100と300で完全に同一なので、パイロットの操縦資格限定も共通化されている。もちろんA320ファミリーとの資格共通は認められていないし、従来からのエアバスのフライ・バイ・ワイヤ・ファミリー機で採られている相互乗員資格(CCQ)からは外れている。

エンジンは前記のとおりプラット

スイス国際航空はA220の両タイプ運航している。写真はA220-100
Photo : Wikimedia Commons

&ホイットニーが開発したGTFで、A220用のものはピュアパワーPW1500Gと呼ばれる。これは、ピュアパワーPW1000Gシリーズのなかでは、キャンセルとなった三菱スペースジェット用のピュアパワーPW1200Gに次いで小型のタイプで、直径1.85mでブレード数が18枚というのはE2ジェットファミリー用のピュアパワーPW1900Gと同じである。そのほかの特徴を記しておくと、バイパス比は12、乾重量は2,177kg、推力範囲は88.0～136.8kN、ファン最大回転速度3,461rpm、低圧圧縮機最大回転速度10,600rpm、高圧圧縮機最大回転速度24,470pmとなっている。

A220の ファミリー展開

エアバスではA220についてA320ファミリーと同様にビジネスジェット機も計画している。ACJツー・トウェンティ(ACJ220)と名づけたもので、A220-100をベースにする。ACJはエアバス・コーポレート・ジェットの頭文字で、ほかの機種でも使用されている。標準的な仕様では、面積73.4㎡のキャビンスペースに18席を設け、最大離陸重量を18,000kgとし、床下には追加燃料タンクも搭載できるようにして、5,650nmの航続力をもたせる計画である。このACJ220に対しては、2023年8月の時点ではまだ発注はない。

通常の旅客型のA220は、2023年8月時点でA220-100が受注95機で引き渡しずみが56機、受注残が39機あり、A220-300はそれぞれが711機、220機、492機となっており、全体では受注806機、引き渡しずみ276機、受注残530機である。受注はA220-300が88%を占めており、この機種でもほかと同様に長胴型に人気が集中している。

なお製造については、Cシリーズ当時からの旧ボンバルディアの、カナダのケベック州にあるミラベル工場が維持されているが、A220の受注機数が100機を超えてまだ増加が見込めることから2018年に、アメリカのアラバマ州モービルにあるエアバスの施設内に、二番目の組み立てラインを設けている。

[データ:A220-100/-300]

	A220-100	A220-300
全幅	35.05m	←
全長	35.05m	38.71m
全高	11.58m	←
主翼面積	112.3㎡	←
運航自重	35,220kg	37,080kg
最大離陸重量	63,110kg	70,900kg
エンジン×基数	PW1519G×2	PW1521G×2
推力	93.4～103.7kN	93.4～136.8kN
燃料容量	21,805L	21,508L
巡航速度	M=0.78	←
上昇限度	12,497m	←
航続距離	3,450nm	3,600nm
客席数	110～135席	120～160席

International
(国際共同)

エアバス A300

エアバス最初のジェット旅客機の1タイプであるA300B4

Photo : Airbus

A300の開発経緯と機体概要

1960年代中期にアメリカで、きたるべき大量輸送時代に向けての大型旅客機の研究が始められ、これはヨーロッパでも同様だった。しかし、各国の各社が個別に機体計画を進めてもボーイングやダグラス、ロッキードといったアメリカの各社に太刀打ちできないことは明白であった。そこでイギリス、フランス、ドイツ、オランダの各国政府は1967年に、A300と名づけた、客室に通路2本をもつ300席級ワイドボディ(広胴)旅客機の共同開発で合意した。このプロジェクトには紆余曲折があったものの、その事業主体として1970年12月18日にエアバス・インダストリーが設立されて、本社がフランスのトゥールーズに置かれた。

最初の開発機はA300B1と名づけられた機種で、1972年10月28日に初飛行した。また2号機も1973年2月5日に初飛行した。このA300B1の初飛行よりも前の1971年11月に、エールフランスが確定6機、オプション10機の発注を行っている。しかしエールフランスは、乗客1人あたりの運航コストを下げて運航経済性を高めることを要求し、このため続く2機はこの大型化の要求を取り入れて、胴体を5フレーム(2.65m)延長して作られている。最大離陸重量は137,000kgに増加し、これがのちにA300B2-100と呼ばれるようになった機体構成で、3号機は1973年6月28日に、4号機も同年11月20日に初飛行した。

この4機により飛行試験を行った結果、1973年3月15日にフランスと西ドイツの航空当局がA300B1とB2双方に型式証明を交付し、同年5月30日にはアメリカ連邦航空局(FAA)の型式証明も取得した。また量産型初号機となった通算5号機は1974年6月23日に初飛行し、以後量産機は胴体を5フレーム延長するなどのA300B2の特徴を備えたものが基本仕様となっている。

A300B2の航続距離延長型がA300B4で、重量の増加による離着陸性能の低下を避けるために主翼にクルーガー・フラップをつけた。A300B2にこのクルーガー・フラップをつけたのが、A300B2Kである。

A300の胴体は直径222インチ(5.64m)の真円断面をしていて、これは床上の客席に通路2本を設けて2席+4席+2席の横8席配置を可能にし、さらに床下にはLD3コンテナを横並びで搭載できるという、非常に合理的かつ秀逸なものであった。このためエアバスは、A340までの全ワイドボデ

A300にA310の技術をフィードバックして作られたA300-600Rのグラス・コクピット　*Photo : Japan Airlines*

ィ機にこの胴体断面設計を適用している。

エンジンは、まずジェネラル・エレクトリックCF6が使用され、続いてプラット＆ホイットニーJT9D装備型も作られた。エアバスはロールスロイスRB211装備も可能としたが、A300B2/B4でこのエンジンを採用する航空会社はなかった。

A300B2/B4の改良型として開発されたのがA300-600で、客席数増加のため胴体を主翼の後方で0.52mの延長を行い。これで、エコノミー・クラスならば座席列2列分の増加が可能にした。胴体延長は、重心位置に大きな変化を生じさせないためなどから、主翼の前後にフレームを挿入してバランスをとる必要があり、こののちに開発したA310（P.52参照）向けに設計した短縮型テイル・コーン（2フレーム）を使用した。それ以上に重要だったのがA310のグラス・コクピットを使用したことで、これにより操縦室乗員2人での運航を可能にしている。

一方で、わずかとはいえ胴体を延長したことによる機体重量の増加への対策は、使用可能な範囲で複合材料の導入を行い、また工作方法を変更することなどで、機体重量の増加を最低限に抑えている。A300-600における複合材料の使用部位は、機体の二次構造部や垂直安定板ボックス部、ラダーなどである。そのほかにも、電気配線の変更や主翼アクセス・パネルへのチタニウムの仕様なども、重量軽減策として採られている。

エンジンはA300B2/B4と同様に3社からの選択制とされたが、こちらでもまたRB211を選択する航空会社はなかった。

A300-600の初号機はJT9D装備型で1984年7月8日に初飛行した。CF6装備型の初号機も1985年3月20日に初飛行した。型式証明の取得は、JT9D装備型が1984年3月9日、CF6装備型が1985年3月26日であった。

なおA300-600では水平尾翼内にも燃料タンクを設けた航続距離延長型があり、A300-600Rと名づけられた。A300-600Rは、最大離陸重量が170,500kgになり、航続距離も4,050nmになった。またオプションで、最大離陸重量171,700kg型も作られている。A300-600の製造終了直前段階におけるエアバスの資料では、A300-600Rの標準航続距離が4,685nmとされており、これはこの171,700kg型のものである。A300-600Rの初号機（製造番号420）で、プラット＆ホイットニーPW4158（258kN）を装備して、1987年12月9日に初飛行した。

［データ：A300B2］

全幅	44.84m
全長	53.62m
全高	16.53m
主翼面積	260.0㎡
運航自重	85,910kg
最大離陸重量	142,000kg
エンジン×基数	プラット&ホイットニーJT-9Dまたはジェネラル・エレクトリックCF6-50C×2
最大推力	235.8kN
燃料容量	43,985L
高速巡航速度	495kt
実用上昇限度	10,668m
航続距離	1,850nm
客席数	220～336席

International
(国際共同)

エアバス A310

A300の胴体を短縮するとともに多くの新技術を採り入れて開発されたA310。
「310」の名称は、短縮幅が10フレームだったことに由来する

Photo : Wikimedia Commons

A310の開発経緯と機体概要

エアバスは、A300を小型化して200席級機とすることを考えて、A300B10と呼ぶ機体案を作った。主翼やシステムなどはA300B2/B4のものを使用するというもので、「10」という数字は、A300の胴体を10フレーム取り除いて短縮するということを意味した。ただこのころアメリカではボーイングが7X7と呼ぶ新型機の研究に入っていて、新しい電子機器システムの搭載をはじめとした、ジェット旅客機に世代交代をもたらすものを目指していた。エアバスは、これに対抗するには胴体以外は完全に設計を変更することが必要と考えて、A300B10計画の見直しに入った。胴体の短縮以外は完全に設計を変更することにしたのである。

まず主翼は、機体の小型化にあわせて設計を一新し、内翼部パネルの曲線を二重にすることで付け根部だけ翼厚を増すようにした。これにより内翼部にいくに従って取りつけ角が増し、翼厚の大きな部分が前方にでることになるので、リアローディングを減らすことができて、巡航効率が向上している。主翼の後退角は、25%翼弦で28度と、同じである。翼幅は44.84mから43.90mとごくわずか(約3%)しか減らしていないものの、主翼面積は260.0㎡から219.0㎡へと約16%も小型化した。これによりアスペクト比は7.73から8.80に増えた。

高揚力装置も改良されて、タブつきだったA300のフラップからタブをなくした、簡素なファウラー・フラップにした。一方で内側フラップにはベーンを設けて、二重隙間式フラップとしている。補助翼は、低速度補助翼を廃止して、補助翼操縦時に主翼にかかるねじれ荷重をなくしている。これは、システムの簡素化と構造重量軽減の双方のメリットをもたらしている。主翼端には、三角形をした小さなフェンスが取りつけられた。

A310の大きな特徴は、カラーCRTを使った電子飛行計器システムを導入し、また各種システムの管理をコンピューター化することで操縦室乗員の作業負担を減らし、航空機関士の同乗を不要にした。

この操縦室をエアバスはFFCC(Forward Facing Cockpit Concept)名づけ、直訳すると「前方向きコクピ

スペインの近距離線航空会社エア・コメットが運航していたA310-300。2009年までに導入した10機全機が退役している　Photo : Wikimedia Commons

ット概念」となるが、その意味するところは、パネルが横向きで配置されていて乗務にあたってはそのパネルの方向である横を向いて座っている航空機関士がいなくなり、操縦室乗員は正面に向かって座る機長と副操縦士だけになるということである。

こうした多くの改良が取り入れられた新型機はA310と名づけられて、短距離型のA310-100と、燃料搭載量を増やす中距離型A310-200の2タイプの開発が計画されたが、航空会社の発注は、最初からA310-200に集中し、A310-100を発注する航空会社は1社もでなかった。このためエアバスはA310-200をこの機種の標準生産型に決めて、要望があればA310-100の製造を行うこととした。結局、A310-100への発注はなく、製造は行われていない。

A310-200の航続距離延伸型がA310-300で、水平安定板内に燃料タンクが設けられ、飛行中に燃料を消費すると機体後部が軽くなって重心位置に変化を生じた。このためA310-300では燃料の移送にあわせて自動的に重心位置を調節するシステムが導入され、巡航飛行時の重量の変化と高度・速度に応ずる最適の重心位置を常に保てるよう調整して、機体全体の揚抗比を維持することで発生するトリム抵抗を最小限に抑えている。このシステムはのちにA300-600でも用いられた。

エンジンについてはA300同様の選択方式が採られたが、ここでもロールスロイス・エンジンを選ぶ顧客はでず、プラット＆ホイットニーJT9D/PW4000とジェネラル・エレクトリックCF6装備機のみが作られた。

胴体はA300B2/B4のものと同じなので、基本的な客室の配置なども原則として変わっていない。ただ胴体部で10フレームの短縮が行われたぶん客室長も短くなっており、標準的な2クラス編成ならば205～234席、ファースト・クラスを設ける3クラス編成では187席がエアバス・インダストリーが示した標準客席数であった。また単一クラスでハイデンシティ配置にすると、280席を装備することができる。

A310の初号機(JT9D装備)は1982年4月3日に初飛行し、CF6装備型も1982年8月5日に初飛行している。またA310-300の初号機は、1985年7月8日に初飛行した。主要なタイプの型式証明の取得日は次のとおり。

◇**A310-200/CF6**:1983年3月11日
◇**A310-200/JT9D**:1983年3月11日
◇**A310-300/CF6**:1986年3月11日
　A310-300/JT9D:1985年12月5日
◇**A310-300/PW4000**:1987年5月27日

A310ではまた、A310-200で貨客転換型のA310-200Cが作られており、前部胴体左舷に3.58m×2.75mの大型貨物扉がつけられている。貨物室の総容積は210㎥あり、最大ペイロードが38,490kgでペイロード満載時の航続距離は2,900nmであった。ただA310-200Cの製造機数は、わずかに1機のみであった。

[データ:A310-300]

全幅	43.89m
全長	46.66m
全高	15.80m
主翼面積	219.3㎡
運航自重	71,840kg
最大離陸重量	157,000g
エンジン×基数	ジェネラル・エレクトリックCF6-80C2またはプラット&ホイットニーPW4152×2
推力	203.8～257.4kN
最大燃料重量	47,940kg
巡航速度	M=0.80
実用上昇限度	12,257m
航続距離	5,150nm
客席数	220～265席

International
(国際共同)

エアバス A320ファミリー

日本の低運賃航空会社の1つピーチアビエーションのA320-200　Photo : Yoshitomo Aoki

A320の開発経緯と機体概要

エアバスは、1980年代に大きな需要がでると見られる100～150席級機の代替および新規市場を目指してSAと呼ぶ機体計画を立て、130席程度のSA1と160席程度のSA2の機体案を示した。SAはSingle Aisle(単通路)の頭文字で、エアバスにとっては初の単通路機になる。このSA計画に対してヨーロッパの航空会社5社から確定受注が得られたことで、1984年3月23日にプログラムが正式にローンチされた。ただそれまでの間にSA1では収容力が小さいとの指摘があったため、SA2をベースに150席級とするよう機体仕様の変更が行われていた。ローンチした機体の名称はA320となったが、これはたんにA310に続く新型機ということからつけられたものである。そしてエアバスはこのA320に、次の特徴を盛り込むことにした。

- 同級機種のなかでもっとも太い胴体をもち、これまでの機体では不可能だった市場にも適合させる
- まったく新しい設計の先進技術主翼の使用
- 新素材と新加工技術の使用
- コンピューター制御による飛行操縦システムの装備
- サイド・スティックによる先進のコクピットの採用
- 集中化記録システムの装備

なかでも注目されたのは、コンピューター制御のフライ・バイ・ワイヤ(FBW)操縦装置を導入し、操作装置を操縦輪からサイド・スティック式操縦桿に変更したことだ。旅客機へのFBWやサイド・スティックの導入はこれが初めてで、このためA300の3号機を使って入念な開発試験が行われた。またサイド・スティックについても同機により、航空会社のパイロットも加わって多数のパイロットにより評価が行われている。その結果、どちらについてもまったく問題がないとの結論が得られて、実際に導入することが決定された。またコクピットは、カラー多機能表示装置6基を用いた完全なグラス・コクピットにしている。

エンジンについては、CFMインターナショナルのCFM56-5A/Bと、インターナショナル・エアロ・エンジンズ(IAE)のV2500-A5からの選択方式になった。必要推力は111～120kNで、エンジンの制御はデジタル電子式のFADECにより行うとさ

新型ウイングレットであるシャークレットを装備したA320

れた。

主翼は、限界マッハ数を得るために後退角を小さくすることが必要で、抵抗によるマイナス要因を引き起こさないようにしつつ翼厚を増す、という2点を特に留意して設計された。その結果、主翼は25%翼弦で25度の後退角をもち、5度6分36秒の取りつけ角をもって胴体につけられている。後縁には内翼部と外翼部内側に2分割されたファウラー・フラップがあり、その外側が補助翼となっている。フラップ前の主翼上面にはスポイラーがあり、内側フラップ前に2枚、外側フラップ前に5枚が配置されていて、左右あわせて10枚のスポイラーがある。エルロンは、外翼部後縁の通常型補助翼のみを装備し、全速度補助翼は廃止した。主翼端には、A300-600と同じ形状の鏃型のフェンスがつけられている。これはウイングレットと同様の主翼延長効果をもたらすもので、航続性能を向上させている。

胴体は、それまでのワイドボディ機と同様、完全な真円断面を有し、直径は155.5インチ(3.95m)である。これにより客室の最大幅は3.70m、最大高は2.22mとなり、737をはじめとする単通路機のなかでもっとも広い客室である。客室全長は27.50mあり、2クラス編成ならば150席(ファースト12席、エコノミー138席)、単一クラスであれば180席が標準客席数となっている。また床下貨物室用の扉を外開きとしたことで、LD-3コンテナにあわせた単通路機専用のLD-3-46/-46Wを使用しての、コンテナ化貨物の収容を可能にしている。

A320の初号機(CFM56装備型)は1987年2月22日に初飛行し、4機による飛行試験のあと、1988年2月26日に欧州合同証明機構(JAA)の型式証明を取得した。また飛行試験初号機は、CFM56装備での型式証明を取得したあとエンジンをV2500に換装し、1988年7月28日に初飛行して飛行試験に入り、1989年4月20日にV2500装備のA320に対してもJAAが型式証明を交付した。なお最初からV2500装備機として製造されたのは43号機で、従ってV2500装備機はA320-200しか製造されていない。またCFM56装備のA320-200の初号機は22号機で、1988年6月27日に初飛行している。

A320は、最大離陸重量を66tとする標準型のA320-100と、重量増加型で最大離陸重量を72tとするA320-200の2タイプでローンチされた。しかし航空会社の発注は72t型に集中し、その結果、最初の21機がA320-100仕様で製造されただけで、それ以降はA320-200が標準型となった。これにともない名称の区別は廃止されて、すべてをA320と呼ぶこととなった。

その後A320の標準型の最大離陸重量は73.5tに引き上げられ、さらに75.5tや77tというオプションも設定された。今日では、78tが最大オプションとなっている。増加することも可能で、これらの重量増加は、基本的に燃料搭載量の増加にあてられていて、それに応じて標準航続距離も延びており、73.5t型が2,600nm、75.5t型が2,900nm、77t型が3,000nm、78t型が3,200nmになっている。

1989年5月22日には、A320の胴体を延長して収容力を増加するタイプの計画が発表され、ルフトハンザからの確定発注を受けて同年11月24日にプログラムが正式にローンチされた。これがA321で、主翼の前後で胴体を6.94m延長し、重量の増加に対応した構造の強化や大推力型エンジンの装備などが行われている。胴体の延長により客室全長が34.44mとなり、これにより2クラス編成で185席(ファースト16席、エコノミー169席)、単一クラスで199席を設けることができ、さらにハイデンシティ仕様では220席の配置が可能になっ

エアベルリンのA321-211　Photo : Wikimedia Commons

アビアンカのA318-122　Photo : Wikimedia Commons

ている。

A320ファミリー各タイプの機体概要

A321はまず標準型のA321-100が開発された。A321の初号機となったのはV2500エンジン装備型で、1933年3月11日に初飛行した。2番機はCFM56装備型で、1993年5月25日に初飛行し、まず1993年12月17日にV2500装備型が、続いて1994年2月15日にCFM56装備型がそれぞれJAAの型式証明を取得した。

A320ファミリーの三番手となったのは、胴体短縮型のA319で、A320の機体フレームを主翼の前後で計7フレーム短縮することからA320マイナス7と呼ばれていたもの。ローンチの決定は1993年6月10日で、胴体の短縮以外は、小型化にともなうシステムの変更やエンジンを推力減少型にするなど、細かな変更が行われているだけである。胴体については、主翼の前後で計3.73m短くされていて、これにより客室全長は23.77mとなった。

標準客席数は、2クラス編成で124席（ファースト8席、エコノミー116席）、単一クラスで134席だが、ほかにも2クラス編成で129席（ビジネス55席、エコノミー74席）や、ハイデンシティ配置148席などの例も示され、またエアバス・インダストリーのデータシートでは最大で156席を設けることも可能とされている。

A319の初号機はCFM56エンジンを装備して1995年8月24日に初飛行し、続く2号機との飛行試験により、1995年4月10日にヨーロッパの型式証明を取得した。この試験に使われた2機はその後、V2500に換装して飛行試験を続けて1995年12月18日にこのタイプもJAAの型式証明を得ている。最初からV2500装備で作られたA319の初号機は、1997年6月16日に初飛行した。

エアバス・インダストリーは、

A319よりも小型で95〜125席とする新型機の開発を検討し、1997年5月に中国やシンガポール、イタリアの企業と共同開発する方針を立てた。これがエイジアン・エクスプレスと呼ばれた機体計画だが、こうした市場にまったくの新型機で参入することはきわめてリスクが高いなどとの判断から計画を中止、それに代えてA319の胴体を5フレーム短縮するA319マイナス5と呼ぶ機体計画を、1998年9月に明らかにした。この計画は、1999年4月26日に正式にローンチされ、名称もA318となった。

A318は詳細設計において、まず短縮幅を4.5フレームに変更することとされ、これによりA319の胴体が主翼の前後で2.83m短くされることになった。またこれにともない、機体の重心位置と垂直安定板の距離が短くなって、モーメント・アームが減少することから、同じ垂直安定板の効き（方向安定性）を確保するため、垂直安定板の上端を2.6ft（79cm）延長している。またエンジンについても、CFM56では推力減少型の製造が可能だったが、V2500では不可能だったため、それに代えてプラット＆ホイットニーPW6000が選択エンジンに加えられた。PW6000では97.9kNのPW6122か106.8kNのPW6124を、CFM56では103.6kNのCFM56-5Bが使われている。胴体の短縮により、客室長は21.38mとなり、2クラス編成ならば107席（ファースト8席、エコノミー99席）、単一クラスならば117席を標準で設けられる。またハイデンシティ仕様では、最大で132席となる。またあわせて前方床下貨物室の扉が小型化されていて、コンテナ化貨物の搭載が行えなくなった。

エアバスは、A318を除くA320ファミリーに対してさらに改良を続けて、2010年10月には寿命延長ステップの第1段階（ESG 1）が承認され、さらに第2段階（ESG 2）も2012年10月に認可を得て、これでESG 2が実現すれば、A320の運航寿命はさらに50％延長することが可能になる。またエンジンについても、CFM56とV2500でともに新タイプへの変更が行われることになっていて、CFM56ではテック・インサーション仕様が、V2500ではセレクト・ワン仕様が導入されているほか、CFM56では現在開発中のエボリューション仕様の導入についても検討が行われている。

空力面でも、サージ・タンク・インレットの設計変更、翼胴フェアリング上部の設計変更、エンジン・パイロンの形状変更が行われていて、さらに2009年11月15日には、これまでの鏃型の翼端板に代えて、「シャークレット」と呼ぶ新しい主翼端を装備できるようにすることが発表された。シャークレットとは、いわゆるウイングレットの一形態で、主翼端を上方に曲げることで、主翼端に大型のフィンをつけるものである。エアバスではこのシャークレットを装備することで、通常型A320と同じ条件の場合110nm航続距離が延びて、3,350nmになるとしている。また航続距離を標準型と同じ3,240nmにすると、ペイロード重量は500kg増加できる。このシャークレットは、2010〜11年にかけて開発と製造を行い、2012年から飛行試験を開始した。そして前記のとおり、2012年にまずA320で実用就航を開始した。

なおエアバスは2010年に、A320ファミリーのエンジンを新世代型ターボファンからの選択にするA320neo（次項）の開発に着手した。それにともない従来型エンジン選択のA320ファミリーは、A320ceo（セオ）と呼ぶようになった。ceoは、current engine option（現在のエンジン選択）の意味である。

［データ：A318、A319、A320、A321］

	A318	A319	A320	A321
全幅	34.10m	35.79m	←	←
全長	31.44m	33.84m	37.57m	44.51m
全高	12.56m	11.76m	←	←
主翼面積	122.4㎡	123.6㎡	←	←
運航自重	39,500kg	40,800kg	42,600kg	48,500kg
最大離陸重量	68,000kg	75,500kg	78,000kg	93,500kg
エンジン×基数	PW6000A×2	CFM56-5BまたはV2500-A5×2	←	←
最大推力	99.8〜106.8kN	97.9〜120.1kN	←	133.5〜146.8kN
燃料容量	24,210L	24,210〜30,190L	24,210〜27,200L	24,050〜30,030L
巡航速度	M=0.82	←	←	←
実用上昇限度	11,918〜12,497m	←	←	←
航続距離	3,100nm	3,750nm	3,300nm	3,200nm
客席数	107〜132席	134〜160席	164〜190席	185〜236席

International
(国際共同)

エアバス A320neoファミリー

エンジン選択を新世代ターボファンに変更して新世代対応にしたA320neo　Photo : Airbus

A320neoファミリーの開発経緯と機体概要

エアバスが2006年に計画に着手したA320ファミリー(P.54参照)の効率向上型A320Eを進展させたもので、当初はウイングレットの大型化や新複合材料の使用力増加による軽量化などを主体としていたが、より大幅な改善を実現するために、エンジンを新世代の高バイパス比ターボファンに変更することが計画された。これまでのA320ファミリーと同様に選択制を残すことにし、CFM56に代えて同じCFMインターナショナルが開発するLEAP(リープ)-1、インターナショナル・エアロ・エンジンズのV2500に代えてプラット&ホイットニーが開発するギアード・ターボファン(GTF。のちにピュアパワーPW1000G)を搭載可能エンジンとした。そしてこの新エンジン選択(New Engine Option)の頭文字と英語の「新しい」の意味をかけて、機体名称はA320neo(ネオ)となり、2010年12月1日にプログラム・ローンチが決められた。なおA320neoファミリーの名称ができたことでそれまでのA320ファミリーは、現在のエンジン選択(Current Engine Option)を用いてA320ceoファミリーと呼ばれるようになっている。

A320ファミリーは150席級のA320を中心に、胴体長の異なるA318/319/321の4タイプで構成されていて、A320neoもファミリー化することになっていたが、最小型のA318は外された。理由の1つは、120席級は新世代化しても大きな需要が見込めないことにあったが、大きな機種からの小型化は相対的に機体重量が重くなって不経済なものになりがちであり、ボンバルディアとエンブラエルがこのクラスに適した設計の機種をだしていることから、競争力に劣るという判断もあった。また結果論になるが、エアバスがのちにボンバルディアからCシリーズを買い取ってA220(P.46参照)として製品に加えているのも、A318をneo化していなかったから判断がより正し

A320neoの操縦室。コクピットの基本設計はA320ceoから変わってはいない。
この機体にはヘッド・アップ・ディスプレーはついていなかった

Photo : Yoshitomo Aoki

いものになった。

エアバスはA320ファミリーの開発に際しては、エンジンの変更とそれに関連するシステム類の変更以外は、極力手を加えないこととした。その結果、A320ceoとの機体フレームの共通性は95%にも達して、開発の経費や時間を大幅に節減でき、その一方で燃料消費を15%下げることを可能にしたとエアバスはしている。主翼端のシャークレットは、標準装備品になった。

操縦室もA320ceoと同じ設計のものだが、オプションだったヘッド・アップ・ディスプレーは標準装備品(取りつけないことも可能)となり、機長席と副操縦士席の双方にある。

客室には、A321neoで新設計のエアバス・キャビン・フレックス(ACF)が用いられている。ACFはA321ceoの最大客席数220席を、240席に増加できる。その方法は、第1扉、第4扉、そして後ろから2番目の第3扉をミニマム・タイプCと呼ぶ小型のものに変更し、第3扉はフレーム後方に移動させる。そして前から二番目の第2扉は廃止し、一方で主翼上の非常口の扉を2枚にする(現在でも2枚扉はあるがオプション)。そして客室最後部のギャレーとトイレには、客席列を1列増加できるようにするのである。

エアバスでは、このようにA321neoで座席数を20席増やすことは、座席あたりの燃費を6%改善したのに等しい効果があると説明している。

なおACFと同様のプランはほかのタイプにも採り入れることができるが、客席数(すなわち乗客)の増加は機体重量の増加につながり、飛行性能や離着陸性能を低下させることになりかねない。そこでエアバスでは、A320neoファミリーではフライ・バイ・ワイヤ操縦装置の飛行制御則の書き換えを行うとともに、空力の最適化、エンジンやブレーキの能力強化などを通じて従来と同様の性能のまま、より多くの乗客を乗せてこれまでどおりに空港の使用を可能にするとしている。

A320neoファミリーの初飛行と型式証明取得日

A320neoファミリーで最初に作られたのがピュアパワーPW110G-JM装備のA320neoで、2014年9月25日に初飛行した。LEAP-1A装備のA320neoの初飛行は、2015年9月19日であった。

各タイプのエンジンの詳細と初飛行、型式証明の取得は下記のとおり。

◇**A320-271N**:ピュアパワーPW1127G-JM　120.4kN　117.2kN。2015年11月24日

LEAP-1Aエンジンを装備して飛行するA319neo　*Photo : Airbus*

全日本空輸のA321neo。エンジンはギアード・ターボファンのピュアパワーPW110G-JM　*Photo : Yoshitomo Aoki*

◇**A320-251N**：LEAP-1A26　120.6kN 118.7kN。2016年5月31日

◇**A321-271N**：ピュアパワーPW1133G-JM　147.3kN　145.8kN。2016年12月15日

◇**A321-251N**：LEAP-1A 32　143.1kN 141.0kN。2017年3月1日

◇**A321-253N**：LEAP-1A 33　143.1kN 141.0kN。2017年3月3日

またA320neoとA321neoは、双方のエンジンの装備機種がすでに初飛行し、欧州航空安全庁(EASA)とアメリカ連邦航空局(FAA)の型式証明を取得した。それらの日付は次のとおり(型式証明はEASAとFAAが同日交付)。

◇**A320neo/ピュアパワーPW110G-JM**：2014年9月26日に初飛行し、2015年11月24日に証明交付

◇**A320neo/LEAP-1A**：2016年2月9日初飛行し、2016年5月31日に証明交付

◇**A321neo/ピュアパワーPW1100G-JM**：2016年9月3日に初飛行し、2016年12月15日に証明交付

◇**A321neo/LEAP-1A**：2016年2月9日に初飛行し、2017年3月1日に証明交付

またA319neoは、2017年3月31日にLEAP-1A装備機が初飛行し、飛行試験に入っている。ピュアパワーPW1100G-JM装備型は2019年4月25日に初飛行して、11月末に証明を取得した。

A320neoファミリー各タイプの機体概要

各タイプの初飛行などが先になってしまったが、機体の概要を記しておく。

◇**A320neo**：neoファミリーの基本型でA320をベースにしており、

全日本空輸のA320neo。後方胴体上部の膨らみは、Wi-Fiシステム用アンテナ取りつけ部のフェアリング

Photo : Yoshitomo Aoki

シンガポール航空の出資により設立されたLCCであるスクートA320neo

Photo : Airbus

3,400nmn級の航続力を有する。

◇**A319neo**：胴体短縮型のA319をベースにし、2クラス編成で140席を設けた場合で3,750nmの航続距離が得られる。ビジネスジェット型のACJ（エアバス・コーポレート・ジェット）の母体にもなっており、この場合は機内を8席仕様にすると航続距離は最大で6,750nm（飛行時間約15時間）にまで延びる。

◇**A321neo**：胴体延長型で収容力を増やしたA321がベースで、最大離陸重量の増加と翼面荷重が大きくなったため、一部の機体構造や降着装置が強化されている。このA321neoには、さらに次のサブタイプがある。

◇**A321LR**：2014年10月にマーケティングを開始した長距離（Long Range）型で、164席仕様での最大離陸重量を97,000kgに引き上げたことで標準航続距離を100nm延伸している。2018年1月31日に初飛行して同年10月2日にアメリカとヨーロッパの型式証明を同時に取得し、あわせて180分ETOPSの認定も得ている。

◇**A321XLR**：A321LRの最大離陸重量をさらに引き上げて101,000kgとしたもので、降着装置の強化も行われた。XLRはExtra Long Range（超長距離）の意味で、最大離陸重量の増加により後方床下に後部中央タンク（RCT）の搭載を可能にして燃料容量を12,900Lから104,021Lにしている。これにより標準航続距離は、4,500nmとなった。A321XLRの初号機はLEAP-1Aエンジン装備機で、2022年6月15日に初飛行した。設計変更があったため完全な型式証明の取得が遅れているが、2022年12月にアメリカ連邦航空局から限定型式証明が交付されている。

A320neoのWoT計画

エアバスではA320neoについて2015年に、大型主翼への交換プログラムを提示した。「明日への主翼（WoT：Wing of Tomorrow）」と名づけられたこの計画では、主翼幅を約52mにしてアスペクト比を14から18に増やし、一方で従来と同じ空港のゲートの使用を可能にするため主翼に折りたたみ機構を備えて折りたた

A320neoファミリーの最新型であるA321neoの超長距離型A321neo XLR。
標準航続距離は4,700nmに達する　*Photo : Airbus*

2022年6月15日に初飛行に向かうA321neoXLRの初号機。
エンジンはLEAP-1Aである　*Photo : Airbus*

み時の全幅を約36mにするというものであった。アスペクト比を大きくすれば巡航効率が高まって燃料消費の増加なしで航続距離の延伸が可能となり、また主翼が大型化して翼面荷重が低下すれば離着陸距離の短縮を実現できる。

このWoTはかなり斬新なアイディアなのでまだ採用などはないが、2021年末までに3セットの飛行試験用主翼が作られていて、2023年末からフラッピング部の飛行試験を開始する計画とされている。

［データ：A319neo、A320neo、A321neo］

	A319neo	A320neo	A321neo
全幅	35.80m	←	←
全長	33.84m	37.57m	44.51m
全高	11.76m	←	←
主翼面積	123.0㎡	←	←
運航自重	42,600kg	44,300kg	50,100kg
最大離陸重量	75,500kg	79,000kg	97,000kg
エンジン×基数	LEAP-1A/PW110G×2	←	←
推力	107.2kN	120.6kN	147.3kN
燃料容量	29,659L	←	32,853L
巡航速度	M=0.78	←	←
実用上昇限度	12,131m	←	←
航続距離	3,750nm	3,500nm	4,000nm
客席数	140～160席	165～195席	206～244席

International
(国際共同)

エアバス A330

タイ国際航空のA330-300。エンジンはトレント772B-60である　Photo : Airbus

A330の開発経緯と機体概要

エアバスは1970年代後半に開発を始めた単通路機(のちにA320、P.54参照)について、その時点で取り入れられる最新技術を可能なかぎり導入することとして、フライ・バイ・ワイヤ(FBW)操縦装置、サイドスティック操縦桿、カラー多機能表示装置6基による完全なグラス・コクピットなど、単通路機の開発には例外的といえる莫大な費用を注ぎ込んだ。しかしエアバスは、そこで開発した技術を将来開発する大型旅客機にも使うことで、長期にわたって開発費を回収していくという方策を採った。こうしてこの新技術を用いる大型術旅客機としてTA9とTA11が計画された。

この2機種は、胴体、主翼、尾翼など機体フレームのほぼ全部を同一とし、エンジンの数だけを変えてTA9を双発機、TA11を4発機とした。TAとはTwin Aisle(2通路)を意味する略号で、A300に使用した胴体断面を用いることが考えられていた。そして1987年6月5日にTA11をA340、TA9をA330として同時にプログラム・ローンチしたのである。ただ開発は、A340を先行することとされた。

A330とA340の違い

前記したようにA330とA340は共通のコクピット、共通の長さの胴体(のちに違いがでたが)、共通の主翼、共通のシステム、共通の降着装置、共通の尾部で、違いはエンジンの数とそれに関連するものだけとなった。

具体的には、コクピットはまったく同一のレイアウトであるが、スロットル・レバーなどのエンジンの操作装置は、A330では2基分になっている。主翼は、まったく同じものではあるが、エンジン取りつけ部にはスラットがなく固定前縁となるので、A340では片側2カ所に固定部があるが、A330では1カ所になっている。なおエンジンの取りつけ位置は、A340-300の内側エンジン(第2、第3エンジン)と同じ位置である。システムについては、双発機用のシステムに変更された。

エンジンは、A330は推力310kN級のものを使用することになり、A340とは異なって選択制が採用されて、ジェネラル・エレクトリックCF6-80E1A4 (311.1kN) または CF6-80E1A3(320.0kN)、プラット&ホイットニーPW4168A(302.2kN)、ロールスロイストレント772B(316.2kN)の3社4種から、航空会社が選ぶことができるようにされた。なおそれまでエンジン選択制を採用していた

ウズベキスタンの新興航空会社エア・サマルカンドの最初の航空機がA330-300で、2023年11月3日に引き渡された

Photo : Air Samarkand

A300/A310では、ロールスロイス・エンジンを選ぶ航空会社はでなかったが、A330では採用会社があったことでロールスロイス装備型も作られている。

主翼は、25%翼弦での後退角が30度と、これまでの同社製ワイドボディ機のものよりも大きくされた。アスペクト比は9.3で、また翼厚/翼弦比は付け根で15.25%、内翼部と外翼部の境で11.27%、外翼部端で9.86%、翼端(ウイングレット)で10.60%と細かく変化している。こうした先進の空力設計に、FBWによる飛行制御、そして先進の構造設計を適用したことで、高速域でも低速域でも従来の主翼を大きく上回る効率を得ることができている。なお翼端のウイングレットは、上方外側に向けて29度42分傾けてつけられている。

主翼は前縁に片側7分割のスラットがあり、後縁は内翼部と外翼部内側で2分割されたフラップと、その外側にやはり2分割されたエルロンがある。A320と同様に、全速度エルロンはない。内側フラップ前方の主翼上面に1枚、外側フラップ前方の主翼上面に5枚のスポイラーがあり、リフトダンパー/スピード・ブレーキとして使われるほか、外側の5枚はロール操縦を補佐するフライト・スポイラーとしての機能を果たしている。フラップは、4段階の下げ角をもつ比較的簡素なファウラー型フラップで、最大下げ角は32度。スラットは2段階の下げ角があり、最大下げ角は24度である。

垂直尾翼はA310のものがそのまま使われており、胴体を同一設計のものを使用しているのと同様に、高い生産の共通性を維持している。ただ大型のA330/340では垂直安定板が相対的に小型ということになり、このためエンジンが地上で1基停止した場合、それにより生じたモーメントを打ち消すための方向舵面積が小さくなり、方向舵が十分な打ち消しモーメントを作りだせるようになるまで、若干の時間を要することになる。これに対処するためにエアバスでは、フライ・バイ・ワイヤの飛行制御則により、たとえば左側(第1)エンジンが停止した場合、すぐに右主翼のスポイラーが立つとともに、内側補助翼が上方に、外側補助翼が下方に作動するようにした。この反応時間はごくわずかで、エンジン停止とほぼ同時に作動し、これによって機体が左回りに回転しようとするモーメントを打ち消す。一方、方向舵は右に大きく動き始め、それが完全に停止するまでは、スポイラーと補助翼は作動したままになっている。これはもちろん、逆の現象やその他の事態でも、不意の動きに対して自動的に対応して、機体が曲がろうとする動きを押さえるように、常に働く。そしてこうした機能により、地上での最小操縦速度(VMCG)を下げることが可能になっている。

A330-300とA330-200の違い

4発のA340が重量の増加により航続距離を延ばしていったことから、エアバスではA330とA340の中間の航続距離をもつタイプについて、A330の航続距離を延伸させることでカバーさせようと考えた。こうしてA330の胴体を10フレーム短縮す

フィジー・エアウェイズのA330-200。機内は2クラス編成で273席配置となっている

Photo : Airbus

るA330マイナス10を計画し、そうした機種を航空会社も求めていたため、1995年11月24日にローンチして、A330-200と名づけた。この結果、これまでのA330はA330-300と呼ばれるようになった。

A330-200は、A330-300の胴体から、主翼の前で6フレーム、後方で4フレーム短縮している。エアバスの胴体では、1フレームが約1.7ft(51.8cm)で、この短縮によりA330-200の胴体長は59.00mになった。一方A340では、A340-200とA340-300の胴体フレームは、A340-300が8フレーム(4.14m)長くされている。A330-300はA340-300と同じ胴体長なので、その結果A330-200とA340-200は、同じ胴体を使用した「-200」ではあるものの、A330-200のほうが2フレーム(1.36m)短いことになる。

なおこうした胴体の短縮によって、重心位置から垂直安定板までの距離が短くなったことを補うため、垂直安定板と方向舵の大型化(高さの増加)が行われた。これによりA330-200の全高は、A330-300よりも1.07m高くなっている。そのほかの変更点は、燃料搭載量の増加、エンジンを推力増加型に変更、各種重量の引き上げなどである。

A330の初号機(A330-300)は、CF6エンジンを装備して1992年11月2日に初飛行した。この機体と2号機(1992年12月13日初飛行)でまずCF6装備型の証明取得試験に入り、1993年10月21日に欧州合同証明機構(JAA)とアメリカ連邦航空局(FAA)の型式証明を同時に取得した。その後初号機は、エンジンをトレント700に換装して1994年1月31日に初飛行して、1994年12月22日に型式証明を得ている。またPW4000装備型はA330/A340通算42号機がその初号機となり、1993年10月14日に初飛行して、1994年6月2日に型式証明を取得した。

A330-200の開発飛行試験は、1997年8月に開始されている。このタイプもA330-300と同様に3社のエンジンからの選択装備で、各エンジンごとの型式証明の取得が必要だったが、飛行試験にはそれぞれのエンジン装備機1機ずつの作業ですんでいる。これは、主要な試験がすでにA330-300で終了ずみであったためだ。

エアバスでは重量を軽くして短距離路線向けとするA330リージョナルも提示した。たとえば400人の需要がある短距離路線ならば、A321のような200席機が2機必要であるところを、A330リージョナル1機で賄うことが可能となって、低運航経費での運航が可能になるとエアバスではした。しかし短距離路線への大型機の投入は運航コストが高くなる傾向にあることは確かで、興味を示す航空会社はなかった。

[データ:A330-300]

全幅	60.30m
全長	63.66m
全高	16.79m
主翼面積	361.6㎡
運航自重	129,400kg
最大離陸重量	242,000kg
エンジン×基数	ジェネラル・エレクトリックCF6またはプラット&ホイットニーPW4000またはロールスロイス・トレント700×2
推力	287.0～316.4kN
燃料重量	109,185kg
巡航速度	M=0.82
航続距離	6,340nm
客席数	330～440席

International
(国際共同)

エアバス A330neo

A330に新世代化を加えたA330neoの初号機。
エンジンの選択制は廃止された

Photo : Airbus

A330neoの開発経緯と機体概要

エアバスが双発の大型機A330(P.63参照)の新世代化型として2014年7月14日にファーンボロ航空ショーの会場でローンチを発表したもの。エアバスは新世代の双発機として2006年7月にA350XWB(P.82参照)のローンチを決定していたが、A350XWBに対する航空会社の関心が大型のモデルに集中した。その結果、当初の標準型であった270席級のA350XWB-800の開発を取りやめて、300席強級のA350XWB-900と350席強級のA350XWB-1000の2タイプのみの開発を行うことにした。ただこれではA330-200/-300がカバーしていたクラスに新世代機がなくなることになり、その穴埋めの機種が必要になった。そこで、完全な新世代機にはできないものの、既存のA330を改良することとし、ローンチ・オーダーも獲得できたのである。

2005年10月にA350XWBをローンチしたエアバスは、その初号機を2013年6月に初飛行させたばかりであり、当然のことながら新設計機を開発する余裕がまったくなかったため、開発するA330の新世代機には、可能なかぎり既存のA330の設計やシステムを流用することにした。しかし一方で経済性の向上は重要な課題であるので、エンジンはできるだけ新しいものに変更することが計画された。そして乗客1人あたりの運航コストを下げるには、客席の増加が必要であるため、A350XWBと重ならない範囲での大型化も考えられた。ただ、通常は大型化は胴体の延長により行われるが、胴体の延長は尾翼などの細かな部分に設計の変更が必要になる場合もあり、エアバスはそれを回避するため胴体長は変えずに、内装設計の変更だけで客席数を増加できるようにした。

エンジンについては、ジェネラル・エレクトリックGEnx-1Bとロールスロイス・トレント1000が候補に挙げられていた。ただロールスロイスがトレント700に推力範囲が広い1000の技術を導入し、さらに抽出空気を電子制御できるようにした発展型のトレント7000を開発することとしたため、このエンジンが選ばれている。トレント7000は、ファン直径が2.85mもあって、後退角つきファンブレード20枚を使った新世代エンジンで、バイパス比は10に達し、従来の同級エンジンよりも燃費率が11%改

A330neoのコクピット(シミュレーター)。大画面のヘッド・アップ・ディスプレーがある Photo：Airbus

善しているとされるものだ。エアバスは2014年7月にこの機種のローンチを発表したときに、同時にエンジンをトレント7000のみとし、以前のA330で行われていたエンジン選択制は採らないことを決めた。また機種名もA320ファミリーの新世代型にあわせてA330neo（ネオ）とした。

A320neoにつけられた「neo」は「新しいエンジン選択(New Engine Option)」と単純に英語の「新しい」という意味をかけてつけられたものだが、A330neoでは前者の意味合いはなくなったことになる。

A330neoの胴体は、A330と同じ、エアバスがA300用に設計した直径5.64mの真円断面のものがそのまま使われているので、普通席では2席+4席+2席の横8席が標準配置となる。主翼と尾翼もA330のものを使用しているが、主翼先端はゆるい曲線を用いて上方に反らせるA330neo専用の「シャークレット」になっている。この空力設計の変更により、エンジンの大型化による抵抗の増加をあまりをもって打ち消している。同様に抵抗の減少のために設計を変更したのは機首の操縦席風防周りで、A350XWBの設計を取り入れて、ワイパーも縦位置停止型にした。

操縦室内部は、従来のA330と同様のグラス・コクピットで、操縦資格限定も共通である。またオプションで、機長席と副操縦士席の双方にヘッド・アップ・ディスプレーがつけられる。そのほかにもラップトップPCを使った機上情報システム(OIS)や電子フライトバッグ(EFB)の機能の装備や、機上状況認識(ATSAW)や、滑走路オーバーラン回避(ROPs)、自動交通回避(AP-TCAS)、全地球衛星航法システム(GNSS)など、多くのオプション機能も用意されている。

A330neoファミリー各タイプの機体概要

A330neoでは、もとになったA330と同様に、胴体の長さが異なる2タイプが作られて、顧客航空会社の客席数の要望に応えられるようにされている。その2タイプの概要は次のとおり。

◇**A330-800**：A330-200と同じ胴体(ともに全長は58.82m)を使用していて基本的な客席数は同じだが、普通席にわずかに狭い45.7cm幅の座席を使用すると6席増加することができる。なおこの座席は機内設計の変更により使用が可能になったもので、以前のA330には原則として装備できない。

開発は長胴型のA330-900から行われたため、初飛行は2018年11月26日になった。型式証明は2020年2月13日に欧州航空安全庁とアメリカ連邦航空局の双方から同時に交付され、11月20日にクウェート航空に初引き渡しされて、実用就航を開始している。

A330-800は当初、ハワイアン航空

2017年10月19日に初飛行したA330neoの初号機。胴体の長いA330-900である　*Photo : Airbus*

Photo : Airbus

胴体下面中央に「neo」と大書したA330-900

から6機を受注していただけで、注文はA330-900に集まっていたため、エアバスはハワイアン航空にキャンセルかA330-900への切り替えを求めたがハワイアン航空が拒否したためA330-800の製造・販売を続けることにして、クウェート航空、エア・グリーンランド、ウガンダ航空から発注を得た。しかしそれでも2023年夏時点での受注機数は7機で、A330neo全体の108機の6%にしかすぎない。なおハワイアン航空はのちにボーイング787-9の採用を決めて、A330-800の発注をキャンセルした。前記の7機は、ハワイアン航空キャンセル後の機数である。

◇**A330-900**：A330neoの長胴型で、A330-300の胴体を使用しているので、こちらも全長は両タイプとも同じ63.66mである。ただ機内設計の最適化によって、前記の45.8cm幅の座席を使うと普通席の座席数をA330-400よりも10席増やすことができる。

A330neoの初飛行から就航まで

A330neoで最初に飛行したのはA330-900で、2017年10月19日に初飛行した。型式証明取得のための飛行試験にはA330-800とA330-900の両機種が並行して用いられた。これは2機種の共通性がきわめて高いためで、共通している部分の審査は一方のものをもう一方にも適用し、異なる部分だけの審査をそれぞれのタイプで実施するという方式にできた。これによりA330-900は、2018年9月26日に欧州航空安全庁の型式証明を取得した。

ただこの時点では目標としていたETOPS認定は得られず、180分ETOPSの認定受領は2020年4月2日になってのことであった。もちろんETOPS認定がなくてもそれを必要

胴体全体をグリーンの帯でくるんだユニークな塗装を施したドイツのコンドルのA330-900　*Photo : Wikimedia Commons*

イタリアの国営航空会社ITAエアウェイズのA330-900　*Photo : Airbus*

としない路線ならば運航は可能で、A330-900を最初に受領したTAPエア・ポルトガルは、2018年11月26日に引き渡しを受けて、12月18日に初就航させている。

A330neoではまた、貨物型の開発も検討されている。長胴型のA330-900をベースとするもので、今のA330の貨物型がA330-200を活用していることから、収容力の大きなタイプとなって、短距離の高需要路線に適するものになるという。開発にかかるコストも少ないとされるが、実現の目処は立っていない。

このほかにも、オリジナルのA330では、最大離陸重量を199tに引き下げ、あわせてエンジンの定格推力も減らし、燃費性能を改善して、座席あたりの運航コストを下げる軽量化型のA330リージョナルも検討されていて、座席数区分でいえばこのタイプをA330neoにあてはめることも不可能ではなかった。ただエアバスは、そのクラスの旅客機に対する需要は少ないとして、開発は行わなかった。

[データ：A330-800、A330-900]

	A330-800	A330-900
全幅	64.00m	←
全長	58.82m	63.66m
全高	17.39m	16.79m
主翼面積	371.6㎡	←
運航自重	132,000kg	135,000～137,000kg
最大離陸重量	251,000kg	←
エンジン×基数	トレント700-72×2	←
推力	324.0kN	←
燃料容量	139,090L	←
最大速度	M=0.86	←
実用上昇限度	12,634m	←
航続距離	8,150nm	7,200nm
客席数	220～406席	260～460席

International
（国際共同）

エアバス A340-200/-300

ロイヤル・ヨルダン航空のA340-200。A340はエアバスのワイドボディ機のなかで数少ないエンジン選択制でない機種の1つだ

Photo : Wikimedia Commons

A340の開発経緯と機体概要

A330（P.63参照）で記したようにエアバスは、2通路機を意味する「TA」の計画名で、単通路機（SA）と高い共通性をもたせる新型ワイドボディ機の開発を計画した。TAについてはさらに、双発の中距離機と4発の長距離機の2タイプを開発することとし、この2タイプはエンジンのタイプおよび数と、それに関連した部分以外は基本的に同一の機種としたのである。たとえば主翼も設計はまったく同じで、操縦翼面やフラップなどの動翼も同一となっている。唯一異なるのが前縁スラットの分割枚数で、4発機はパイロン位置が片側2カ所であるのに対し双発機は片側1カ所なので、分割位置と分割枚数に違いがでている。

こうして開発されたTAは、双発機がA330、4発機がA340と名づけられて、1987年6月5日に同時にローンチした。またA330は1タイプだったが、A340では基本型のA340-200と、胴体延長型のA340-300の2タイプで製造されることとなった。ちなみにA330は、A340-300と同じ胴体長とされた。A340の3クラス制の標準客席数はA340-200が263席、A340-300が295席であった。また航続距離はA340-200が6,700nm、A340-300が7,400nmでボーイング747-400をわずかに下回るが、世界各地の主要都市の多くを直行で結べるものであった。なおA330は、A340-300と同じ295席仕様で、5,600nmの航続力を有するものであった。

エアバスが、同時期に同じ機体規模で、双発の中距離機と4発の長距離機を開発した背景には、長距離飛行には4発機の信頼性が不可欠と考えたことが挙げられる。この当時すでに双発機の運用拡張（ETOPS）制度自体は実現していて、実績を積めば双発機も60分ルールに縛られないようになってはいた。しかしETPOS認定を得るには機体とエンジンの組み合わせで信頼性を実証しなければならず、それには一定の時間が必要になる。さらに、ETOPS時間の延長は可能だが、それにはまたそのための認定を得る必要はあるし、無制限にはなりえない。

これに対して3発機以上であれば、そうした制約はいっさいない。一方で、1970年代前半からの動向を見れば、3発機は設計や開発が難しいだけでなく、結局中途半端な存在になっており、それよりは4発機に進むというのが、製造する各機種間の共通性を保つためという点からしても、当

アルゼンチン航空のA340-200。A340の基本型であり、エアバス初の4発機でもある

Photo : Wikimedia Commons

然の判断といえる。

航続力についていえば、超大型機と同様に長距離旅客機のカテゴリーもボーイングが独占していた。別項にある747-400は、航続距離性能を延ばし続けてきたクラシック747最後のタイプである747-300の6,500nm級の航続力をさらに延伸して、7,100nmにした。この7,100nmという航続力は、世界の多くの主要都市間を直行飛行できるものであり、1980年代初頭以降多くの航空会社が求めるようになった能力であった。

こうしたことからエアバスは、収容力と航続力の双方で747-400に匹敵する機種を開発する必要があった。ただ前者については、巨額の開発費が必要であることから、将来の需要を慎重に見きわめる必要があったし、SAの技術をいきなりもち込めるような機種でもない。そこで7,000nm級の航続力を有する4発機の開発を、中距離双発機と並行して行うこととしたのである。共通性を高めれば実際の開発作業の手間やコストなどは抑えられるし、リスクも少ないという判断だ。

なおA330/340には、A320ファミリーと同じ基本アーキテクチャーを使ったデジタル式フライ・バイ・ワイヤ操縦装置が使われていて、サイド・スティック操縦桿をはじめとする操縦室の基本設計も同一である。このためパイロットの資格付与には、相互乗員資格(CCQ)制度が適用されていて、最小限の訓練で各機種の操縦資格を得ることができるようにされている。このCCQの概念は、超大型機のA380や新型双発機のA350XWBにも適用されているが、ほぼ完全な形という点ではA320/330/340による制度がまさり、資格認定に必要な期間はA320とA330が8日、A320とA340が8〜9日、A330とA340が1〜3日である。

エンジンは、A340-200/-300では選択制度は採られておらず、CFMインターナショナルCFM56-5Cのみとなっている。CFM56は、A320ファミリーの選択エンジンでもあり、この点でも単通路機ファミリーとの共通性が確保されている。ただそれならば、A320ファミリーのもう一方の選択エンジンである、インターナショナル・エアロ・エンジンズV2500が装備されてもよいように思われるだろう。ただA330/340の開発作業当時エアバス社内はフランスの勢力が強く、それがSNECMA(現サフラン)が事業に参画しているCFM56に一本化させる力となった。また結果論ではあるが、A320ファミリーとV2500は当初は相性が悪く、保証した性能をなかなか達成することができなかったから、A340-200/-300のエンジンをCFM56だけにしたのは、正解だったようだ。

こうしてA340は、エアバス最初の旅客機であるA300に用いた、直径222インチ(5.64m)の真円断面胴体を使用し、これにA330と共有の主翼と尾翼を組み合わせるものになった。主翼は、完全に新設計のもので、25%翼弦で30度の後退角をもち、アスペクト比は9.3と大きく、さらに翼端部には外側に29度42分傾けたウイングレットがついている。

30度という後退角は、それまでの短距離機A300や中距離機A310よりはきついが、ボーイング777の31.6度よりもわずかではあるが浅く、また747の37.5度よりはかなり高速性能を狙ったものとはいえない。むしろ、中距離機のA330で巡航効率を高めるのに適したものといえ、その結果A330は今日でも運航効率に優れる機体として評価を得ている。一方で

スターアライアンス塗装のルフトハンザのA340-300 Photo : Yoshitomo Aoki

こうした主翼を用いた結果、A330/340の巡航速度はほかの機種よりも低くなり、このことは長距離機のA340では不利な要素となった。エアバスが公表しているA340-200/-300の巡航速度はマッハ0.86だが、多くの好条件がそろわなければこの速度での巡航飛行は不可能で、通常はマッハ0.8をわずかに上回る程度での飛行がほとんどであった。

水平尾翼は、A310で使われた内部に燃料タンクを備えるタイプにされ、垂直尾翼はA310のものがそのまま使われており、胴体を同一設計のものを使用しているのと同様に、高い生産の共通性を維持している。ただ大型のA340では垂直安定板が相対的に小型ということになり、このためエンジンが地上で1基停止した場合、それにより生じたモーメントを打ち消すための方向舵面積が小さくなり、方向舵が十分な打ち消しモーメントを作りだせるようになるまで、若干の時間を要することになる。

これに対処するためにエアバスでは、電子式の飛行操縦装置の採用で、たとえばA340の左外側(第1)エンジンが停止した場合、すぐに右主翼の第6スポイラーが立つとともに、内側補助翼が上方に、外側補助翼が下方に作動するようにした。この反応時間はごくわずかで、エンジン停止とほぼ同時に作動し、これによって機体が左回りに回転しようとするモーメントを打ち消す。一方方向舵は、右に大きく動き始め、それが完全に停止するまでは、スポイラーと補助翼は作動したままになっている。これはもちろん、逆の現象やその他の事態でも、不意の動きに対して自動的に対応して、機体が曲がろうとする動きを押さえるように、常に働く。そしてこうした機能により、地上での最小操縦速度(V_{MCG})を下げることが可能になり、A340の場合では最終的にV_{MCG}を3kt低くできている。

離陸段階でのもう1つ重要な速度に、最小アンスティック速度(VMU)がある。VMUは、これが大きいとそれだけ引き起こし速度が速くなるため、離陸性能に大きな影響を与える。重量条件や滑走路条件などが同じであれば、VMUが低いほど、離陸距離は短くなる。ただ、胴体が長くなればなるほど、それだけ地上での引き起こし角が小さく制限されるので、長胴機ではどうしてもVMUは大きくなる傾向にある。一方で胴体の長い機体では、引き起こし角を大きくするということは、後部胴体下面を滑走路でこすってしまう危険性が高くなる。そのために、引き起こし角を制限するリミッターなどの装備が必要になるが、優れた離陸性能を得るためには、可能なかぎりリミッター限界を大きくする(すなわち引き起こし角を大きくする)必要がある。

こうした問題を解決する手段としてエアバスでは、ロッキング・ボギーと呼ぶ主脚を開発した。このロッキング・ボギー主脚は、ボギー式の車輪とストラットの組み合わせで、車輪の付け根がもち上がるのに応じてストラットが伸び、前方の車輪だけをもち上げるというメカニズムである。後方の車輪は、可能なかぎり接地を続けており、これによって機体の引き起こし角を少しでも大きくすることが可能になる。A340の場合ではこの構成の主脚を用いたことで、最大14.7度の引き起こし角を実現した。

こうしたVMcgやVMUの低下の効果は、離陸性能の改善につながる。言い換えれば、滑走路に制限がなければ離陸重量を大きくすることを可能にするもので、ペイロードの増大あるいは搭載燃料量を増やしての航続距離の延伸が図れることになる。A340の場合、VMcgを1kt減少すれば、重量換算で3.5tを増加できることに相当するとされている。そしてVMUの1ktの減少は、同じく1.5tの増加が可能となるという。

A340は、まず長胴型のA340-300が開発されて、1991年10月25日に初飛行した。A340-200の初飛行はその約半年後の1992年4月1日で、路線就航開始はどちらも同じ1993年3月であった。

A340-300のコクピット。基本設計や寸法などはA330とまったく同じだが、中央ペデスタルのスロットル・レバーが4本という大きな違いがある

A340-300とA340-200の違い

A340は2タイプで製造されたが、収容力と航続距離に大きな差があるものではなかった。もちろん、わずかの違いがあることは、航空会社のわずかに異なる要求に、きめ細かく対応できることになるが、そこまでの細かさを求めなければ、航空会社は大きいほうを選ぶ傾向がある。客席数が多ければそれだけ1座席あたりの運航コストが低下するし、また将来の需要の増加にも対応できるからだ。これはA340にもあてはまり、航空会社の発注はA340-300のほうに集中するようになって、最終的な受注機数はA340-200が28機、A340-300が218機と大きな差がついた(プレステージなどの特殊型は除く)。

またどちらのタイプも重量増加型が作られて、最大離陸重量が275tに引き上げられた。この重量を適用したA340-200は、最大航続距離が8,000nmに延びたことで、A340-8000とも呼ばれて、A330/340通算204号機がその初号機となって、1998年11月27日にブルネイ政府に引き渡された。

当時エアバスは、今後のA340-200の生産はすべてこのA340-8000仕様に切り替えるとしていたが、新規受注が得られなかったため、1機のみの生産に終わっている。

[データ:A340-200、A340-300]

	A340-200	A340-300
全幅	60.30m	←
全長	59.39m	63.66m
全高	17.03m	16.99m
主翼面積	63.1㎡	←
運航自重	118,000kg	131,000kg
最大離陸重量	275,000kg	276,500kg
エンジン×基数	CFM56-5C×4	←
最大推力	138.8～151.2kN	←
最大燃料重量	110,400kg	←
巡航速度	M=0.82	←
実用上昇限度	12,527m	←
航続距離	8,400nm	7,300nm
客席数	210～250席	250～290席

International
(国際共同)

エアバス A340-500/-600

タイ国際航空のA340-500。同航空はA340-500と600の双方を運航した　Photo : Airbus

A340の開発経緯と機体概要

ボーイングから777が登場し、大型化した777-300や長距離化した777-200LR/-300ERも開発されるようになると、エアバスはそれらに対抗できる大型の長距離機の検討を開始した。初期の747に匹敵する客席数を備えることができ、さらに747-400の7,100nmの航続距離と同等かそれを上回ることを目指すもので、1996年4月に本格的な研究作業を開始した。より具体的には、A340-300と同等の航続能力を備えつつ客席数を30%程度増加するものと、A340-300と同等の客席数を備えて航続距離を8,500nm級の超長距離機とする2タイプであった。

機体仕様のまとめあげや詳細設計を続けたあとエアバスは、1997年6月15日に航空会社に対して具体的な機体計画の詳細説明を開始する、コマーシャル・ローンチを決定し、胴体の短い超長距離型をA340-500、収容力増加型をA340-600と名づけた。この2機種に対し、まずヴァージン・アトランティック航空とエア・カナダの両社が発注する意向を示し、前者はA340-600のみを、後者は両タイプを購入するとした。さらに11月17日にはエジプト航空（A340-600 2機）、12月10日にはルフトハンザ（A340-600 10機）が確定発注の趣意書を交わしたことで、この4社がA340-500/-600のローンチ・カスタマー・グループを構成、それを受けてエアバスは1997年12月8日に両タイプのインダストリアル・ローンチを決めて、正式に機体の開発作業を開始した。なお実際の開発にあたっては、まずA340-600を先行させ、約半年遅れのスケジュールでA340-500の作業を行うこととした。

A340-500/-600は、A340-200/-300と同じ断面の胴体（すなわちA300以来の伝統の断面）を使用し、収容力を増加するために胴体の延長を行っている。A340-600は、主翼の前で5.87m、後ろで3.20mの計9.07mの延長を行い、これにより全長は75.27mになっている。これはボーイング747-400の70.67m、777-300の73.86m、さらにはエアバスの超大型

アラブ首長国連邦のエティハド航空のA340-500。同航空のA340-300/-500/-600は全機が退役ずみである
Photo : Airbus

機A380の72.72mよりも長いもので、もっとも全長の長いジェット旅客機となっていた。しかしボーイングが747-8を開発し完成させると、その76.25mに抜かれ、さらに現在ではボーイング777-9の76.73mが最長になっている。

またA340-500は、A340-600の胴体を主翼の前後で14フレーム短縮しているが、それでもA340-300に比べると主翼の前で0.53m、後ろで1.06mの計1.59mの延長となっている。ちなみにA340-600の全長は、トゥールーズにあるA330/340の最終組み立て施設であるコロミエ工場で組み立てができる限界の長さである。

一方で主翼は、機体の大型化と長距離飛行能力を確保するため、設計を変更した。まず付け根部から翼端部に向けて、前縁側に3フレーム分の主翼ボックスが追加挿入されている。この挿入分は翼端に向かうにつれてテーパーがつけられていて先細りになっているが、それでも25%翼弦での後退角は31度6分に増えている。また主翼端部を1.60m延長しており、その先にウイングレットがついている点は同じだが、傾き角が31度30分に変更されているとともに、わずかに大型化された。また翼端部の延長にともない、前縁スラットはいちばん外に7枚目が追加されている。この主翼はA340-500/-600共通で、これにより全幅はA340-200/-300の60.30mよりも3.15m大きい63.45mになり、また主翼面積も21%増の437.0㎡となった。

こうした主翼の変更は、飛行性能の向上を実現している。たとえば巡航速度は、A330/A340のマッハ0.82から0.83に引き上げられた。さらに上昇性能も向上し、A340-600の場合では、高度33,000ft(10,058m)に到達するのに要する時間は離陸から38分で、出発地から178nmでこの高度に達することができる。エアバスの主張では、777-300ERの場合70分を要し距離も450nm必要になるとし、より早く巡航状態に入ることが可能になって、高速性が十分に活かせるとしていた。

なおこの新設計主翼については、その後のA340-500/-600の開発段階において問題があったことが、エアバスから明らかにされている。これは主として、副契約者の品質と、主翼全体を管理するBAEシステムズの管理に起因したもので、主翼の製造に余分な時間を要した。このため、開発機の製造作業が一次的に当初計画よりも1カ月遅れで進行するという事態を引き起こしているが、問題の解決とともに回復計画が作られたことで、これによる影響は最小限にとどまったとエアバスは説明した。

A340-500/-600ではまた、大型化などにより最大離陸重量がA340-200/-300のもっとも重いタイプよりも、100t弱増加している。A340-500/-600の重量についてはあとでまた記すが、この重量増加により、A340-200/-300ではオプション装備となっていた中央胴体下につく中央脚が、A340-500/-600では標準装備になった。また中央脚自体も、A340-200/-300は単

A380が完成したあとでもエアバスの旅客機でもっとも全長が長かったA340-600 *Photo : Yoshitomo Aoki*

純な二重車輪であったのに対し、A340-500/-600ではほかの主脚と同様の4輪ボギー式となり、加えて車輪ブレーキと操向機能もつけられた。この操向機能は、車軸をステアリングするのではなく、機体の動き(曲がり方)に応じて向きを変える、パッシブ式の操向機構である。

また両タイプとも胴体が長くなったため、地上でのタキシング操縦を支援するためのカメラが装備されている。これは垂直安定板頂部につけられているもので、コクピットのいずれか表示装置にも画像を映しだすことができる。

エンジンは、A340-200/-300がそうであったように、選択制は採用されておらず、ロールスロイス・トレント500のみが使われている。エアバスのワイドボディ機では、ロールスロイス製エンジンも選択肢に加える準備がされていたが、採用する航空会社がでなかったため、このA340-500/-600がエアバスの旅客機としては初めて、ロールスロイス・エンジンだけを装備する機種となった。型式は、A340-500用がトレント553で236〜248kNの推力範囲のものが、A340-600がトレント556で249〜260kNのものが使用されている。トレント・シリーズは、RB211に新技術を加えて大幅な改良発展を行ったもので、燃費性能なども改善されているが、騒音を大幅に低下させたことでも評価が高い。

機体構造では、複合材料の使用部位が拡大され、一部は一次構造にも適用されている。その種類と適用部位は次のとおり。

- **炭素繊維強化プラスチック(CFRP)**:主翼後縁、垂直安定板中央ボックスとラダー、水平安定板ボックスとエレベーター、エンジン・カウリング、降着装置扉
- **石英繊維強化プラスチック(QFRP)**:機首レドーム
- **ガラス繊維強化プラスチック(GFRP)**:後部圧力隔壁、垂直安定板前縁と固定部後縁
- **ハイブリッド素材(GFRP + CFRP)**:翼胴フェアリング

コクピットは、A340-200/-300とまったく同じレイアウトになっていて、操縦資格限定は完全に共通である。また6基のカラー多機能表示装置は、A340-20/-300開発当時には陰極線管(CRT)が使われていたが、A340-500/600では液晶表示装置(LCD)になっており、これはA340-200/-300にもフィードバックされている。

胴体も断面は変わっていないので、座席の配列や組み合わせは基本的に同じである。しかし客室長がA340-500でも53.54mに、A340-600では60.99mにまで延びているので、当然設けることのできる客席数は増加している。標準的な3クラス編成での客席数は、A340-500が313席(ファースト12席、ビジネス42席、エコノミー259席)、A340-600が380席(ファースト12席、ビジネス54席、エコノミー314席)となり、また2クラス編成ではA340-500が359席(ビジネス40席、エコノミー329席)、A340-600が419席(ビジネス36席、エコノミー383席)という例が示されている。

床下貨物室も当然収容力が増加しており、LD-3コンテナをフルに積み込めばA340-500で30〜31個、A340-600で42〜43個を搭載することができる。ただこの場合、重量が重くなりすぎることもあり、またそれだけの貨物輸送需要がないなどの路線は少なくないため、エアバスでは床下貨物室に設置する旅客/乗員用のモジュールも開発している。旅客用の洗面所、客室乗務員用の休息区

南アフリカ航空のA340-600。同航空はA340についてA340-200とA340-600を導入しA340-600はすでに退役ずみである　*Photo：Airbus*

画などで、これらを使用すると主デッキの客席配置スペースをより多くして、客席数を増やしたり、ラウンジなどのスペースを設けることなどが可能になる。

客室の基本的な設計はA340-200/-300と変わっていないが、容積を拡大する一方で圧迫感のないオーバーヘッド・ビンが採用されている。また中央列のビンは、固定棚式が標準装備であるが、ピボット式で下がってくるものにすることも可能で、この場合は閉じている状態での天井高がさらに高くなる。さらにファースト・クラスやビジネス・クラスのように、客席数の少ない上級クラスでは、中央列のビンを設けないようにすることも可能だ。

A340-500/-600は、超大型機のA380が実用化するまでの間は、エアバスの製品群のなかで、貴重な大型長距離であった。とはいっても、直接のライバルが双発の777-300ERであり、またいくらA340-600の収容力が大きいとはいっても747-400には敵わない。さらに、のちには、擦った揉んだの末ではあったが、エアバスはボーイングの新世代機787に対抗するとととともに収容力をひと回り大きくするA350XWBファミリーの開発を決めたため、あえてA340-500/-600を発注しようという航空会社はなくなっていった。こうしてエアバスは2011年11月10日に、前タイプのA340-200/-300も含めて、全A340の発注受けつけを終了した。A340-500/-600は、計131機（A340-500が34機、A340-600が97機）の受注で、その生産に幕を閉じることとなったのである。そしてエアバスが生産する4発機は、A380だけになった（その生産も終了したが）。

[データ：A340-200、A340-300]

	A340-500	A340-600
全幅	63.45m	←
全長	67.33m	74.77m
全高	17.53m	17.93m
主翼面積	437.3㎡	←
運航自重	175,200kg	155,500kg
最大離陸重量	380,000kg	←
エンジン×基数	トレント553×4	トレント556×4
最大推力	275.4kN	←
燃料重量	175,200kg	155,500kg
巡航速度	M=0.82	←
実用上昇限度	12,634m	←
航続距離	9,000nm	7,800nm
客席数	270～310席	320～370席

International
(国際共同)

エアバス A380

マレーシア航空のA380。同航空はトレント900装備機を6機導入したが、
コロナ禍の影響から2022年に全機が退役した

Photo : Yoshitomo Aoki

A380の開発経緯と機体概要

エアバスは1991年7月1日に、乗客600人以上を乗せる超大収容力航空機(UHCA)計画を明らかにし、ボーイング747-400を上回る客席数をもつ旅客機を開発する姿勢を示した。この当時、ジェット旅客機の世界市場はボーイングとエアバスがほぼ席巻して二分化が進んでいたものの、ボーイングが約7割の市場シェアでエアバスを大きくリードしていた。これに対しエアバスの目標は、とりあえずシェアをボーイングと半々にすることであった。これは、単通路機や中型ワイドボディ機の各区分で実現に近づく動きを示していたが、製品のない超大型機区分はボーイングが独占しており、全体で市場シェアを半々にするには、超大型機の開発は至上命題だったのである。

こうしたことからエアバスは、超大型旅客機の開発に積極的な姿勢を示してはいたのだが、一方でそれにともなうリスクも大きく、慎重に将来の需要を見きわめていた。ちょうどそのころボーイングも、747-400に変わる超大型機の研究を行っていたことから、当時エアバスを構成していたヨーロッパの航空機メーカー各社とボーイングは共同で1993年に、市場調査を実施した。そこででた結論は、「2機種の新型機が共存できる規模ではない」というものであったが、この結論に対する両社の反応は分かれた。ボーイングは、すでに存在している747-400の大型化を研究し、需要がでてきたときに開発に入ることとした。これに対しエアバスは、超大型機区分へ参入すべきとの判断から、UHCAの具体化の作業に入っていった。さまざまな調査・研究の結果、全長と全幅をそれぞれ80m以内に収め、客室を総2階建て(それに床下貨物室が加わるので3デッキ構造になる)という機体構成にまとめあげられていった。1994年7月に発表されたUHCAの案では、総2階建ての客室は、主デッキと上部デッキともに通路を2本もつ総ワイドボディ構成とし、3クラス編成で570席、全

縦長のカラー液晶を使ったA380のグラス・コクピット

A380の機長席のサイドスティック操縦桿。左手で操作を行う

A380の副操縦士席のサイドスティック操縦桿。こちらは右手操作になる

エコノミーならば870席を設けることができ、最大離陸重量約471tとされた。そしてこの機体案には、A3XXという計画名がつけられた。エアバスは2000年6月にA3XXの航空会社への説明を正式に開始し、航空会社5社とリース会社1社との間に購入趣意書を交わせたことで、12月19日にプログラムのローンチを決定した。この時点で機種名はA380となり、旅客型の標準タイプA380-800と、その純貨物型であるA380-800Fの2機種を開発することが決められた。

A380は楕円断面の胴体をもち、客席は完全な2階建て構造になっていて、その下に貨物室スペースがあるから、3デッキ構成の機体といえる。操縦室は上部デッキの2階客室部に設けると位置が高くなりすぎてほかの機種との違和感が大きくなるため、1階客室と2階客室の間の中2階位置に設置した。主翼や尾翼の配置構成は一般的なものだが、もちろんそれぞれが巨大である。

主翼は、平均空力翼弦で12.30mの翼弦長をもち、25%翼弦での後退角は内翼部が34度28分、外翼部が35度44分と、外翼部にややきつい後退角がつけられている。主翼後縁内側は片側3分割のファウラー型フラップで、簡素な単隙間式である。その外側にエルロンがあり、ほかのエアバス製フライ・バイ・ワイヤ・ファミリー機と同様に全速度エルロンは使用していない。前縁は、エンジン取りつけ部を除くほぼ全翼幅にわたって8分割の高揚力装置があり、内側の2枚はクルーガー・フラップの変形版である「ドループ・ノーズ」と呼ばれるものになっている。残る6枚は、通常型のスラットだ。フラップ直前の主翼上面には片側8枚のスポイラーがあり、内側の2枚はリフト・ダンパー/エアブレーキとしてのみ機能するが、外側の6枚はフライト・スポイラーとしての機能してロール操縦を補佐する。

尾翼は垂直安定板と水平安定板の組み合わせで、垂直安定板は25%翼弦で40度の後退角をもち、後縁には上下に二分割されたラダーがつけられている。水平安定板は、ほかの多くの大型機と同様に、全体が動くことでピッチ・トリムをとるトリム調節可能型水平安定板で、後縁にはこれも片側2分割のエレベーターがある。

胴体には、最大幅が7.58mで床面幅が6.20mの主デッキと客室、最大幅5.92mの上部デッキ客室を設けることができる。主デッキ客室は、747-400の主デッキよりも最大幅で45.7cm、床面幅で30.5cm広く、エコノミー・クラスの基本客席配置は3席+4席+3席の横10席で両機種とも同じだが、1人分の幅が広い座席を使用したり、通路幅を広げたりすることができる。上部デッキの幅も、エアバス

ドバイEXPO 2020やラグビー・ワールドカップのイングランド大会を記念した文字を書き込んでいたエミレーツ航空のA380

Photo : Yoshitomo Aoki

の真円断面ワイドボディの直径5.64mよりも広く、このため全座席列にわたって窓側にサイド・ビンを装着できている。

エアバスでは当初、A380の3クラス制の標準客席数を555席として、標準航続距離は8,000nmになると説明していた。タイプを示す「-800」も、この標準航続距離にちなむものだ。しかしボーイングが747-8を発表しその標準航続距離も8,000nmとされると、標準客席数は525席で航続距離は8,200nmに変更した。747-8よりも多くの乗客を乗せて、より遠くまで飛行できる能力があることを強調したのである。

A380のコクピットは、主計器盤に縦長のカラー液晶表示装置5基が横一列に並び、中央ペデスタル最前部にも同様の表示装置が2基ある。さらに左右パイロット席の脇に横長の表示画面があるなど、これまでのエアバス製旅客機のグラス・コクピットとはかなり異なったレイアウトになっている。ただ画面への表示フォーマットは基本的に従来のものが維持されており、また操縦装置もサイド・スティック操縦桿をそのまま使っているので、相互乗員資格(CCQ)の認定を受けて、最小限の訓練時間で操縦資格限定を取得することで可能である。

エンジンは、ロールスロイス・トレント900とエンジン・アライアンスGP7200からの選択制で、まずロールスロイスとの間に、1996年11月4日に供給に関する覚書が交わされた。ジェネラル・エレクトリックとプラット&ホイットニーの共同事業会社であるエンジン・アライアンスとは、1998年5月28日に覚書が交わされており、A380は現時点までで同社製エンジンを装備する唯一の機種となっている。どちらのエンジンも新世代の高バイパス比ターボファンで、バイパス比はトレント900が7.7、GP7200は8.5である。

A380は2機の地上試験機(静強度試験機＝MSN5000と疲労試験機＝MSN5001)と、6機の飛行試験機で型式証明取得のための試験が行われた。飛行試験用初号機(MSN001)は、2005年1月18日にロールアウト式典とともに公開が行われて、4月27日に初飛行した。この機体はトレント900装備機で、MSN002(2005年11月4日初飛行)、MSN004(2005年10月18日初飛行。F-WWDD)、MSN007(2006年2月19日初飛行)の3機を加えた計4機でトレント900装備型の証明取得飛行試験を行った。その結果、2006年12月12日に欧州航空安全庁(EASA)とアメリカ連邦航空局(FAA)の型式証明を取得している。

GP7200装備の初号機として作られたのがMSN009(F-WWSF → F-WWEA)で、2006年8月25日に初飛行した。GP7200装備型の飛行試験は、これに証明取得作業を終えたMSN004のエンジンを換装して2機を使用する計画だったが、A380の製造作業に大幅な遅れがでたことなどから、時間的な余裕があったためMSN009 1機のみで行うこととなり、2007年12月14日にEASAとFAAの型式証明を取得している。

引き渡し初号機となったのは、トレント900を装備したMSN003(2006年5月7日初飛行)で、2007年10月15日にシンガポール航空に引き渡されている(9V-SKA)。またGP7200装備の引き渡し初号機はMSN011(2007年9月4日初飛行。F-WWSH → D-AXAA)で、2008年7月28日にエミレーツ航空に納入された(A6-EDA)。

飛行試験に使われた5機については、MSN001はその後もエアバスが保有してトレント900装備型の継続開

グローバル・エアラインズのA380の想像図

発や追加新技術の試験などに用いられた。MSN003もしばらくはエアバスが保有していたが、2010年第2四半期にはVIP仕様機への改装を終えたあと、サウジアラビアの王立ホールディング・カンパニーを通じて、アルワリード・ビン・タラール王子に引き渡されることになった。MSN004は、証明取得には用いられなかったが、予定どおりエンジンをGP7200に換装し、エアバスが保有してGP7200装備型の継続開発試験に用いられた。GP7200に換装しての初飛行は、2009年6月16日であった。MSN007もまたGP7200に換装を行い、2009年5月28日に初飛行して同年12月21日にエミレーツ航空に引き渡された。

型式証明の取得は、まずトレント900装備機が2006年12月12日に、欧州航空安全庁(EASA)とアメリカ連邦航空局(FAA)の型式証明を同時に取得した。これにより2007年10月15日にシンガポール航空に初引き渡しされて、路線就航を開始した。GP7200装備型の証明の取得は2007年12月14日(同様にEASAとFAA同時)で、2008年7月28日にエミレーツ航空に初納入された。

純貨物型のA380-800Fは、旅客型の開発に遅れが生じたことでまず旅客型の開発作業に集中することとなって、作業が一時棚上げされた。その結果2006年末までに発注全機(4社から27機)がキャンセルとなり、開発・製造されないことになった。また計画段階では、胴体延長型や短距離型などの案も提示されていたが、いずれも実現していない。

エアバスは2010年に、A380の改良型仕様を発表した主翼の振りを1.5度増加するとともに機体構造を強化し、最大離陸重量を4t増加するというもので、これにより100nm程度の航続距離延伸を可能にするとした。またフライ・バイ・ワイヤの飛行制御則も改修して、飛行時の負荷軽減を図ることにし、この改良型は新しいオプションとされて、エミレーツとブリティッシュ・エアウェイズが導入している。

ただ、A380最大の顧客であったエミレーツが2019年2月に、A330-900 40機とA350XWB-900 40機を購入する代わりにA380の発注39機をキャンセルしたことで、エアバスはA380の発注をこれ以上受けないことを決定した。こうして2021年3月17日にA380の製造最終機がトゥールーズで初飛行して、A380の製造は幕を閉じた。製造機数は、飛行試験機を含めて254機で、時代と製造期間は異なるとはいえ、ボーイング747にははるかにおよばなかった。

A380にはプログラム開始当初から、その収容力の大きさを不安視する声はあった。仮に繁忙期にはその座席数の多さを活かせるとしても、閑散期には大きな無駄を生じさせるという懸念はどの航空会社も抱えていた。また、それぞれに事情は異なるが、ボーイング747の導入機数の1位と2位であったアメリカと日本の航空会社が1機も発注しなかったことは、エアバスの目論見を大きく狂わせた(日本は特殊事情で全日本空輸が3機を購入したが)。エアバスはA380について、年産20機を維持できれば黒字を保てるとしていたが、これは逆にいえば毎年20機の新規受注を獲得し続けなければならないことになり、それが困難になったため受注活動の終了を決定したのであった。

また、これはA380のせいではないが、2010年代末期の新型コロナのパンデミックは、A380をより無用の長物化させた。一時的にはビジネス・観光を問わず、国際線旅客需要がゼロに近づくという大激減を起こし、いくつかの航空会社はA380の運航を取りやめ、なかには計画を前倒しして退役させたところもでた。コロナ禍の終息にともなってA380の復活を始めている航空会社もあるが、完全にもとに戻るのは少し時間が必要だ。

そうしたなか、2021年7月にイギリスで設立された新航空会社のグローバル・エアラインズは2023年6月に、A380を導入して運航する計画を発表した。もちろん新規製造機ではなく中古機の購入によるもので、まずは4機によりアメリカとの大西洋横断路線を開設する計画だ。2023年夏の時点ですでに3機が契約ずみとされ、2024年春には実運航を開始し、状況によってはさらに追加を行う可能性があることも示唆している。機内はファースト、ビジネス、エコノミーの3クラス編成で、471席になる予定である。

[データ:A380-800]

全幅	79.75m
全長	72.72m
全高	24.09m
手浴面積	845.4㎡
空虚重量	285,000kg
最大離陸重量	575,000kg
エンジン×基数	トレント970-84または GP7200×4
推力	332.4～356.8kN
燃料重量	253,983kg
巡航速度	M=0.85
実用上昇限度	13,106m
航続距離	8,200nm
客席数	575～853席

International
(国際共同)

エアバス A350XWB

ローンチ・カスタマーのカタール航空のロゴを胴体に大きく入れたA350XWB-900の飛行試験機

Photo : Yoshitomo Aoki

A350XWBの開発経緯と機体概要

ボーイングが新しい250席級旅客機として7E7(のちの787。P.114参照)の計画を発表すると、エアバスもそれと同級の機種の開発を模索した。しかしエアバスは、250席級には大きな市場が見込めないと見ていたので、7E7のような完全な新設計機の開発には躊躇していた。これにはちょうどそのころ、超大型機A380の開発が佳境にさしかかっていたため、経費的にも人員的にも、もう1機種の新型機開発にあてる余裕がなかったという背景もあった。このためエアバスは、A330の改良型によって7E7に対抗する製品を作ることとし、これをA350と名づけた。このA350は、基本的にはA330-200の胴体を短縮するもので、主翼の設計は変えないが、素材を炭素繊維複合材料に変更することとされた。これにより機体重量が軽量になり運航経済性が向上し、A330がもともと経済性に優れた機種なので、ボーイングが主張する7E7の経済性にも対抗できる、というのがエアバスの説明であった。

こうしたA350に対して、105機の確定発注を含む182機のコミットメントが集まったことからエアバスは、2005年10月6日にプログラムのローンチを発表した。しかしそうした発注を計画していた航空会社は、やはり完全な新設計機である7E7と比較すると見劣りがするとして、エアバスに機体計画の改善を求めてきた。一方エアバスも、20～30年という長期的なスパンで見た場合、A350のほうがかなり早く陳腐化してしまい、競争力を失ってしまうと考えるようになっていた。そこでエアバスは方針を一変して、完全な新型機の開発に着手することにしたのである。

この新型機は、「A350」の名称は受け継ぐものの、これまでのワイドボディ設計よりも太い胴体をもつものになるとして、それを強調したXWB(eXtra Wide Body)がつけられて、A350XWBと呼ばれることになった。エアバスでは当初、「XWB」はシリーズの総称で細かなサブタイプにはつかないとしていたが、実用化されるとすべての登録型式には「XWB」がつけられている。

エアバスは従来、ワイドボディ機にはA300で開発した、直径222インチ(5.64m)の真円断面を使用し続けてきた。それをA350XWBでは、ライバルとなる7E7よりも客室最大幅を大きくするために直径222インチと233インチ(5.92m)の2つの縁を組み合わせたものにした。これにより客

横長のカラー液晶表示装置を使ったA350XWB-900のグラス・コクピット

A350XWB-900のヘッド・アップ・ディスプレー表示

室最大幅は5.87mになってボーイング787の5.75mを上回り、あわせて真円断面客室の欠点であった肩より上と足下の窮屈感をなくしている。

主翼は、25%翼弦での後退角を31.9度とし、A380(内翼で34度17分、外翼で35度26分)を除けば、エアバスの旅客機中でもっともきつい後退角となった。主翼の高揚力装置では、後縁にはアダプティブ・ドループ・ヒンジフラップと呼ぶ、シングル・スロッテッドフラップがあり、離着陸時には追加の揚力を効果的に発生し、一方で巡航飛行中には翼形を変えるように機能して、荷重軽減機能と相まって巡航効率を強化させる機能を発揮する。前縁にはほぼ前翼幅にわたってスラットがあるが、エンジン取りつけ部内側の、最内側のものは、A380でも使用されたクルーガー・フラップの新世代版である、ドループノーズになっていて、低速時の効力の減少や発生騒音の低下などの効果を発揮している。主翼端にはCFRP製のウイングレットがあるが、従来のウイングレットとは異なり、もち上げられた上部が弧を描く形状になっている。素材についてはこのあとで記すが、この形状はCFRP製だからこそ可能になったもので、かなりユニークな形ではあるが、「シャークレット」のような名称はなく、エアバスではたんに「ウイングレット」と呼んでいる。

A350XWBでは機体構造への使用素材も全面的に見直しが行われて、構造重量全体の約52%を炭素繊維複合材料(CFRP)製とし、さらに約20%が新しいアルミ合金およびアルミ

ブラジルのLTAM航空のA350XWB-900

-リチウム合金にしている。ボーイングが7E7で約50%をCFRPにするとしていたので、それとほぼ同じ使用比率になっている。こうした新素材の使用は、機体の重量の軽減とそれにともなう運航経費の低下、整備所要と経費の低下というメリットをもたらすものだ。

CFRPは胴体、外翼ボックス、中央翼ボックスなどに適用されて、胴体はこれまでどおり上下左右のパネルに4分割して製造しそれをつなぎあわせている。加えてダブラー、ストリンガー、キールブームなど、代表的なフレームもCFRPである。一方でクロスビームや座席レール、貨物室構造などにはアルミ−リチウム合金を使用して、素材および製造コストを抑制している。アルミ−リチウム合金は、主翼のリブにも用いられている。また胴体パネルの内側に、パネルに沿って電気ネットワーク用のフレームが設けられていて、胴体パネルの外皮部はCFRPに金属メッシュを組み合わせて、直接的な落雷から機体フレームや電気・電子システムを防護するようにされている。

胴体をCFRP製にしたことで、これも7E7と同様に、胴体内の外気との差圧を大きくすることが可能となって、客室の気圧高度の低下を実現できることになった。なお高高度巡航中に維持される機内の気圧高度は、これもまた7E7と同じ約6,000フィート(1,829m)で、従来のジェット旅客機よりも約2,000フィート(610m)低くなって気圧変化の幅を小さくできることで快適性を高めている。

A350XWBの客室は、エアバスが「エアスペース」と名づけた、新設計の内装が導入されている。使用する座席などはもちろん顧客航空会社の選択だが、共通する基本的な部分では客室内の空間をより広く見せる工夫が採られていて、また発光ダイオード(LED)を使ったムード・ライティングの導入などで、疲労感の少ない機内環境を提供する設計の客室になっている。

コクピットは、サイドスティックによるグラス・コクピットである点は基本的に変わっていないが、主表示画面は横長のカラー液晶画面6基を主計器盤に並べていて、各画面は分割が可能で、パイロットが必要に応じて分割方式や画面サイズを変更することが可能となっている。たとえば縦に2分割すると、画面サイズと縦横の比率は、A380の画面1枚とほぼ同じになる。サイドスティック操縦桿や、トラックボールを使っての画面操作なども従来同様で、相互乗員資格(CCQ)制度による、短時間の訓練での機種移行を完了できる。機長席、副操縦士席ともにヘッド・アップ・ディスプレー(HUD)が標準装備となっていて、エアバス製旅客機で初めて最初から両席にHUDを標準装備した機種となった。

エンジンについては、選択制にすることが計画されていたが、開発作業スケジュールに間に合うようにエンジンを提示したのはロールスロイスだけで、またその後もエンジンを供給しようとするメーカーが現れなかったため、ロールスロイス・トレントXWBだけの装備となった。

トレントXWBは、ロールスロイスがトレント・ターボファンをA350XWB専用に開発した同シリーズの最新型で、RB211ターボファン以来使い続けているロールスロイス独自の3軸式高バイパス比ターボファンである。試作エンジンは2010年6月14日に初運転を行って、2012年2月18日にはエアバスが継続開発飛行試験用に保有しているA380に搭載されて進空して飛行試験を開始した。こうした各種の試験により、最初の生産型である330kN型が、2013年2月7日に型式証明を取得した。

A350XWBの中核タイプとなるのがA350XWB-900で、3クラス編成で標準客席数が325席、航続距離は8,100nmである。A350XWB-900の胴体は、操縦室部を除いて、大きく3区画に分かれていて、前方胴体が約13m、中央胴体が約20m、後方胴体が約14mとなっており、この胴体を短縮したのがA350XWB-800で、前方胴体から5フレーム、中央胴体から1フレーム、後方胴体から4フレームを削除する。これにより全長は、A350XWB-900の66.88mから60.54mに短くなり、標準客席数は3クラス編成で280席、航続距離は8,245nmとなる。逆に胴体を延長するのがA350XWB-1000で、中央胴体は変わらないが、前方胴体に7フレームの、後方胴体に4フレームの挿入を行った。この結果、A350XWB-1000の全長は74.78mになり、3クラス編成の標準客席数は366席、航続距離は7,950nmとなった。A350XWB-1000については別項(P.86)で記す。

日本航空のA350XWB-900。A350XWBは日本航空が初めてエアバスから直接導入したエアバス製旅客機である　*Photo : Yoshitomo Aoki*

長胴型のA350XWB-900では、A350XWB-1000に適用する構造の強化などを取り入れて、燃料搭載量を増やすとともに最大離陸重量を増加するタイプも考えられて、A350XWB-900ULと呼ばれている。重量の引き上げは数種類が考えられているが、もっとも重いものが283tにするというもの。この場合、ペイロードと燃料の分配にもよるが、最大で9,600nmの航続力をもたせることも可能とされている。

A350XWBの初号機(MSN001)は、5月13日に塗装を終えて写真とともに発表され、6月2日にはエンジンを始動しての地上での試験も開始された。そして2013年6月14日に初飛行した。二番目に飛行したのはMSN003で、2013年10月14日であった。この機体も各種の飛行試験および計測用機材を搭載したが、性能の確認も飛行試験の主目的に置かれた点がMSN001とは異なっていた。また高温・高地試験や寒冷地試験もMSN003により実施された。

2014年2月26日に初飛行したMSN002はキャビン・エアクラフトと呼ばれ、ほぼ完全な客室内装を備えて、客室関連のシステムや装備品の開発に使用された。機内与圧や温度・湿度といった客室内の空調やムード照明、機内娯楽システムの開発などに使用され、また緊急脱出試験もこの機体を使って行われている。

MSN004(2013年10月14日初飛行)は、MSN001や002と比べると試験関連機材は少なく、主として搭載電子機器の開発や機能確認試験などに使用するものとして完成された。離着陸時などの騒音計測や評価にも使われるほか、ほかの機体の試験項目の補佐にも使用される。飛行試験機の最終機であるMSN005は、MSN002と同様にキャビン・エアクラフトで、客室関連の各種試験を行うのに加えて、型式証明の取得に向けての飛行試験の総仕上げとなる路線実証試験にも用いられた。

A350XWB-900は、5機により2,600時間あまりの飛行を行って2014年9月30日に欧州航空安全庁(EASA)の型式証明を取得した。近年の旅客機では、西ヨーロッパのEASAと、アメリカのアメリカ連邦航空局(FAA)の型式証明を同時に取得する例が少なくなく、A350XWB-900もそれを目標にしていた。この両者の審査などは共通している点がきわめて多いのでそうしたことが可能なのだが、それでも個別に要求する資料・データ・書類に違いもあり、エアバスはFAA用のものの一部をそろえきれなかったためFAAの審査は後日に回して、約1カ月半後の2014年11月12日に形式証明を取得した。

EASAとFAAの型式証明を取得したことでMSN006のカタール航空への引き渡しが可能となって、2014年12月22日に引き渡されて、登録記号もA7-ALAになった。カタール航空での実用就航の開始は2015年1月15日であった。なお短胴型のA350XWB-800は、顧客の関心のほとんどがA350XWB-900/-1000に集中し、発注意向を示していたハワイアン航空がキャンセルに応じたことなどもあって、2017年1月に開発中止が決定された。

[データ:A350XWB-900]

全幅	64.75m
全長	66.80m
全高	17.05m
運航自重	142,400kg
最大離陸重量	280,000kg
エンジン×基数	トレントXWB×2
燃料重量	110,600kg
最大推力	374.5kN
巡航速度	M=0.85
航続距離	8,300nm
客席数	315～440席

International
（国際共同）

エアバス A350XWB-1000

A350XWBの長胴型であるA350XWB-1000。本来の基本型であったA350XWB-800は作られたことになった

Photo : Airbus

A350XWB-1000の開発経緯と機体概要

エアバスが完全に新設計機として開発を行った大型の新世代双発旅客機A350XWB（P.82参照）のなかで、もっとも大型として計画されたのがA350XWB-1000である。A350XWBは280席級のA350XWB-800と、その胴体延長型で325席のA350XWB-900で開発がスタートしたものだが、より客席数の多いタイプを求める顧客が多かったため、さらに胴体を延ばすタイプがA350XWB-1000として開発されることとなった。具体的には右翼の前方で7フレーム、後方で4フレームの挿入分を設けている。これにより全長は、A350XWB-900よりも6.99m長くなって、2クラス編成での標準客席数は315席から369席へと54席増えており、また非常口の制限により最大客席数は480席と、ボーイング777-200の440席を40席上回ることとなった。

A350XWB-1000は胴体の延長により客席数も増えるので、機体重量も増加する。このためA350XWBでは、胴体延長以外にも機体フレームに次のような変更点が採り入れられている。

- 必要部位の構造強化
- 炭素繊維複合材料（CFRP）の適用部位の増加（扉周辺構造、胴体フレームビルジ区画、エンジン・パイロン上部桁など）
- 主翼後縁の延長
- 水平安定板と垂直安定板の形状の共通化
- 6車輪ボギー式の主脚とそれに対応し1フレーム延ばす主脚収容室

複合材料の適合部位のなかで「胴体ビルジ」と記したが、ビルジとは湾曲部のことで、A350XWB-1000では胴体の下側フレーム部を指し、その部分のフレーム設計なども改めることにした。また前記のほかにも、新設計の客室最後部ギャレー施設（オプション）、床下電気配線の簡素化、電動式降着装置扉開閉機構などの新要素も盛り込まれた。

主翼や尾翼の基本設計は変わら

Photo : Airbus

フランスの長距離LCCであるフレンチ・ビーのA350XWB-1000

Photo : Airbus

A350XWB-1000は降着装置をはじめとしてA350XWB-900と異なる点は少なくない

ず、またエンジンは推力増加型を装備する。ロールスロイス・トレントXWBには次の各タイプがあり、定格推力と型式証明の取得日（カッコ内）は次のとおりで、このなかでもっとも推力の大きいトレントXWB-97が基本装備エンジンになるが、発展型のトレントXWB-98も作られている。

◇**トレントXWB-75**：330kN（2013年2月7日）

◇**トレントXWB-79**：351kN（2013年2月7日）

◇**トレントXWB-79B**：351kN（2013年2月7日）

◇**トレントXWB-84**：375kN（2013年2月7日）

◇**トレントXWB-97**：430kN（2013年8月3日）

A350XWB-1000の初飛行から就航まで

A350XWB-1000の初号機は製造番号059で、2016年7月29日にロールアウトして、2016年11月24日に初飛行した。この機体と同065（2016年9月23日ロールアウト、2017年2月7日初飛行）と同071（2017年1月10日初飛行）の3機がA350XWB-1000の開発飛行試験に用いられて、2017年11月2日に機能および信頼性試験を完了して、11月22日にヨーロッパとアメリカの型式証明を同時に取得した。A350XWBではA350XWB-900もA350XWB-1000もカタール航空がローンチ・カスタマーで、2018年2月に一番機を受領して、ドーハ～ロンドン線で実運航を開始した。

A350XWB-1000の開発作業には、A350XWB-900の試験の実績や経験・教訓などが活かされている。たとえば、A350XWB-900の飛行試験データについては継続的に解析が行われて、A350XWB-1000のシステムや詳細設計に活用された。こうした活用は、飛行試験だけではなく、地上試験機のデータから構造の最適化が行われるなどにも用いられている。

A350XWB-1000は2016年11月24日に初飛行して2017年11月27日に型式証明を取得した　Photo : Airbus

一方でA350XWB-1000には、A350XWB-900以降で開発された新技術も適用される。たとえばCFRP製のドア開口部周囲の構造もその1つで、十分な強度などが確保できるようになったことで、金属素材からCRFRPへの変更が行われる。またエンジン・パイロンの桁も、複合材料製になっている。

A350XWB-1000ではまた、実機が完成して飛行する前に、広範なシミュレーションによる地上試験も行われる。システムに関しては、油圧系統のシミュレーションにバーチャル・アイアンバードが用いられ、さらに主翼への荷重シミュレーションでは－1Gの荷重負荷が模擬されている。これらは、従来の航空機開発では見られなかった手法である。

さらに構造の確認では、デジタル・モックアップに完全な設計が反映されるので、物理的なモックアップはいっさい製造されていない(これはA380やA350XWB-900でも同様であった)。また、地上振動試験(GVT)も完全にシミュレーション作業で行われて、振動試験機は作られない。高揚力装置の形態最適化確認作業も、すべてシミュレーション飛行により試されて、確定された。

エンジンは、ほかのタイプと同じロールスロイス・トレントXWBであり、最大推力以外の、118インチ(3.00m)のファン直径や9.3のバイパス比などの基本要目はほかのトレントXWBと同じであるから、この点では大きな変更は必要なかった。

このA350XWB-1000用のトレントXWB-97については、初号エンジンのコンポーネントが完成し始めていて、2014年中期には地上での運転試験が開始されて、飛行試験の開始は2016年中期には飛行試験に入った。そして2017年8月31日にヨーロッパの型式証明を取得して、実用段階へと進んでいる。

A350XWB-1000の日本での発注状況

A350XWB-1000についてもう少し記しておくと、最大離陸重量は308tで、3クラス編成で369席が標準客席数となっており、この状態で8,000nmの航続力を有する機種となる。

エアバスによれば、A350XWB-1000の運航自重は155tで、これは777-300ERの175tよりも20t軽く、さらに開発が決まったばかりの777-9の190tよりも35t軽いという。客席数/航続距離は、777-300ERが368席で7,825nm、777-9が400席で8,200nmであるから、A350XWB-1000はともに777-9にはおよばないが、777-300ERとほぼ同じ客席数で200nm弱

Photo : Airbus

まだ具体化はしていないが、エアバスはA350XWB-1000の胴体をさらに4m程度延長することは可能だとしている

日本航空向けのA350XWB-1000の一番機

Photo : Airbus

遠くに飛べることになる。

A350XWB-1000の計画当初の最大離陸重量は前記のとおり308,000kgで、3クラス編成で369席が標準客席数となっており、この状態で8,000nmの航続力を有する機種となる。最大離陸重量はその後311,000kg、316,000kgと段階的に引き上げられて、顧客が希望の重量を選べるが、316,000kg型に対して2018年5月29日に認定が与えられていて、この重量では最大航続距離を8,400nmに延伸することが可能となる。そして現在は、319,000kgへの増加が計画されている。

エアバスでは、A350XWB-1000のライバルは787ファミリーではなく、777の長距離タイプの777-8/-9になるとし、一定の客席数/航続距離をカバーするのに、ボーイングの製品では787と777の2機種が必要なところを、A350XWBならば1ファミリーですませられる点をメリットとして強調している。

日本の航空会社では、日本航空がA350XWB-1000を13機を発注していて、A350XWB-900も16機を発注中である。その日本航空は、2019年6月13日にA350XWB-900の、2023年12月14日にA350XWB-1000の、それぞれの一番機の引き渡しを受けている。

[データ:A350XWB-1000]

全幅	4.75m
全長	73.79m
全高	17.08m
主翼面積	443.0㎡
最大零燃料重量	223,000kg
最大離陸重量	302,200kg
エンジン×基数	ロールスロイス・トレントXWB-97×2
最大推力	431.6kN
燃料容量	158,791L
最大巡航速度	510kt
実用上昇限度	13,137m
航続距離	8,700nm
客席数	366～440

International
(国際共同)

CRAIC CR929

LRWBAC当時のCR929の模型。機体計画の概要はCR929になっても変わっていない

Photo : Yoshitomo Aoki

CR929の開発経緯

2017年6月のパリ航空ショーで、中国の商用飛機有限責任公司(COMAC)が模型を展示したLRWBACをもとにした双発の大型旅客機計画で、LRWBACは長距離ワイドボディ航空機の頭文字である。こうした大型旅客機を中国が単独で開発することはまだ不可能で、当初からロシアとの共同事業になると見られていた。その後、機体規模の確定や事業の進め方などで紆余曲折はあったものの、2017年5月22日に中国とロシアは50:50の同等パートナーシップによるジョイント・ベンチャー企業「CRAIC」を設立して事業をローンチすることが決まった。CRAICはChina-Russia Commercial Aircraft International Corporation Limitedの頭文字で、「中国-ロシア民間航空機国際企業」と訳せる。

CR929の機体概要

機体の基本構成はごく一般的なもので、客室に通路2本を設けられる太い胴体に後退角つきの主翼を低翼で配置し、パイロンを介して高バイパス比ターボファン・エンジンを吊り下げる。この種のエンジンは中国、ロシアともに苦手としているもので、欧米からの入手が最善の策となる。しかしロシアとウクライナの戦いが続くかぎりそれは不可能で、この機体計画に大きな影を落としていて、実際に機体計画は停滞している。

尾翼は、垂直尾翼と水平尾翼を組み合わせた通常構成である。主翼端はわずかに上方へ反り上げた、ボーイングのレイクド・ウイングチップのような形状になっている。機体構造には炭素複合材料や新合金といった最新の素材を用いる計画だといい、適用部位や使用比率などはまだ示されていないが、炭素繊維複合材料は構造重量の50%予定とも伝えられる。

飛行操縦装置はデジタル式フライ・バイ・ワイヤで、パイロットの操縦はサイドスティック操縦桿で行い、操縦室計器盤には5基のカラー液

高バイパス比ターボファン双発のCR929の標準型となるCR929-600の想像図 Image : UAC

客室内部を見えるようにしたCR929の模型 Photo : Yoshitomo Aoki

晶表示装置が並び、完全なグラス・コクピットとなる予定だ。ワイドボディ胴体には、普通席で通路を挟んで2席＋2席＋4席の横8席が標準仕様となり、ビジネスクラスでも2席＋2機＋2席の横6席配置が可能とされている。もちろんキャビンは長いので、さまざまな客席配置が可能であり、3クラス編成で258〜280席、2クラス編成で261〜291席の使用が示されており、また単一クラスでは405〜440席とすることが可能。標準型がCR929-600で、航続距離延伸型のCR929-500、胴体延長型のCR929-700の開発も計画されている。

CR929の今後

CR929のスケジュールについては、2028〜29年の引き渡し開始が目指されていたが、先に記したようにロシア・ウクライナ紛争が続いている間は、本機の開発作業に進展は見られないであろう。

［データ：CR929-600計画値］

全幅	63.86m
全長	63.76m
全高	17.89m
最大離陸重量	245,000kg
エンジン×基数	未定×2
所要推力	347kN級
巡航速度	M=0.85
航続距離	6,480nm
客席数	258〜440席

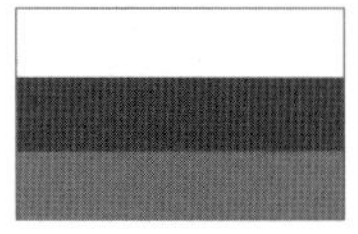

Russia
(ロシア)

イリューシン Iℓ-86“キャンバー”

ロシアン・スカイ・エアラインズが運航していたIℓ-86。同航空は2005年に旅客便運航を終了した

Photo : Wikimedia Commons

Iℓ-86の開発経緯と機体概要

旧ソ連で初の、客室に通路を2本もつワイドボディ旅客機で、その概念模型は1972年春にモスクワで公開された。アメリカでは1969〜70年にかけて、ボーイング747、ロッキードL-1011、ダグラスDC-10が初飛行し、西ヨーロッパでも1969年にA300Bの国際共同開発が行われているので、大型機プロジェクトとしては出遅れたといえる。

公開された模型は、2階建て構造の胴体の上部デッキ全体に客室を設け、380席以上を配置可能にしていた。エンジンはIℓ-62Mで使用したソロビエフD-30KUを4基とし、その装着方式もIℓ-62と同様のリアマウントにして尾翼もT字型にするという機体構成であった。

しかしその年の末には、同じIℓ-86の名称でまったく違う設計案が発表された。最大の違いは4基のエンジンの装着方式で、欧米の旅客機で主流となっていた、パイロンを介して主翼に取りつけるようにされていたのである。これにともない尾翼も、垂直安定板と胴体に取りつける水平安定板の組み合わせになった。

最終的な機体構成が確定したIℓ-86は、1974年に試作機の製造が着手されて、2機作られた試作機の初号機は、1976年12月22日に初飛行した。この時点では、1977年11月の10月革命60周年までに基本的な飛行試験を終えて、1980年のモスクワ・オリンピックにあわせてアエロフロートで就航を開始する、というスケジュールが発表されていた。しかし、量産型の初飛行は1977年10月24日となって作業に遅れが出始め、最終的に型式証明を取得してアエロフロートに引き渡されたのは1979年9月24日で、限定的な就航開始が1980年12月24日と、目標には間に合わなかった。

Iℓ-86の胴体は、直径6.08mの真円断面で、主デッキの客室は55cm幅の通路2本を設けても3席+3席+3席の横9席配置が可能である。標準客席数は3クラス編成で230席、2クラス編成で234席などがあり、単一クラスでは最大で350席を設けることができた。床下デッキの構成は、当初の計画のものがそのまま受け継がれて、乗客は下側デッキに内蔵されたタラップを使って前部胴体下部左舷から

旧ソ連最初のワイドボディ旅客機であるIl-86。高バイパス比ターボファン・エンジンがなかったことが大きな泣き所であった

Photo : Wikimedia Commons

サンクトペテロブルクを拠点としたプルコボ航空が運航したIl-86。同航空は2006年にロッシヤと統合されて解散となった

Photo : Wikimedia Commons

機内に入り、そこでもち込み手荷物やコートなどを置き場に置いて、主デッキにつながる階段を上って客室に入るという方式が基本となった。

主翼は、25%翼弦で35度の後退角を有し、高揚力装置は前縁のスラットと後縁の二重隙間フラップの組み合わせで、ともにほぼ全翼幅にわたって設けられているが、後縁の外翼部は補助翼になっている。飛行操縦装置は、この当時としては標準的な機力システムで、操縦室乗員は機長、副操縦士、航空機関士の3人乗務が標準だが、必要に応じて航法士を乗せることができ、そのための機器が操縦室に備わっていた。

Il-86で大きな課題だったのがエンジンで、エンジン自体の配置を変えるとともに、エンジンもクズネツオフNK-86(127.5kN)ターボファンに変更した。ただこのエンジンはバイパス比が1.15しかなく、プラット&ホイットニーJT3D(1.42)などの旧世代ターボファンと同じだ。このため、旧ソ連初のワイドボディ旅客機という注目された存在だったのだが、長距離旅客機としてはIl-62の後継機種とはなりえず、導入航空会社もきわめてかぎられてしまった。その結果生産も、1976年から1996年までの約20年間と短く、製造機数も106機にとどまった。

[データ:Il-86]

全幅	48.06m
全長	60.22m
全高	15.67m
主翼面積	300.0m²
運航自重	115,214～117,484kg
最大離陸重量	215,000kg
エンジン×基数	クズネツオフNK-86 ×4
最大推力	127.5kN
巡航速度	M=0.782～0.82
航続距離	2,700nm
客席数	320～350席

Russia
(ロシア)

イリューシン Il-62"クラシック"

1960年代から1990年代まで、旧ソ連の長距離旅客輸送の担い手であったIl-62M　Photo : Wikimedia Commons

Il-62の開発経緯と機体概要

1960年に開発が開始されて、初号機が1963年1月3日に初飛行した旧ソ連の長距離4発機で、4基のエンジンを2基ずつにまとめて後部胴体左右に取りつけるというリアエンジン配置を採っている。これについてはイギリスのVC10の真似といわれることもあるが、VC10の初飛行は1964年4月29日であり、初飛行だけを見ればIl-62のほうが先である。

低翼配置の主翼は、25%翼弦で32度30分の後退角を有し、主翼前縁にはドッグツースがつけられた。もちろん、戦闘機のように運動性を高める目的のものではなく、巡航時の空力効率を高めるためのもので、そのため戦闘機のような鋭さはない。後期生産型では、主翼前縁内に追加の油圧配管装備が行われるなどしたため、ドッグツースが廃止された。後縁は簡素な単隙間フラップで、前縁にもスラットなどはなく、高揚力装置はきわめてシンプルである。

胴体は、高さ4.1m、幅3.8mの縦長楕円断面をしていて、機内には普通席では3+3席の横6席配置が行えて、31インチピッチでの単一クラス配置ならば最大で198席を設けられる客室長を有する。

尾翼は当然T字型となり、タブつき昇降舵をもつ水平安定板は全体が動く取りつけ角変更式になっている。またリアマウント・エンジンのおかげで、垂直安定板の小型化と、客室の低騒音化(最後部付近は別だが全体として)も実現できた。

エンジンは、クズネツオフNK-8ターボファンを装備するよう設計されていたが、エンジンの開発に遅れがでたため試作機はリューリカAL-7PBターボジェットを装備して初飛行した。

NK-8-3(93.2kN)エンジン装備機の初飛行は1964年末で、これが初期の量産型だが、すぐに推力を103.0kNにパワーアップしたNK8-4が標準エンジンに変更となった。しかしNK-8エンジンの燃費率がかんばしくなか

リアエンジン4発のIℓ-62はテイルヘビーで、地上で停止しているときに尾部の補助脚を必要とすることもあった

Photo : Wikimedia Commons

Photo : Wikimedia Commons

ロシア政府が要人輸送に使用していたロッシヤのIℓ-62MK

ったことからソロビエフD-30KU(107.9kN)ターボファンへの変更が行われることになり、1971年のパリ航空ショーでその改良型が発表された。これがIℓ-62Mで、垂直安定板内に容量5,300Lの燃料タンクを新設し、エンジンのスラスト・リバーサーがクラムシェル型になった。

Iℓ-62Mの重量増加発展型がIℓ-62MKで、重量増加にあわせた降着装置の強化、主脚のボギー間隔の増加、ブレーキ性能の強化、自動展開式のエアブレーキの装備などといった細かな変更は加えられているが、それ以外の基本設計は初期の生産型から変わっていない。

Iℓ-62の導入国と今後

Iℓ-62は旧ソ連製の貴重な長距離ジェット旅客機であり、衛星諸国の多くの航空会社でも導入が行われた。その結果、座席配置が異なる以外のバリエーションはほとんどないものの製造は1995年まで続けられ、5機の試作機を含めて292機が製造されたが、今日ではそのほとんどがすでに退役している。なお特殊軍用派生型は、小数ではあるが使われ続けている。

[データ:Iℓ-62M]

全幅	43.20m
全長	53.12m
全高	12.35m
主翼面積	27.96㎡
空虚重量	71,600kg
最大離離陸重量	165,000kg
エンジン×基数	ソロビエフD-30KU ×4
推力	107.9kN
巡航速度	490kt
実用上昇限度	18,887m
航続距離	5,400nm
客席数	168～186席

Russia
（ロシア）

イリューシン Il-96

Il-86に続くロシアのワイドボディ機Il-96。乗降は主デッキから行う一般的なものになった　Photo : Wikimedia Commons

Il-96の開発経緯と機体概要

旧ソ連初のワイドボディ旅客機となったIl-86"キャンバー"の近代化・長航続距離型として計画されたのがIl-96で、1980年代中期に計画がまとめあげられた。

主翼や胴体などの基本的な設計はIl-86のものが受け継がれていて、高い共通性の確保が意識されているが、主翼はスーパークリティカル翼型になり、25%翼弦での後退角は30度に減らされた。また細部の構造設計にはより新しい技術が適用された。さらに、機体各部への新素材の使用も行われている。胴体は、主翼の前後で計5.05m短縮された。これにより標準客席数は、2クラス編成で263席となっている。乗客の乗降方式は完全に変更されて、床下デッキからの乗降は行われなくなり、床下デッキは完全な貨物室となった。

課題だったエンジンは、アビアドビガテルが、プラット＆ホイットニーPW2000に対抗できるエンジンとして、PS-90ターボファンの開発に乗りだした。基本は推力は170kNで、ファン直径は1.91m、バイパス比4.4というもので、PW2000の推力範囲170～194kN、ファン直径2.15mバイパス比6に比べるとやや見劣りはするが、待望の高バイパス比ターボファン・エンジンであった。ただその開発には少々時間を要し、エンジンの初運転はソ連が崩壊してロシアになったあとの1992年になってであった。ただそれ以前に試験を開始していた可能性もあり、ロシアの証明を取得したのが1992年とする資料もある。ただいずれにしてもこのエンジンが、2基でTu-204（P.103参照）を、4基でIl-96を実現することが可能となったのである。

飛行操縦翼面は、基本的に変わっていないが、システムは3重のフライ・バイ・ワイヤになって、加えてバックアップ用に機力システムが1系統残されている。コクピットはカラーCRTを使ったグラス・コクピットになっているが、バックアップ用として通常型計器も残された。

Il-96の試作機は1988年9月28日に初飛行して、飛行試験のあとほぼそのままの使用で量産に入った。最初の生産型がIl-96-300の胴体を4.47m延長したのがIl-96Mで、エンジンにはPW2037が使われるとともに、グラス・コクピットもコリンズ製のものとして、西側への輸出を強く意識したタイプである。胴体の延長により2クラス編成の標準客席数は340席になって、エンジン自体の燃費がPS-90よりも優れることで、航続距離が延びた。Il-96Mの初号機はIl-96-300を改造して作られて、1993年4月6日に初飛行した。

Il-96ではさらに、ロールスロイス・トレント800やジェネラル・エレクトリックGE90といったエンジンを装備するタイプの製造も可能とされたが、関心は示されなかった。Il-96Mの発展型として2017年2月に発表さ

2023年11月1日に初飛行したIl-96の長距離発展型Il-96-400M Photo : UAC

アエロフロートのIl-96-300。同航空の主力機にはなれなかった Photo : Wikimedia Commons

れたのがIl-96-400で、機体フレーム自体に変化はないが、エンジンを改良型のアビアドビガテルPS-90A1にするというものであった。旅客機型は作られていないが、軍用派生型はロシア空軍が運用している。なおIl-96はロシアでも同盟国でも採用されず、最近までの生産機数は30機にとどまっている。

Il-96の最新型がIl-96-400Mで、Il-90-300の胴体を9.35m延長したもの。これにより2クラス編成の標準客席数は386席となり、単一クラス最大では436席を設けることが可能とされている。

また新しい軽量化技術を適用したことで最大離陸重量は270t以下に収まっていて、ペイロードを41tに制限すれば4,860nm以上の航続力が得られるとも発表されている。エンジンも新しいPS-90A3M(171.7kN)になって、国際民間航空機関(ICAO)が定める騒音や排気物質の規定を十分にクリアできるという。

Il-96-400Mの初号機は、2023年11月1日に初飛行した。これから飛行試験に入ってロシアの型式証明を取得する計画だが、西側諸国はもちろん、ロシアでも350～400席級の4発機を必要としているとはあまり考えられず、量産に移行できるかは定かではない。

[データ:Il-96-300]

全幅	60.12m
全長	15.35m
全高	17.55m
主翼面積	350.0m²
運航自重	12,000kg
最大離陸重量	25,000kg
エンジン×基数	アビアドビガテル PS-90×4
最大推力	156.9kN
燃料容量	152,620L
巡航速度	M=0.78～0.84
航続距離	5,400nm
客席数	237～300席

Russia
（ロシア）

イルクート MC-21

航空ショーで編隊飛行を行うMC-21-300。手前の機体はピュアパワーPW1400Gを、奥の機体はPD-14をエンジンに装備している

Photo：Wikimedia Commons

MC-21の開発経緯と機体概要

2007年にプロジェクトがローンチされたロシアの単通路双発旅客機で、設計と開発はヤコブレフ設計局が行い、製造は国営企業であるユナイテッド・エアクラフト社（UAC）の一部門であるイルクートが受けもっていて、イルクートの製品となっている。また機種名の「C」はクリル文字で、英語のアルファベットでは「S」に相当するので「MS-21」と表記されることもあるが、「MC-21」の製品名で西側でのマーケティングが行われているので、「MC-21」とするのが一般的になっている。

2007年のローンチの時点では2016年の実用化を目指すとされたが、2009年には前設計段階にあって試作初号機は2013年に完成して2014年に初飛行する計画と発表された。この前設計段階の作業は2011年6月に完了し、三次元模型の完成とサプライヤー向けの詳細図面の交付が2012年中期に終えたという。

機体の設計はヤコブレフYak-42“クロッバー”（P.110参照）を双発化する計画だったYak-242をベースにしたもので、主翼には真空樹脂含浸工作による炭素繊維複合材料製のものが使われて、高アスペクト比でスーパークリティカル翼型をもつものになっている。後退角は、25％翼弦で25度と比較的浅い。高揚力装置は前縁スラットと後縁の二分割された二重隙間式フラップで構成され、外翼部には補助翼があり、主翼上面には片側4枚のスポイラーがついている補助翼は後縁外翼部のみで、全速度補助翼は有していない。尾翼につく飛行操縦翼面は通常の方向舵と昇降舵で、水平尾翼はトリム調整に使う取りつけ角可変式である。

垂直尾翼も炭素繊維複合材料製で、初期設計では複合材料の使用比率は33％程度とされていたが、主翼への使用が決まったことで40～45％に増加した。ただ2019年以降、アメリカが先進素材のロシアへの輸出規制を始めたことでロシアはこうした素材の入手が困難になっていて、加えてウクライナとの紛争の影響から、中国が唯一の入手先となっていい

MC-21-200の胴体を延長したMC-21-300 *Photo : Wikimedia Commons*

Photo : Wikimedia Commons
ピュアパワーPW1400Gギアード・ターボファン・エンジンを装備したMC-21-300

て、MC-21の作業にも大きな影響をおよぼしているようである。

胴体はアルミ-リチウム合金製で、この新合金の使用比率は全機体重量用の約40%になっている。胴体は真円断面で、客室の最大幅はエアバスA320やCOMAC C919よりも11cm、ボーイング737よりは27cmも太く、このクラスでもっとも幅広であり、幅61cmの通路が設けられるので、食事などでカートサービスが行われていても、乗客が脇を通り抜けることが可能である。

飛行操縦装置はデジタル式フライ・バイ・ワイヤで、操縦操作装置はサイドスティック操縦桿だ。計器は当然電子飛行計器システムで、横長のカラー液晶表示装置4基が正面計器盤を占めている。またサイドスティック操縦桿の前方には追加の表示画面があって、電子飛行バッグなどに使用できるようだ。さらにオプションで、機長席と副操縦士席の双方に、ヘッド・アップ・ディスプレーをつけることができる。

客室は、普通席は3席＋3席の横6席配置が標準で、頭上にはオーバーヘッド・ビンがあり、有効活用容積を最大化できるピボット式になっている。機内歩行時用のハンドレールはない。機内娯楽システムも、欧米の旅客機と同等のものが装備できるとされているが、装備可能なメーカーの名称などは示されていない。PR用の客室モックアップでは、前の座席の背部にパーソナルモニターのある座席などが披露されている。

エンジンには、アビアドビガテルが開発したPD-14と、プラット＆ホイットニーピュアパワーPW1400Gのいずれかを装備できる。前者はバイパス比が7.2～8.6の高バイパス比ターボファンで、125～153kNの推力範囲で提供される。後者は多くのタイプで開発と製造が行われているギアード・ターボファンで、MC-21用ではバイパス比が12.5、推力範囲は120～140kNとされている。両エン

MC-21-300でPD-14エンジンを装備するタイプはMC-21-310と呼ばれている Photo : UAC

ジンのバイパス比に大きな差があるが、ファン直径はPD-14が1.91mピュアパワーPW1400Gが2.06mと15cmしか違わず、共通の設計でどちらのエンジンも装着できるとされる。

MC-21各タイプの機体概要

MC-21は最初からファミリー構成で開発することが決められて、次の各タイプがある。

◇**MC-21-200：**150席級の基本型で、エンジンはPD-14(122.8kN)またはPW1428G(127.3kN)。長距離型のMC-21-200LRも提示されている。

◇**MC-21-300：**胴体を約5.4m延長するストレッチ型で、2クラス制で163席、最大では211席を設けることができる。エンジンはPD-14(137.3kN)またはピュアパワーPW1431G(137.9kN)から選択。PD-14装備型はMC-21-310とも呼ばれる。エンジンを推力増加型のPD-18Rに変更するなどして航続距離を最大6,500nmにするMC-21-300LRも検討されている。

◇**MC-21-100：**胴体を短縮して130席級とする案だが、先に開発が行われたスホーイ・スーパージェット100で胴体延長型が開発されると機体サイズが重複し、その場合はスホーイ・スーパージェット100が優先されるため、このタイプの開発が着手される可能性は低い。

◇**MC-21-400：**MC-21-300の胴体延長型で、エンジンはPD-14M(153.0kN)とし、単一クラス最大で256席を備えられるようにする案。MC-21-300LRと同様にPD-18Rエンジンを搭載して航続距離を6,500nmにする、MC-21-400LRも検討されている。

MC-21の初飛行から現在の状況まで

MC-21の開発試験作業は、2017年2月に地上試験機による静強度試験で開始され、まず2017年2月に究極荷重の90%をクリアし、続いて100%の試験(すなわち想定される最高荷重の1.5倍)もクリアした。一方で飛行試験用初号機(標準型でPW1400Gエンジン装備のMC-21-300)は、2016年6月8日にロールアウトしていたものの、静強度試験で主翼にクラックが発生するなどのトラブルがあったため初飛行に遅れが生じて、初進空したのは2017年5月28日になってのことであった。そして2018年7月20日には2号機も初飛行し、この飛行は約6時間にもおよぶ、初飛行としては異例の長時間飛行であった。この2機は、操縦性の評価、飛行特性、初期の性能評価、飛行可能領域の拡張などの試験に用いられて、MC-21の飛行能力を形作っていった。2019年5月19日には、機内に試験用の客室を備えた3号機が初飛行して、飛行特性の評価などに加えて客室関連の評価(騒音、震動、空調など)の試験に用いられた。3機がそろった時点で、型式証明の取得が2019年で、実用就航が2020年とのスケジュールが発表されたが、作業に遅れが見込まれるとのことで、就航開始目標が2022年夏に変更された。また2019年12月15日には、飛行試験4号機が初飛行した。他方それよりも前の2019年9月17日には、証明取得飛行試験の一環としてモスクワ～イスタンブール間で国際線の路線実証試

MC-21の基本型であるMC-21-200 *Photo : UAC*

Photo : Wikimedia Commons

横長画面のグラス・コクピットとサイドスティック操縦桿を備えたMC-21のコクピット

験が実施された。

予定よりも大幅に遅れ、また困難も生じたが、MC-21-300は2011年12月末にピュアパワーPW1400G装備型がロシアの型式証明を取得した。本来ならばこれで欧米の証明もあわせて取得するはずだったが、欧州航空安全庁は2022年3月14日に型式証明の交付を拒否した。これにより2023年時点でMC-21の世界的な就航は不可能となっていて、ロシア国内でも実用運航は始まっていない。

2023年8月時点でもMC-21の受注総数は175機で、ほかに140機以上の購入趣意書契約が交わされている。ただそのうち10機の発注がアゼルバイジャンの航空会社である以外は、全部がロシアの航空会社あるいは企業であり、国際的な商品にするという目論見の達成はかなり困難だといえよう。

[データ：MC-21-200、MC-21-300、MC-21-400]

	MC-21-200	MC-21-300	MC-21-400
全幅	35.97m	←	36.80m
全長	36.88m	42.62m	46.30m
全高	11.58m	←	12.70m
最大離陸重量	72,560kg	79,250kg	87,230kg
最大巡航速度	M=0.80	←	←
航続距離	3,500nm	3,200nm	5,498nm
客席数	132～165席	163～211席	256(最大)席

Russia
(ロシア)

ツポレフ Tu-154"ケアレス"

旧ソ連と衛星諸国で多用されたTu-154。
写真はウラジオストク航空のTu-154M

Photo : Wikimedia Commons

Tu-154の開発経緯と機体概要

1963年7月29日に初飛行した80席級の双発中距離機ツポレフTu-134"クラスティ"は、就航すると信頼性が高く、また使いやすい旅客機であることを実証した。その大型化・航続力強化発展型として計画されたのがTu-154だが、当時はどこの国でも抱えていた問題の1つが、こうした総重量90～100tクラスの機種に適した推力のターボファン・エンジンがないことであった。当時のソ連でも、Tu-134のソロビエフD-30(70kN級)では、2基はパワー不足であり、4基ならば十分な推力は得られるものの、このクラスで4発機というのは、当時のエンジン技術では経済性が著しく悪くなる。このことはIℓ-62用に1961年に開発が始められたクズネツオフNK-8(93.2kN)でも同じであった。ただ、選択肢がそれだけしかないことからツポレフはNK-8を選択した。そして推力の関係からその数を3基にして後部胴体にまとめて配置し、3基目のエンジンは胴体内に置いて、T字尾翼の垂直安定板前縁基部に大きな開口部を設けて3基目のエンジン用空気取り入れ口とし、S字ダクトでエンジンに空気を導くという設計にした。イギリスのホーカー・シドレー・トライデントで開発され、ボーイング727が踏襲した設計である。

機体構成のまとまったTu-154は1968年10月4日に初進空、試作機と前量産型計6機により飛行試験が行われて、1970年に旧ソ連の限定型式証明を取得してアエロフロートに引き渡されて乗員の訓練などが始められ、1971年5月に郵便輸送業務で実用就航を開始した。またこの年の夏には、モスクワ～トビリシ間で旅客輸送の試験運航を実施し、1972年2月9日にモスクワ～ミネラルニ・ボディ(北コーカサス)間で、実用旅客輸送による運航業務を開始した。

Tu-154は手ごろな機体規模と航続力からロシアと衛星諸国で好評を博し、各型あわせて1,026機が製造された。しかし、国際市場での競争力となると、まだハードルは高かったようだ。またカスタマー・サポートが不安視されたのは事実であり、実際に欧米の足下にもおよばなかった。こうしたこともあってTu-154は、民間機としては、ほとんどが現役から姿を消している。

最大のユーザーであったアエロフロートは、2010年1月をもってTu-154の運航を終了することを発表した。そして、2009年12月31日のイェカテリンブルグ発モスクワ行きのアエロフロート736便が、同社のTu-154による最後の定期旅客便運航となった。

[データ:Tu-154M]

全幅	37.55m
全長	48.00m
全高11.40m	
主翼面積	201.6㎡
空虚重量	55,300kg
最大離陸重量	225,000kg
エンジン×基数	ソロビエフ D-30KU-154×3
最大燃料容量	49,700L
最大推力	102.3kN
最大速度	M=0.86
実用上昇限度	12,100m
最大航続距離	3,600nm
客席数	114～180席

Russia
(ロシア)

ツポレフ Tu-204/-214/-234

アビアスター・カーゴのTu-204の純貨物型Tu-204C

Photo : Wikimedia Commons

Tu-204/-214/-234の開発経緯と機体概要

アエロフロートなどで使用されていた3発のツポレフTu-154(P.102参照)の後継機を目指して開発が行われた双発機で、1983年に機体計画が発表され、1985年に機対の詳細が明らかになった。単通路機で200席強の収容力を目指すという点ではアメリカのボーイング757と同等で、また旧ソ連の泣き所であった高バイパス比のターボファン・エンジンもイリューシンIℓ-96(P.96参照)の項で記したように、ソロビエフ(現アビアドビガテル)がバイパス比4.4で160kN級のPS-90Aを開発できたことでその使用の目処が立った。

プログラムのローンチは1986年で、1989年1月2日に初号機が初飛行した。飛行試験機は3機が作られ、加えて2機の地上試験機も作られている。さらにTu-204では最初から国際的な販売も目論まれて、757にも使われているロールスロイスRB211-535E4エンジン装備型の製造も決まり、飛行試験4号機がこのエンジンを装備して1992年8月14日に初飛行した。先に型式証明を取得したのはPS-90A装備型で、1995年1月12日にロシアの型式証明を受領した。RB211-535装備型は、1997年3月7日に量産仕様機も初飛行し、1997年7月16日にロシアの限定証明を得た。

主翼は前縁で28度の後退角を有していて、後縁は内翼部が直線、外翼部には後退角をつけたテーパー翼になっていて、外翼部と内翼部の後縁には二重隙間式のフラップがある。フラップ前の主翼上面には内翼部に2枚のエアブレーキが、外翼部には5枚のスポイラーがあって、スポイラーはロール操縦の補助も行う多機能型である。飛行操縦装置はデジタル式三重のフライ・バイ・ワイヤで、ロシア製旅客機で初めてこれを使用した機種となった。コクピットは、ほぼ正方形のカラー液晶表示装置6枚を主体としたグラス・コクピットで、操縦装置は左右にグリップをもつM型の操縦輪である。ただ操縦輪の作動スティックは床面からは伸びてはおらず、グリップ部がフレキシブル架台につけられるという独特のスタイルになっている。

胴体の断面は真円形で、客室は最大幅3.57m、最大高2.28mと、ボーイング757とほぼ同じである。客室の全長は30.18mなので、757-200よりはわずかに短い。

Tu-204各タイプの機体概要

Tu-204には、次の各タイプがある。

◇**Tu-204-100**:PS-90装備の初期生産型。

◇**Tu-204-200**:Tu-204-100の燃料搭載量増加型。

北朝鮮のエア・コリョのTu-204-100B

Photo : Wikimedia Commons

◇**Tu-204-120**：RB211エンジン装備型。

◇**Tu-202-220**：Tu-204-200の燃料搭載量増加型。なお上記4タイプには貨物型があって、型式名の最後に「C」がつく。

◇**Tu-204-300**：胴体を6.1m短縮して効率を高めて航続距離を延ばすタイプ。Tu-234とも呼ばれる。エンジンはPS-909-A2で、最大離陸重量107,050kg t型の航続距離は5.000nm。

◇**Tu-204-500**：Tu-204-300の短距離路線向け型。巡航速度をマッハ0.84に引き上げるとともにハニウェル331-200ER補助動力装置を装備。

◇**Tu-206**：燃料を天然ガスとする研究機。未製造。

◇**Tu-204SM**：Tu-204-100/-300のアップグレード型。コクピットに新しい液晶表示装置やヘッド・アップ・ディスプレーを導入し、表示画面は英語表示も可能にした。エンジンには効率を高めたPS-90Aを使用。Tu-204CMとも呼ばれる。

Tu-204の重量増加型がTu-214で、1996年3月21日に初飛行した。当初はTu-204-400とも呼ばれていたが、これまでのところ旅客機としての発注はない。ただロシアの航空機産業統合企業のユナイテッド・エアクラフト社（UAC）では民間型を少なくとも毎年10〜12機製造し、2030年にはそれを70機にすることを目標に掲げている。

Tu214各タイプの機体概要

既存のTu-214には、次のタイプがある。

◇**Tu-214ON**：米ロの相互上空監視活動であるオープンスカイズ機。

◇**Tu-214PU**：空中指揮機。ロシア大統領府が6機を保有。

◇**Tu-214SR**：特殊通信中継機。

◇**Tu-214US**：大統領向け通信中継機。

◇**Tu-214R**：Iℓ-20“クート”の後継となる電子情報収集機。

またさらなる改良・発展型がTu-234として計画されたが、これまでのところその詳細は不明である。

Tu-204は、東西冷戦の終結を受けて、西側のマーケットへの販売を目論んで開発が行われた。ロールスロイス・エンジン装備型の製造や欧米の航空機用電子機器の装備はその現れだし、安全性などについても西側の基準を強く意識していたし、同級のボーイング757と比較すれば明らかに安価であった。しかし購入後の顧客サポートには大きな不安があり、さらにはロシアの国際政治的な立ち位置も、諸外国による本機種の導入には大きな壁となった。

Tu-204シリーズは今も生産が続いているが、これまでの製造機数は89機にしかすぎない。

［データ：Tu-204SM］

全幅	41.84m
全長	46.15m
全高	13.89m
主翼面積	184.2㎡
最大離陸重量	108,000kg
エンジン×基数	アビアドビガテルPS-90A2
最大推力	171.6kN
燃料重量	35,800kg
最大巡航速度	490kt
実用上昇限度	12,192m
最大航続距離	3,000nm
客席数	176〜215席

Russia
(ロシア)

スホーイ・スーパージェット100

ロシアのスホーイが開発した100席級地域ジェット旅客機であるSSJ 100-95 *Photo : Yoshitomo Aoki*

SSJ100の開発経緯と機体概要

ロシアによるロシアン地域ジェット(RRJ:Russian Regional Jet)計画に対してスホーイが2000年5月に開発計画をスタートさせたもので、第二次世界大戦以降、冷戦時代を通じて一貫してジェット戦闘機の開発に携わってきたスホーイにとって、初めての民間機プロジェクトとなるものであった。当初はRRJ60(60席機)、RRJ75(78席機)、RRJ95(98席機)の3タイプの開発が考えられていたが、2001年10月15日にロシア政府は、2006年に初飛行して2007年に就航を開始する70～80席の地域ジェット旅客機とするように指示をだした。これに対してミヤシシチェフがM-60-70、ツポレフがTu-414という機体案を提示したが、2003年3月に政府の航空宇宙局はスホーイを担当企業に選定した。この当時スホーイは、プログラム全体のマネージメントや技術支援、マーケティング、供給企業の管理、顧客支援といった直接的な機体ハードウェアの面以外で、ボーイングとパートナー関係を結ぶことで話し合いを進めており、民間ジェット旅客機の国際市場参入を目指していたロシアにとって、これがスホーイ選定の決め手の1つになったようだ。

スホーイの機体案は、真円断面で直径3.46mという太めの胴体を用いて、標準客室配置を通路を挟んで2+3席の横5席にするというもので、その結果、全長と全幅を縮めたコンパクトな機体にできるというものだった。そして2003年3月に、RRJの開発担当にスホーイが選定されると、スホーイ・スーパージェット(SSJ:Sukhoi Superjet)の名称がつけられた。

エンジンについては、国際的な販売競争力も見込んで、アメリカからプラット&ホイットニーPW800またはジェネラル・エレクトリックCF34、イギリスからロールスロイスBR710を輸入することも検討されたが、NPOサチュルンが、フランスのSNECMA(現サフラン)SPW14ターボファンをベースに、高バイパス比の新エンジンSaM146を開発し、それ

ロシアのヤクティア・エアのSSJ 100-95B
Photo : Yoshitomo Aoki

を搭載することとなった。ただロシアは高バイパス比ターボファンの開発経験に乏しかったことから設計と開発はSNECMAが全面的にバックアップし、また事業主体としては国際合弁企業のパワージェット・インターナショナルが設立されている。このSaM146は、ファン直径が1.22m、バイパス比が4.4と、今日の基準に照らしあわせるとバイパス比はやや低めである。SaM146のエンジンの初運転試験は、2008年2月21日に実施されている。

SSJは最終的に、RRJ95をベースとしたタイプで開発されることとなって、2005年7月のファーンボロ航空ショーで機体名称がスホーイ・スーパージェット100(SSJ100)に改められたことが発表された(RRJ95がベースなのでSSJ100-95とされることもある)。そしてSSJ100の初号機は、2008年5月19日にコムソモルスク・ナムールのスホーイ施設で初飛行した。標準客席数は、2クラス編成で87席、単一クラスで108席。

SSJ100に使われている新技術などは、同時期のほかの地域ジェット旅客機と大きな違いはない。操縦室も、縦長のカラー液晶表示装置6基を主体にしたグラスコクピットである。飛行操縦装置はデジタル式フライ・バイ・ワイヤで、カナダやブラジルなどほかの地域ジェット旅客機には見られない唯一の特徴が、操縦輪ではなくパイロットの側方配置のサイドスティック操縦桿を使っている点だ。おそらくは、旅客機を製造していなかったゆえにしがらみもなく、このスタイルを実現できたのであろう。またこれまでに公表されている各種の写真を見るかぎりでは、ヘッド・アップ・ディスプレーはない。

外見上の小さな特徴の1つが、主翼端が「セイバーレット」と名づけられた水平ウイングレットになっている点である。通常のウイングレットほどは目立たないが、翼端部がわずかにもち上げられるとともに延長されているので、小さな段差があるようにも見えるのだ。スホーイはこのセイバーレットの装着により、離着陸性能の向上と燃費率の3%の低下がもたらされ、特に前者では高温・高地での運航能力の向上が期待されるとしている。

SSJ100で考えられていたバリエーション

SSJ100では、当初から座席数の異なるいくつかのバリエーションが考えられていた。

◇**130～140席胴体延長：**スーパージェット130NGとも呼ばれた130席級タイプで、新しいアルミ合金の胴体と複合材料製の主翼を使う。新素材の適用で機体重量を15～20%軽くし、運航コストの10～12%の低減を実現する。

◇**115～120席胴体延長：**最大客席数120席まで胴体を延長するとともに主翼を大型化し、離着陸性能な

垂直尾翼をカラフルに塗ったロシアのUTエアのSSJ 100-95LR　*Photo : Yoshitomo Aoki*

どを維持する。エンジンと尾翼などは、基本型と同じものを使用する。

◇**75席胴体短縮：**胴体を短縮して機体総重量を3t軽量化する。アメリカのスコープ・クローズの規定はクリアできないが、西側の小型ジェット旅客機の需要獲得を目指すとされた。

SSJ100は、2011年2月3日にロシアの型式証明を取得し、1年後の2012年2月3日には欧州航空安全機構の型式証明も取得した。これでアメリカ連邦航空局やほかの西側諸国の証明取得の道が開け、世界のほとんどの国での旅客輸送飛行が可能になっている。しかしその一方で、SSJ100の発注主は圧倒的にロシアあるいはその友好国が主体で、アメリカ企業はリース会社3社からの40機程度にとどまっている。もっとも注目されたのはメキシコのインタージェットによる運航で、30機を発注して22機を受領し、2013年からメキシコシティとアメリカ各地を結ぶSSJ100による定期便の運航を開始した。しかしCOVID-19のパンデミックの影響で2020年3月24日に国際線の運航を停止し、この年の12月に航空旅客輸送事業を終了した。

SSJ100はもちろん今も製造が続けられていて、385機の受注機数のうち2022年11月までに229機が完成ずみで、うち202機が引き渡しずみになっているとされる。COVID-19のパンデミックにより、どのメーカーのジェット旅客機も製造計画などが大きく狂ってしまっている。さらにSSJ100については、どうしても情報が少なく現状の把握が難しい。加えて2022年2月に始まったウクライナ紛争によりロシアに対しては、経済も含めた各種の制裁が科せられており、多くの国が、少なくともロシア製旅客機を購入するような状況にはない。SaM146エンジン用の各種部品の入手はほぼ不可能になっていて、機体向けのものについても同様だろう。今のところSSJ100の製造を取りやめるなどの情報はないが、将来は決して楽観できる状況ではない。

［データ：SSJ100-95長距離型］

全幅	27.80m
全長	29.94m
全高	10.28m
主翼面積	83.8㎡
運航自重	25,100kg
最大離陸重量	49,450kg
エンジン	パワージェットSaM146-S18（71.6kN）×2
巡航速度	M=78～0.81
上昇限度	13,497m
航続距離（乗客98人時）	2,472海里（4,578km）

Russia
(ロシア)

ヤコブレフ Yak-40"コドリング"

短距離線専用機のためジェット旅客機ではめずらしい直線翼の主翼をもつYak-40 *Photo : Wikimedia Commons*

Yak-40の開発経緯と機体概要

旧ソ連の国内地方路線に使われていたリスノフLi-2"キャブ"(ダグラスDC-3のコピー機)をはじめとする、各種のプロペラ機に替わるジェット旅客機として1960年代初めに設計が開始された30席級のジェット旅客機で、当時の欧米にはそのようなジェット旅客機の発想はまったくなく、旧ソ連のオリジナル・カテゴリーの機種であった。ソ連国内にはこうした機種を必要とする路線が多数あったということでもあり、シベリアや極東地方などのような極寒地から、西アジア方面まで、さまざまな環境でできる、万能の小型ジェット機の重要性が高かったということだ。

本来こうした機種はターボプロップ機でもよく、また垂直離着陸機(すなわちヘリコプター)でもよいという考えもあったといわれるが、これまでの機種以上の高速性をもつという要求は強かったのも事実で、加えて良好な離着陸性能を得るという点から、ジェット3発という機体構成が採られた。ちなみに求められた離着陸性能は、悪天候時の未舗装滑走路での離着陸滑走距離700mというものであった。

3基のエンジンを後部胴体にまとめて配置し、1基を後部胴体内に収めてS字ダクトを使う手法や、T字尾翼と組み合わせるという設計は、イギリスのホーカー・シドレー・トライデントとアメリカのボーイング727にならったものだ。エンジンは、イフチェンコがこの機種向けにAI-25小型ターボファンを開発した。AI-25の定格最大推力は14.7kNだったが、のちには軍用のDV-2の技術をフィードバックして16.9kNにパワーアップしたAI-25Tへと発展した。Yak-40ではこのエンジンを搭載したタイプも作られていて、Yak-40Tと呼ばれるともされているが、登録上の型式の区別は行われていない。

主翼には直線翼が用いられている。前縁と後縁でわずかに先細りさせたテーパー翼で、アスペクト比は8.9と大きい。翼厚比は、付け根で25%、翼端でも10%とプロペラ機並みで、翼面荷重も約230kg/㎡と、ジェット旅客機としては異例に低い。高揚力装置は後縁の三重隙間フラップだけだが十分な役割を果たし、低い離着陸速度と空力特性によって、良好なSTOL能力を獲得しようとしていることがわかる。これは、この機種の使用環境が、かならずしも地上設備が整っているところだけではないことを示すもので、整備設備が悪いなどのローカル空港でも運用できることを前提に設計されているのである。そしてこの点が、旧ソ連の衛星諸国をはじめとする多くの国で使われるようになった、大きな理由の1つでもある。

胴体は真円断面で、キャビンは最大幅2.15m、最大高1.85m。ここに通路を挟んで1＋2席の横3席とするのが標準配置であるが、1席側の座席をベンチシートにすることで、横4席にもできる。乗降は胴体最後部のステップつき下開き扉から行い、前部胴体左舷の扉は、通常は乗員の乗降に使用されている。

ロシアのリペツク・アビアのYak-40
Photo : Wikimedia Commons

Yak-40の初号機は、1966年10月21日に初飛行して、1968年9月にアエロフロートで実用就航を開始した。アエロフロートのほか、東欧やソ連の衛星諸国の航空会社で運航されて、生産総数は1,011機といわれているので、短距離地域路線向けとしてかなりの需要があったことをうかがわせる。

Yak-40"コドリング"各タイプの機体概要

Yak-40とだけ呼ばれるのが通常の旅客機標準型で、ほかに計画されたものも含めて次の派生型がある。

◇**Yak-40-25**:MiG-25の機首を取りつけた軍用の電子情報収集機。
◇**Yak-40アクバ**:軍用の電子妨害型。
◇**Yak-40EC**:標準旅客型Yak-40の輸出型。
◇**Yak-40D**:航続距離延長型。
◇**Yak-40フォボス**:軍用型で胴体上部と左右に張りだし窓をもつ監視型。
◇**Yak-40K**:民間の貨物/貨客混載/貨客転換型。
◇**Yak-40カリブロフシュチク**:軍用の電子情報収集型。
◇**Yak-40L**:ライカミングLF507-1(31.1kN)ターボファン双発型(提案のみ)。
◇**Yak-40リオス**:機首にプローブをつけた、軍用のデータ計測型。
◇**Yak-40M**:胴体延長旅客型(計画のみ)。
◇**Yak-40M-602**:機首にM-602ターボプロップ・エンジンをつけた飛行テストベッド機。
◇**Yak-40メテオ**:軍用の情報収集/電子戦型。
◇**Yak-40P**:Yak-40Lの開発用に主翼前に大型のエンジン・ナセルをつけたもの。
◇**Yak-50REO**:軍用の赤外線偵察型。
◇**Yak-40シュツルム**:軍用の電子偵察型。
◇**Yak-40TL**:LF507ターボファン3発型(提案のみ)。
◇**Yak-40V**:Yak-40Tの輸出型。

上記したようにYak-40では、エンジンをLF507に変更するタイプが提案された(実現はしなかった)が、さらにアメリカのICXエビエーションは、エンジンをギャレット(現・ハニウェル)TFE731ターボファン(15.6kN)に変更するとともに、機体自体をライセンス生産して世界的に販売することを考えた。これがLC-3と呼ばれるものだが、西側の型式証明取得のために多くの改造・改修が必要なこと、さほど需要が見込めないことなどから、計画を放棄している。

[データ:Yak-40]

全幅	25.00m
全長	20.36m
全高	6.50m
主翼面積	70.0㎡
運航自重	9,400kg
零燃料重量	13,000kg
最大着陸重量	16,000kg
最大離陸重量	16,085kg
最大ペイロード	9,720kg
エンジン×基数	イフチェンコAI-25(14.7kN)×3
燃料容量	5,030L
最大運用マッハ数	M=0.7
最大巡航速度	297kt
最大航続距離	970nm
標準客席数	32席

Russia
(ロシア)

ヤコブレフ Yak-42"クロッバー"

Yak-40と同じ3発機だが大幅に大型化され、主翼も後退翼となったYak-42 *Photo : Wikimedia Commons*

Yak-42の開発経緯と機体概要

ヤコブレフは小型・短距離機のYak-40(P.108参照)の大型・航続距離延伸型での成功を足がかりに、機体を大型化するより本格的なジェット旅客機の開発に乗りだすことにした。こうして開発されることになったのがYak-42で、標準客席数をYak-40の4倍程度の100～120席にしてツポレフTu-134"クラスティ"の後継機を目指すことにした。

機体構成はYak-40を受け継ぐリアマウントの3発機で、3基目のエンジンを後部胴体内に収容する設計も同じである。一方で、Yak-40よりも使用する路線距離が長くなるため、高速巡航性能、長距離飛行時における経済性などがより重視され、主翼にYak-40よりも薄翼の後退角つきのものが用いられることになった。胴体は、真円断面である点はYak-40と同じだが、当然太くされていて、客室の最大幅は3.60mになって、エコノミークラスで3＋3席の横6席配置が可能となっている。

Yak-42は、1973年6月にモスクワで実物大モックアップが公開され、続いて3機の試作機が作られた。その初号機は1975年3月7日に初飛行したが、この機体は、25％翼弦での主翼の後退角が11度で、100席程度を設けられる客室の前後に手荷物置き場を備えていた。飛行試験2号機は主翼後退角が23度に増やされて、胴体の長さは変わらないものの、客室窓が片側17列から20列に増やされ、あわせて客室内手荷物置き場が廃止されたことで、130席程度を設けられるようになった。また主翼と尾翼には、熱風による除氷装置が備えられた。

3号機は1977年のパリ航空ショーにも出品された機体で、基本的には2号機と同じ特徴を有し、これが量産原型となった。2号機との大きな違いは、主脚が二重タイヤのボギー式4車輪になったことである。また、主脚のディスク・フェアリングの形状変更などの細かな設計変更により、試作初号機のドアなし主脚室に比べて、脚上げ時の空力効率が改善された。

量産型初号機が完成したのは1978年4月28日のことで、1980年12月22日に、アエロフロートがモスクワ～クラスノダール間で最初の旅客輸送便を運航した。

初飛行から就航開始までが約5年半というのは、決して長い期間ではないが、Yak-40という前作があった

エルブラス・アビアの航続距離延長型のYak-42D

ことを考えると結構時間を要したといえよう。これは、Yak-42がたんなるスケールアップ版ではなく、後退翼の使用をはじめとする技術的な変更点が多く、まったく別の機種に生まれ変わったことを示しているといえる。ただ一方で、問題点が多発していたことも想像され、実用化に向けてはヤコブレフが思い抱いていた以上に困難に遭遇したようで、量産機の完成から就航開始までにさらに2年半という時間を必要とした。

Yak-42のエンジンは、ロタレフが開発したD-36ターボファン(63.8kN)で、バイパス比は5.6。今日の基準では高バイパス比とはいえないが、1970年代に開発されたこの推力クラスのエンジンとしては十分に高いバイパス比であり、旧ソ連製旅客機としては経済性に優れる機体だったと考えてもよいだろう。

主翼は25%翼弦で23度の後退角をもつものが量産機向けに採用されて、真円断面の胴体に低翼で配置されている。取りつけ角や上反角はなく、構造自体は2桁の通常のトーション・ボックス構造だ。主翼後縁は、内翼部と外翼部がそれぞれ単隙間式フラップになっていて、外翼フラップ前の主翼上面に3枚のスポイラーがあって、地上でエアブレーキとして機能する。外翼フラップの外側には片側2分割のエルロンがあって、外側のものにサーボ・タブ、内側のものにトリム・タブがついている。前縁は、ほぼ全翼幅にわたってスラットになっており、後縁フラップと連動して作動し、離着陸時の高揚力装置になる。操縦翼面は、すべて油圧機力式で作動する。

キャビンは全長19.89m、最大幅3.6m、最大高2.08mで、エコノミー・クラスで3+3席の横6席配置が可能。29インチピッチのハイデンシティ配置ならば最大で120席を設けられ、2クラス編成であれば、組み合わせによって96〜104席の間が標準的な客席数になる。床下は貨物室で、Yak-42専用に容積2.2m³のコンテナが開発された。このコンテナは、前方貨物室に6個、後方貨物室に3個を搭載できる。

Yak-42各タイプの機体概要

Yak-42には、次のタイプがある。

◇**Yak-42**:標準型で最大離陸重量は53,500kg。

◇**Yak-42ML**:国際線型で、搭載電子機器を一部変更。

◇**Yak-42D**:燃料搭載量を増加した航続距離延長型。

◇**Yak-42R**:Yak-141"フリースタイル"向けレーダーの開発飛行テストベッド機。

◇**Yak-42F**:主翼下に大型のポッドをつけた資源探索・環境調査機。

◇**Yak-42LL**:プログレスD-236プロップファンの開発飛行テストベッド機。右エンジンを特製のパイロンにより換装して、1991年3月15日に飛行した。

Yak-42Dにベンディックス/キングなどの西側製電子機器を搭載した試験機がYak-42Aで、飛行中に主翼スポイラーを展張可能にして急速な降下を行えるようにするとともに、フラップの下げ位置を4位置にするなどの改修も行われた。この機体は、のちにYak-142に名称が変更され、さらにYak-42Aの電子機器をアライドシグナル製にしてカラーCRTを使ったコクピットを装備するYak-42B、Yak-42Aの燃料搭載量をYak-42と同じに戻しYak-42A-100などが計画されたが、いずれも実現せずに、Yak-42Dが最後の生産型となって、2003年に製造を終了した。総生産機数は185機と、Yak-40にはるかにおよばなかった。

なお、Yak-42の基本設計を活用して、アビアドビガテルPS-90ターボファン双発とするYak-242も計画されたが、イルクートMC-21(P.98参照)プロジェクトに併合されて開発は行われないことになった。

[データ:Yak-42標準型]

全幅	34.20m
全長	36.38m
全高	9.83m
主翼面積	150.0m²
運航自重	28,960kg
最大離陸重量	53,500kg
エンジン	ロタレフD-36シリーズ1(63.8kN)×3
燃料容量	15,795L
最大運用マッハ数	M=0.75
巡航速度	399kt
実用上昇限度	9,600m
最大航続距離	1,329nm
標準客席数	96〜120席

The Netherlands
（オランダ）

フォッカー 70/100

KLMオランダ航空が支線使用に使用したフォッカー70　*Photo : Wikimedia Commons*

ブリスベーンを拠点にオーストラリアの国内線を専門に運航するアライアンス航空のフォッカー70　*Photo : Wikimedia Commons*

フォッカー70/100の開発経緯と機体概要

フォッカーが1983年に計画を明らかにしたF28フェローシップに続く新しい100席級旅客機がフォッカー100で、F28同様のリアマウント形式エンジン配置を使用し、胴体はF28のものを5.73m延長して最大で105席を配置できるようにした。初号機は1986年11月30日に初飛行して1987年11月20日に型式証明を取得、1988年4月1日にスイスエアにより初就航した。

ポルトガルのポルトガリア航空（PGA）のフォッカー100　*Photo：Wikimedia Commons*

グラスコクピットになったフォッカー100の操縦室。写真はシミュレーター　*Photo：Wikimedia Commons*

　エンジンがF28と同じロールスロイスのテイ・ターボファンで配置も同様であり、またF28と同じ断面の胴体を用いていたことからたんなるF28の胴体延長型に見られがちだが、主翼は設計を一新して翼幅を2.99m広げていて、巡行時の効率が30％程度向上している。また機体の大型化にあわせて、水平尾翼も幅が1.40m広がった。コクピットにはロックウェル・コリンズDU-1000電子飛行計器システムが導入されて、カラー液晶表示装置6画面のグラス・コクピットになり完全に新世代機に生まれ変わっている。細かなところでは、F28の操縦室外部左右上面にあった小窓が廃止された。

　フォッカー100は、ボーイング737やダグラスDC-9、ブリティッシュ・エアロスペースBAe146と市場を競い、283機が製造された。これは前作のF28の241機と大きく変わらない。機数だけを見ると失敗作とはいえないが、利益を生みだすには至らず、またフォッカー自体が経営面でいくつもの問題を抱えていたから1996年に解散することが決まり、フォッカー100の生産も1997年初めに終了した。

　フォッカーはフォッカー100の胴体を4.63m短縮して70席級機とする派生型のフォッカー70の開発も行っていて、1993年4月4日にその初号機を初飛行させた。しかし1993年から1994年にかけて発注のキャンセルが相次ぎ、会社の業績悪化にともないフォッカー100とともに1997年4月に生産を終了している。製造機数は47機（ほかに試作機1機）であった。なおフォッカー70のような小型機では、短距離離着陸性能を高めて小規模な空港の使用能力をもたせることも主眼の1つであり、フォッカー70もそれを可能にするため5.5度の進入角での着陸を可能にしている。

［データ：フォッカー100］

全幅	28.08m
全長	35.53m
全高	8.50m
主翼面積	93.5㎡
空虚重量	24,541kg
最大離陸重量	45,810kg
エンジン	ロールスロイス・テイMk650-15（67.2kN）×2
最大巡行速度	M＝0.77
実用上昇限度	11,000m
航続距離	1,323～1,710nm
客席数	97～122席

U.S.A.
(アメリカ)

ボーイング 787-8ドリームライナー

機体構造の約50%に炭素繊維複合材料を使用したボーイング787の標準型787-8 Photo : Yoshitomo Aoki

787-8の開発経緯 機体コンセプト

ボーイングは2001年3月29日に、新たに開発する旅客機について、250席級の中型で巡航速度マッハ0.95～0.98の高速機とする計画を明らかにした。しかし「ソニック・クルーザー」と名づけたこの機体案に対する航空会社の評判はかんばしくなく、特に経済性について批判が集まった。そこでボーイングは2002年12月20日に、同じ中型機だが効率の向上に重きを置いた新しい機体案を示し、次の特徴をもつものになるとした。

・**主翼**:767-400ERや777-300ERで使われた傾斜翼端(レイクド・ウイングチップ)をもつ。後縁は簡素化する
・**座席数**:200～250席
・**エンジン**:主翼下に2基を装備。既存の技術よりもさらに進んだ技術を適用
・**構造**:機体外皮は複合材料、あるいは新しく軽量でより強度の高い合金製
・**操縦室**:777スタイルの操縦席
・**速度**:マッハ0.85(747と同じ)
・**寸法**:777よりも小型。ただし胴体断面は767よりは太く、より大きな貨物コンテナを搭載できる
・**航続距離**:約7,500nm(13,890㎞)。後期型ではさらに航続距離が延長される
・**燃費**:乗客あたりの燃料消費は、現在の767よりも約20%減少

2003年1月になるとこの機体計画は、「7E7」と呼ばれるようになった。7に挟まれた「E」は効率(Efficiency)を現すものとされたが、一般的には各種コストを低減する「経済的」という意味合いでとらえられた。すなわち7E7は、現用の767と同級の機種で、航続距離性能は長くなり、運航コストをはじめとする各種経費は20%安上がりになるもの、ということだった。

2003年11月3日には、7E7の基本コンセプトが確定したことが発表され、7,800nmの航続力をもつ標準型に加えて、その胴体を延長するとともに航続距離を8,300nmにする大型長距離タイプと、単一クラスで約300席を配置し3,500nmの航続距離性能をもつ短距離型の3タイプを開発することになるとされた。

7E7の販売活動については、計画発表からほぼ1年後に2003年12月16日にボーイングの取締役会が、航空会社に対する具体的な提案活動の開始を承認した。また2004年4月6日には、7E7のエンジンの供給企業を、ジェネラル・エレクトリック(GE)と

横長のカラー液晶表示装置、左右両席のヘッド・アップ・ディスプレーなどを特徴とする787-8のコクピット

Photo : Yoshitomo Aoki

ロールスロイス(RR)の2社に決定したことが発表された。GEはGEnxを、RRはトレント1000を供給することとなった。

そして2004年4月26日に、全日本空輸が7E7に対して50機を確定発注する意向を示した。これによりボーイングは同日付で、7E7の正式ローンチを決定した。あわせて、全日本空輸への引き渡し開始は2008年になるともした。これに続く大きな発表となったのは、2005年1月28日に行われた、中国の航空会社6社から計60機の受注を得たというもので、機数が多いこともさることながら、機体の名称の変更もあわせて行うという、重要なものであった。「7E7」の名称が、従来のボーイングのジェット旅客機を踏襲した「787」に変更されたのである。従来のボーイングの命名方式を受け継いだ形だが、「8」という数字は、その発音が中国では広く好まれている「発」に近いこと、そして日本でも「八」が末広がりで縁起の良い数字とされていることから中国が「8」にこだわったのである。

787の構造および製造上の特徴

787の大きな特徴の1つは、機体の一次構造部に複合材料(特に炭素繊維複合材料)を多用して軽量化を図っていることで、機体構造の約50%が複合材料製である。おもな複合材料の使用部位は、胴体全体、主翼固定ボックス、主翼動翼、垂直安定板ボックス、水平安定板ボックスなどで、また方向舵や昇降舵などにも、複合材料を使ったカーボン・サンドイッチ構造が用いられている。

前作である777は複合材料の使用比率は約10%で、そのほとんどは二次構造部への適用であった。またそれよりもあとに開発されたエアバスA380でも使用比率は22%(アルミ合金とガラス繊維強化複合材料の積層素材であるグレアを含めると25%)で、主翼や胴体は基本的に金属製であるから、787では画期的に使用量が多いといえる。そして胴体を複合材料製にしたことで客室窓の大型化、客室高度の低下(巡航飛行時の機内高度を従来の約2,400mから約1,800mになった)、客室内の高湿度化などを可能にしている。さらに客室には、カラーの発光ダイオードを使った照明が標準装備となった。これにより飛行段階に応じてさまざまな照明に設定することが可能となり、乗客の疲労度合いを軽減できるとされている。客室窓からは上げ下げ式のブラインドがなくなり、電気により遮光具合を変化させる電気明暗窓になった。またトイレにはオプションで、シャワートイレをつけられるようになった。

加えて複合材料製胴体は、重量を増加せずに胴体を太くすることも可

世界で最初に787を受領した全日本空輸の787-8。エンジンはトレント1000である　*Photo : Yoshitomo Aoki*

能にした。その結果天井裏にスペースができ、ボーイングは787でそのスペースを、乗員の休息区画にあてるよう設計している。また胴体の製造は、これまでのような分割のパーツで組み上げるのではなく、最初から円筒形の一体成型とし、さらに重量を軽減した。飛行操縦装置はデジタル式フライ・バイ・ワイヤで、操縦翼面は通常の構成を採っている。飛行操縦ソフトウェアの制御則はもちろん新たに開発されたPベータと呼ばれるもので、777のCスターUとは異なり、3軸すべてに完全な制御則が組み込まれている。

操縦室はグラス・コクピットだが設計は一新されて、主計器盤には横長のカラー液晶表示装置が4基並んでいる。各表示装置はウィンドウを切ることができ、1枚の表示装置に複数の画面表示を行うことが可能になっている。また、機長席と副操縦士席の双方に、ヘッド・アップ・ディスプレーがついている。

一次操縦翼面は主翼後縁の補助翼と、垂直安定板後縁の方向舵、水平安定板後縁の昇降舵で構成され、水平尾翼はまた全体が動いてピッチ・トリムがとれるようになっている。補助翼は、外翼部の通常補助翼と内翼部の全速度補助翼の組み合わせという、これも従来型式だ。主翼にはそのほかに、二次操縦翼面としてスポイラー(片側7枚)があり、これもフライ・バイ・ワイヤ制御である。また前縁には、エンジン取りつけ部よりも外側にスラット(片側5分割)があり、後縁は全速度エルロンを挟んで2分割されたフラップがある。前縁のスラットは上げ、中間、下げの3段階で作動し、エンジン・パイロンにもっとも近いものはクルーガー・フラップとなっていて、中間下げ位置では主翼との間にほとんど隙間を生じない。これに対して外側のスラットは、離陸時には小さな隙間を、着陸時には大きな隙間を作りだして、主翼の発生揚力を大きくする助けをする。

後縁の2分割されたフラップは、いずれも単隙間式で、機構の簡素化(すなわち整備性の向上)と風切り音の低下が図られている。フラップは上げ(0度)位置のほか、1度、5度、15度、20度、25度、30度の6位置の下げ角が用意されている。加えてスポイラーには、フライ・バイ・ワイヤ制御でドループ(下げ)機能を果たすので、これにより飛行中に主翼面の湾曲の度合いを変える可変キャンバーが可能になり、飛行状況にあわせた最適の主翼キャンバーを作りだすことができる。またこのスポイラーの作動は、必要に応じて隙間を維持することも可能となっている。

主翼端は、767-400ERで開発され、777-200LR/-300ERでも装備されたレイクド・ウイングチップをさらに発展させたものになっていて、前縁と後縁の後方に向ける角度を大きくしつつ上にもち上げているのは同様だが、前縁と後縁のラインに曲線を使用している。その結果相対的に翼

日本航空の787-8の一番機。エンジンはGEnx-1Bを装備している　*Photo : Yoshitomo Aoki*

幅が大きくなっているが、もともとの機体規模が大きくないため空港の駐機スポットで問題になるような全幅数値にはなっていない。

幻となった787-8の短距離型787-3

787で最初に開発されたのが787-8で、全長は56.72m、標準客席数が220席、標準続距離が7,355nmという基本仕様をもつものであった。ボーイングはほかの機種と同様に、当初から胴体延長型を開発することを考えていて、787-9/-10（P.118参照）を完成させている。

ただ計画当初には、短距離型の開発も計画されていた。787-8の機体フレームをそのまま活用して、客室を短距離向け仕様にすることで290～330席を設けられるようにして、航続距離は2,500～3,050nmに短縮するというものだ。これは特に、狭い国土で客席数の多い国内線を運航する日本の航空会社にとっては魅力的なものであった。ローンチ・カスタマーの全日本空輸も最初の発注にこのタイプを30機盛り込んでいたし、日本航空も13機を発注していた。しかし世界に目を向けると、787-3を必要としているのは特殊な環境にある日本の航空会社2社だけで、発注はまったく続かなかった。その結果、787-3の先行きは不透明となり、日本航空はすぐに787-3のキャンセルの検討に入り、2009年6月23日に787-3 13機の発注を正式にそのまま787-8に切り替えた。そして全日本空輸も同年12月21日に30機の787-3の発注を787-8に切り替え、こうして787-3に対する発注はゼロとなった。これによりボーイングも787-3の開発を棚上げすることとして、787は787-8と胴体延長型だけが開発されることとなったのである。

787-8初号機のロールアウトから現在まで

787-8の初号機は2007年7月8日にロールアウトした。この日は、英語式表記では07/August(8)/7となって機体名称に合致することからロールアウトは日程優先で行われた。しかしそのため機体は完全には完成しておらず、ロールアウト後に再作業などが必要となって、初飛行は大幅に遅れて、2年以上もあとの2009年12月15日となってしまった。さらにその後もいくつかのトラブルが続いて、アメリカとヨーロッパの型式証明を同時に取得したのは、同日の2011年8月26日であった。

[データ:787-8]

全幅	60.12m
全長	56.72m
全高	16.92m
主翼面積	377.0㎡
運航自重	120,000kg
最大離陸重量	227,900kg
エンジン×基数	GEnx-1B/ トレント1000×2
推力	284.8kN
燃料容量	126,206L
巡航速度	M=0.85
実用上昇限度	13,137m
航続距離	7,355nm
客席数	242～381席

U.S.A.
(アメリカ)

ボーイング787-9/-10ドリームライナー

着陸するエジプト航空の787-9。保有する787はこのタイプのみである

Photo : Wikimedia Commons

787-9/-10の開発経緯と機体概要

ボーイングは787の開発を開始した当初から、これまでのジェット旅客機と同様に、胴体を延長して大型化することを計画していた。旅客需要が高まってより収容力の大きい機種が必要になったとき、共通性の高い同一機種でそれを賄えれば航空会社にとっては大助かりである。ボーイングにかぎらず、ジェット旅客機で胴体延長型を作ること(あるいは胴体長の違うものを開発すること)は、常套手段となっている。

787でまず開発されたのが、胴体長を主翼の前方と後方でそれぞれ3.48mの計6.96mの延長を行う787-9であった。最大離陸重量は787-8よりも24,700kg増加し、乗客259人での標準航続距離は7,635nmになるという計画であった。最終的な機体仕様は2010年7月1日に確定して、2013年9月17日に初号機が初飛行し、2014年6月16日にアメリカとヨーロッパの型式証明を取得して、7月8日にこのタイプのローンチ・カスタマーであるニュージーランド航空に引き渡された。当初ボーイングは、さらなる胴体延長の可能性も見込んで、787-9では主翼の設計変更(大型化)が必要になる可能性があるとしていたが、787-9も787-10も787-8と同じ主翼を使用している。細かな点を挙げれば、フラップの角度設定がより細かくなって、上げ位置のほかに1度下げ、5度下げ、10度下げ、15度下げ、17度下げ、18度下げ20度下げ、25度下げ、30度下げが設けられて、機体重量に応じてより子細な(ボーイングの言い方ではより最適な)フラップ角の設定が可能となった。このフラップ位置は、787-9と787-10で共通である。

2005年11月になるとエミレーツ航空とカンタス航空が787-9よりもさらに収容力の大きなタイプに関心があることをボーイングに伝え、ボーイングはその研究を開始した。そして2013年5月30日にシンガポール航空がそのタイプのローンチ・カスタマーとなって、787の最長型として787-10が開発されることになった。787-10の最終機体仕様が確定したのは2015年12月で、787-9と95%の共通性を有する設計にまとめあげられた。大きな違いは胴体長で、主翼の前で3.05m、後ろで2.44mの計5.49mの延長が行われることになった。そのぶん客席数など収容力が約15%が増えて重量が増加することから、中

787-9のコクピット。基本的に787-8と同じだが、フラップ・セッティングの数が増えている　*Photo : Yoshitomo Aoki*

央翼ボックスの構造や降着装置が強化された。またエンジンも、GEnx-1Bとトレント1000のパワーアップ型が使用されている。

新たに建設された787-9/-10の製造拠点

この787-10の初号機の組み立ては、ワシントン州シアトルのエバレット工場ではなく、サウスカロライナ州チャールストンにある、チャールストン国際空港に隣接したボーイング・サウスカロライナ施設内に新たに建設された787専用の組み立て工場で行われ、2016年11月30日に主要コンポーネントが到着して最終組み立てが開始され、2017年2月17日にサウスカロライナ工場で初の完成ジェット旅客機としてロールアウトして、3月31日に初飛行した。

ボーイングの旅客機製造の拠点がワシントン州シアトルであることはよく知られている。1916年7月15日に前身となるパシフィック・エアロ・プロダクツ社がウィリアム・ボーイングによりシアトルに設立され、1917年4月26日に社名をボーイング・エアプレーン社に変更し、航空機メーカーとして歩みを進めた。以後本社はシアトル周辺に置き続けられたが、1997年8月4日にマクダネル・ダグラスと合併して以降、事業範囲と事業規模の拡大を続け、2001年9月に本社をイリノイ州シカゴに移転した。なお本社については、2022年5月5日にバージニア州アーリントンに移転することが発表された。

それでも今もシアトルの郊外には、2つの大きなボーイングの生産施設がある。1つはシアトルの中心部から南に約6kmのボーイング・フィールド飛行場の近郊にあるレントン工場で、もう1つはシアトルの北約40kmにあるペイン・フィールド飛行場に隣接したエバレット工場だ。レントン工場には単通路機の最終組み立てラインがあって、今は737 MAXの製造だけを行っている。これに対してエバレット工場はワイドボディ機の製造工場で、787の生産が始まったときには787のほかに、747、767、777の計4機種もの最終組み立てラインが置かれていた。今日では747は生産を終えていて、767も民間型は生産を終了して軍用の空中給油輸送機であるKC-46ペガサスを製造しているだけになっている。

このようにエバレット工場は777のみの製造となって、敷地スペースには余裕がありそうではあるが、ボーイングは2020年10月に787の製造ラインをサウスカロライナ州のチャールストンにも設置することを発表した。大きな理由の1つは、西海岸の労働賃金の上昇で、サウスカロライナ州などでは賃金を抑えられるとボーイングは考えたのであった。

当初は、エバレット工場の787組み

映画『スター・ウォーズ』の特別塗装が施された全日本空輸の787-9　*Photo : Yoshitomo Aoki*

立て施設は残してエバレット工場で787-8/-9を、サウスカロライナ工場では787-10を製造する計画とされたが、そのあとに787の生産をすべてチャールストン工場に集約している。集約の理由については、そのほうが効率的ということである。この787の製造施設のサウスカロライナ工場への統合化は、2021年2月に完了した。

787-9/-10のソフトウェアの工夫

787-10に戻ると、初飛行後の飛行試験により2018年2月15日にアメリカ連邦航空局から量産認定を取得してあわせて型式証明も交付され、3月25日にローンチ・カスタマーのシンガポール航空に納入されて4月8日に実用就航を開始している。

ボーイング787-9/-10は、胴体の延長と重量の増加により水平尾翼の効きの低下が心配されたことから、飛行制御ソフトウェアに手が加えられた。また、フラッター(震動)に対する耐性のマージンにも余裕をもたせることになって、そのソフトウェアも加えられた。これは、787の飛行制御則に当初から盛り込まれていた垂直ガスト軽減(VGA)機能をアレンジしたものである。VGAは、飛行中に乱気流などに遭遇して上下(垂直方向)の揺れが検知されると、機体がその揺れに従わないように自動的に舵を調節して、揺れを吸収するという機能である。これにより通常は発生する乱気流遭遇時の高度の上下移動が大幅に減らされて、乗客の乗り物酔いを防ぐことが可能になるとともに乗り心地の快適性が高まるというものだ。

ボーイングによれば、システムは数ミリ秒で反応するよう設計されていて、オートパイロットがエンゲージされていれば常にVGAが機能する。なお787-9/10でも同様の機能はあるが、さらに別の目的でも使用していることになる。

A350XWBに対する787-10の優位性

787-10は、3クラス編成で300席弱、2クラス編成で約330席程度を設けることができて、標準航続距離は6,430nmである。この客席数/航続距離能力は、A350XWB-900の325席で8,100nmに比べると航続力で劣るし、さらに長距離型のA350XWB-900ULRと比べると8,300nmに対して1,870nmも短いことになる。長距離旅客機というくくりでは、A350XWBが飛行距離で完全に上回っている。一方で787の視点に立てば、2クラスあるいは3クラス編成仕様で200～250席で効率的なA350XWBは存在しないから、市場を独占できる。もっともエアバスはその座席数のカテゴリーは需要が少ないとして力を入れていないのは当然のことでもある。

787-9/-10の受注状況とBBJの展開

787は2023年夏の時点で1,763機の受注を得ている。もっとも多いのは787-9の1,210機で約70%を占め、787-10は217機で10%強である。受注期間の長い最小型の787-8は426機で約25%であるから、787の成功の鍵は今後いかに787-9/-10の受注を増やしていくかにかかっているといえよう。

全日本空輸の787-10。同航空は787-8/-9/-10の全タイプをそろえている Photo : Yoshitomo Aoki

ユナイテッド航空の787-10。787でもっとも全長の長いタイプだ Photo : Wikimedia Commons

なおボーイングは787についても、ボーイング・ビジネス・ジェット（BBJ）の提案を行っている。機内仕様はほぼ完全にカスタムメイドとなるが、787-8ベースでは面積224.4㎡のキャビン床面に、787-9ベースでは257.8㎡の床面に25席を配置し、前者は9,945nmの、後者は9,485nmの航続力をもたせることができる。この787 BBJは、すでに12機が引き渡されている。

［データ：787-9、787-10］

	787-9	787-10
全幅	60.12m	←
全長	62.81m	68.28m
全高	16.92m	17.02m
主翼面積	370.0㎡	←
運航自重	129,000kg	135,500kg
最大離陸重量	254,700kg	254,000kg
エンジン×基数	Genx-1B/トレント1000×2	←
推力	315.9kN	338.2kN
燃料容量	126,372L	←
巡航速度	M=0.85	←
実用上昇限度	13,137m	12,527m
航続距離	7,635nm	6,430nm
客席数	290～420席	330～440席

U.S.A.
(アメリカ)

ボーイング 777-8/-9

777の大型・新世代版の777-9　Photo : Boeing

777-8/-9の開発経緯と機体計画

ボーイングは2001年3月に、新たに開発する旅客機を、大量輸送向けの超大型機ではなく、旅客の分散で増加する需要を吸収する中型機にすることを決定し、従来の同級機よりも効率を20%向上させることを目標とした。こうして誕生したのが787(P.114参照)だが、さらにボーイングは2020年代中期には777の引き渡し開始から20年を迎え、経済寿命を迎える機体がでてくることから、787向けに実用化された新技術を777にフィードバックして、近代化を行うことを計画した。この機体計画は777Xの名称で研究が進められて、2009年ごろには777の基本設計やシステムを受け継ぐとともに、機体フレームの使用素材を変更するという構想であった。

より具体的には、777-200/-300では10%程度だった炭素繊維複合材料の使用比率高めることで、787の約50%には達しないものの、これにより機体の大幅な軽量化を実現するという考えであった。

これについては、胴体と主翼をともに複合材料にする「ブラック&ブラック」と、どちらか一方だけを複合材料にする「ブラック&ホワイト」がありうるとした。「ブラック(黒)」とは炭素繊維のことで、「ホワイト(白)」は金属を指した。さらに後者では、アルミ合金の主翼と複合材料の胴体、あるいはその逆という組み合わせが可能とされていた。そしてボーイングは2013年のパリ航空ショーで、アルミ合金の胴体と複合材料製の主翼を組み合わせるブラック&ホワイトをベースに開発研究を進めていくことを明らかにした。胴体は、基本設計はまったく変えずに直径6.20mの真円断面は維持するが、客席数を増加するために延長を行うこと、また素材はアルミ合金ではあるが新世代のアルミ合金を使用することでより大きな開口部を設けても必要な強度が保てるため、客室窓を大型化することなども示した。

胴体を金属製にしたのは、これまでの777との生産の共通性が維持できるからで、製造工具類もほぼそのまま使えるので設備投資などに多額の経費を必要としない。さらに胴体を787同様に一体成型工作とすると、まず技術的難度が高まり、また超大型のオートクレーブが必要になったり、最終組み立て施設までの輸送方式の確立など、新たにしなければならないことが多々あり、効率的ではないのは確かであった。

一方で主翼と尾翼は炭素繊維複合材料製で、これらは基本的にワシントン州にあるボーイングのフレデ

777-8/-9では主翼端の折りたたみ機構が標準装備となった

Photo : Boeing

リクソン工場で製造されるので、エバレットの最終組み立て施設までの運搬は容易である。

777-8/-9の構造上の工夫

777-Xは機体の大型化にあわせて主翼幅も拡大することとなって全幅は71.75mとされ、全幅が70mを超える見込みとなった。これらにより777-8/-9における炭素繊維複合材料の使用比率は、30%程度になっていると見られている。

他方、70mを超える翼幅は、国際民間航空協会(ICAO)が定める翼幅規定による空港の「コードF(65m以上80m未満)」に属することになる。コードFの機種は、ほかにはボーイング747とエアバスA380がある程度で、これまでの777は「コードE(52m以上65m未満)」であった。777Xをこれまでの777と同じ空港ゲートから運航できるようにするには翼幅を切り詰める必要があったが、ボーイングは主翼端部を折りたたみ式にすることでそれを解決した。777Xの主翼端は777-200LR/-3000ERと同様のレイクド・ウイングチップ形状にすることにされており、その先端部だけを上方に曲げられるようにした。これで主翼端折りたたみ時全幅は64.85mとなって「コードE」に収まったのである。

ボーイングは777の開発開始当時にも、オプション装備品として主翼折りたたみ機構の装備を検討していた。777の全幅コードを767と同じ「コードE(36m以上52m未満)」に収めることで、767と同じ空港ゲートの使用を可能にすることを考えたのである。主翼を、主翼端から6.82mの位置で折りたたむと777-200/-300の全幅が60.93mから47.29mに減って、「コードE」に収まるというものであった。

主翼の折りたたみ自体は第二次世界大戦前から艦上機に導入されていたため、技術的には確立されていたものではあった。しかし空港よりはるかに狭い空母に乗せる艦上機に比べて777は、途方もなく巨大でまた重いため、両機種の折りたたみ機構を同一視することはできない。なにしろ翼端から折りたたみ部まで7m弱もあったのである。結局信頼性や確実性、安全性などへの不安は払拭されず、777-200/-300でこのオプションを採用する航空会社はなかった。しかし777Xでは、折りたたみ部が翼端にかぎられていて、またその幅も約3.15mと半分程度に短くなったこと、そしてゲートの問題がより重要であることから、折りたたみ機構は標準装備になっている。

エンジンは777-200LR/-300ERと同様に選択制にはなっておらず、ジェネラル・エレクトリックGE9Xのみの装備である。777X専用に開発されて2016年4月に初運転したこのエンジンは、ファン直径が3.40mもあるバイパス比9.9の大型の高バイパス比ターボファンで、ファンブレードは複合材料製で複雑な形状をした三次元ブレード16枚である。777-8/-9がエンジン選択制でなくなったことで、ボーイングの旅客機で航空会社がエンジンを選ぶことができるのは787だけになった。もっともこれはエアバスも同様で、エンジン選択制が残されているのはA320/A320neoファミリーだけである。

特に777-8/-9やA350XWB向けのような大型のエンジンでは開発費が嵩み、競争が激しくなると共倒れの可能性がでてくる。一方で機体メーカーにとっては、エンジンを特定すればそれにあわせた設計を行うことでエンジンの特性を最大限に引きだす設計ができるというメリットが生じる。こうしてエンジンの選択制は、消滅しつつある。

飛行操縦装置はもちろんフライ・バイ・ワイヤで、先の777のCスターUとは異なり、787のPベータと同様、3軸すべてに完全な飛行制御則をもつものになっている。操縦室も当然グラス・コクピットだが、表示装置は787スタイルになり、機長席と副操縦士席の双方にヘッド・アップ・デ

ボーイング・フィールドの濡れた滑走路での最大停止能力試験を行う777-9 *Photo : Boeing*

ィスプレーがつく。操縦操作装置は、従来型のU字型グリップによる操縦輪である。

777Xを最初に発注したのはルフトハンザで、2013年9月18日に777-9X（サブタイプについては後述）を34機発注して、これがローンチ・オーダーとなった。また2013年11月のドバイ航空ショーでは、777-8X計画も発表された。

777X各タイプの機体概要

777Xは前記のように、次の2タイプで作られることになった。

◇**777-9**：777Xの標準型で、777-300よりも全長を2.87m延長して、普通席の客席3列の増加を可能にし、一方で標準航続距離を777-300ERよりも250nm延伸して426席で7,285nmの航続力を有する。全長は76.73mになり、これは747-8の76.25mを凌いで、ボーイング最長のジェット旅客機となっている。

◇**777-8**：777-9の胴体短縮型で、全長が5.86m短くなって客席数は減るが、8,745nmという、777-200LRの8,555nmを超える超長距離飛行能力を有する計画のもの。最大離陸重量を352,000kgに引き上げれば、9,640nmまで延伸できるとされている。この777-8では、純貨物型の777-8Fも計画されている（P.248参照）。

◇**BBJ777X**：2018年11月10日にローンチされたボーイング・ビジネス・ジェット（BBJ）型で、機内をビジネス機仕様にすることで777-8をベースにした場合で11,645nmの、777-9ベースでも11,000nmの航続力が得られるという。

777Xの初号機（777-9）は、2019年3月13日にエバレット工場で、大規模なセレモニーとともにロールアウトすることになっていた。しかし直前の3月10日にエチオピア航空の737 MAX8が墜落して乗員・乗客157人全員が死亡するという事故が起きたため慶賀的な行事は控えることとなって、ごく一部の社員が参加するだけのロールアウト式となった。さらにこのあと世界は激しいコロナ禍に見舞われることとなって、それに737 MAXの連続事故が重なって、777Xの開発作業はそれらの影響をもろに受けることになってしまった。

777-8の初号機が初飛行したのは、2020年1月25日であった。この時点でボーイングは型式証明の取得時期を2021年から2022年へと遅らせたが、すぐに2023年末に変更した。さらに飛行試験中に、操縦操作をしていないのにピッチ姿勢が変わるという深刻な問題が発生したこと、エンジンに技術的な問題が見つかったことなどから、現時点では引き渡し開始の目標が2025年になっている。2023年8月時点での受注総機数は363機で、日本の航空会社としては全日本空輸が20機を発注している。

[データ：777-8、777-9]

	777-8	777-9
全幅	71.75m/64.85m（折りたたみ時）	←
全長	70.87m	76.73m
全高	19.48m	19.51m
主翼面積	516.7㎡	←
運航自重	180,000kg	←
最大離陸重量	351,500kg	←
エンジン×基数	GE9X-105B1A×2	←
推力	489.4kN	←
燃料容量	197,360L	←
巡航速度	486kt	←
最大運用高度	13,000m	←
航続距離	8,745nm	7,285nm
客席数	365～395席	349～426席

U.S.A.
(アメリカ)

ボーイング 777-200/-300

ベトナム航空の777-200ER。エンジンはGE90-94B　Photo : Yoshitomo Aoki

777-200/-300の開発経緯とファミリー化構想

ボーイングは1986年暮れに、767-300と747-400の座席数のギャップを埋める旅客機について市場調査を行い、需要が見込めることから767の発展型と位置づけて、767-Xの名称で研究作業を進めた。この時点では767との共通性をできるだけ確保し、開発のコストや時間、リスクを抑えて、また製造面でもラインの共通化などを図ろうと考えていた。コクピットについても767のものを踏襲して、操縦資格限定の共通化などを計画の基本としていた。

しかし航空会社はこうした提案には関心を示さず、さまざまな要望をだした。その結果胴体は大幅に太いものになり、主翼も完全に新設計のものを使用することになっていった。コクピットについても、767よりもあとから開発された747-400の、より進んだスタイルにすることを求められたため、747-400の設計を踏襲しつつ、多くの新技術を盛り込むことになったのである。1989年12月には取締役会が767-Xの航空会社への提案を認めたが、この時点で新型機が767の名残りを残していたのは、機体名称だけであった。この名称が使われ続けた背景には、767との共通性をアピールし続けるということがあったが、"実際には767に続く双発機"といった程度の意味合いしかもたなくなっていた。

1990年10月15日にユナイテッド航空がこの767-Xに対して発注を行い、これを受けて10月29日にボーイングはプログラムのローンチを決定、名称も新たに「777」となった。あわせてボーイングでは777のファミリー化構想を示し、基本型の777-200 Aマーケット型、その重量増加型である777-200 Bマーケット型、その増加した重量を収容力の増加にあてる胴体延長型の開発が可能であるとし、さらに両タイプでより航続距離を延伸できるようにするとした。各タイプについてはあとで記すが、結果としてこれら全タイプが作られることとなった。なおローンチを決定した時点で量産着手が決められたのは、Aマーケット型とBマーケット型の2タイプだけであった。

ボーイングではワイドボディ機が就航する路線距離に応じて、A、B、Cの3つにマーケットを分けて考えていた。AマーケットとBマーケットの境目は5,000nmが目安とされ、

5,000nm未満であればAマーケット、5,000nm以上であればBマーケットとしていた。またCマーケットは、8,000nm以上の長距離路線である。

こうした航続距離性能を満たすため、777 Aマーケット型の最大離陸重量は標準で22,950kgとされ、その航続距離は3,970nmであった。また最初から2種類の重重量・航続距離延伸のオプションも示されていて、それらは233,600 kgで4,240nm、242,680kgで4,820nmとされていた。

Bマーケット型は、胴体や主翼などは基本的にAマーケット型と同じとして、標準最大離陸重量を263,090kgにして航続距離を5,960nmとするものが基本とされた。

777の機体概要および構造上の工夫

777の胴体は真円断面の設計で、直径は6.20mもあって、エアバスのワイドボディ真円断面の5.64mよりもかなり太い。これにより客室の最大幅の位置が床面から1.12m高い位置にすることができ、窓側席の側壁との窮屈さをなくすようにしている。エコノミー・クラスの標準配置は横9席だが、日本の航空会社では、3席+4席+3席と、747と同じ横10席配置にしたものも運航しており、この点からも777の胴体がいかに太いかがわかる。

新設計の主翼は、25%翼弦での後退角を31.6度とやや浅めにし、また翼厚の厚い翼型を用いて内部容積を大きくした。その一方で、マッハ0.83～0.84の高速巡航飛行を可能にしている。主翼幅は60.93mもあって、747-100/-200の59.64mよりも大きい。これも高速巡航飛行を可能にしているポイントの1つで、また幅の広い主翼を用いたことで翼端のウイングレットなどを不要にした。

その一方で、幅の広い主翼がタキシングやスポットでの駐機に際して、ほかの航空機などに触れてしまう可能性があった。そこでボーイングはオプションで主翼に折りたたみ機構をつけることにした。主翼を折りたたむと全幅は47.29mとなって、767よりも狭いものになる。ただ実際には、777が乗り入れる空港では間隔の心配はほとんどなく、それに対して主翼を展張したときのロックの確認などの安全面への不安と、重量が増加するという点から採用する航空会社はなく、のちにこのオプションは放棄された。

ちなみに787の完成コンポーネントを空輸するために開発された747-400LCF(P.233参照)は、後部胴体がスウィング・テイル式の貨物扉になっていて、自動ラッチ/ロック機構により扉が閉じた位置で自動的にラッチがかかり、さらに完全にロックされる。このシステムは、777で計画されていた主翼折りたたみ機構用の技術をそのまま活用したものである。

777の飛行操縦システムには、ボーイング製旅客機として初めて、デジタル・コンピューター制御のフライ・バイ・ワイヤが導入された。これについては、同じシステムを使用している次項の機種で少しくわしく記す。

操縦室の基本設計は747-400を踏襲し、6基の正方形の大画面カラー表示装置を使い、機長席と副操縦士席の前に各2基を横並びで、中央に残る2基を縦並びで配置している。大きな違いは、747-400ではCRTが使用されていたのに対し液晶表示装置(LCD)を用いた点で、ボーイングで初めてLCDを使用した旅客機となっている。またスタンバイの飛行計器にも、小型のカラーLCDが使われている。

画面の表示機能には、電子式チェックリスト(ECL)をはじめとして、いくつかの機能が追加された。また各画面の操作にはパソコン感覚での操作概念が採り入れられていて、タッチ・パッドとクリックボタンがついた、カーソル操作装置(CCD)が装備されている。

操縦装置は、従来の大型機と同様の操縦輪を使用している。フライ・バイ・ワイヤならば、エアバスのサイド・スティック式操縦桿のように、新しい操作装置をつけることもできた。しかしボーイングでは、以前から慣れ親しんできた操作装置のほうがよく、またほかの機種と同様の通常の操縦力による操作ができる、などの理由からこの方式にした。また両座席の操縦輪は，これもほかの機種と同様に連動して動くので、もう1人のパイロットがどのような操作を行っているのか、操縦輪を見るだけでわかるという利点もあるとボーイングではしている。

エンジンはジェネラル・エレクトリック、プラット＆ホイットニー、ロールスロイスの3社からの選択式で、プラット＆ホイットニーはPW4000の発展型、ジェネラル・エレクトリックとロールスロイスはGE90とトレント800という、それぞれ新規開発のエンジンを提供している。いずれもファン直径の大きな新型の高バイパス比ターボファンで、PW4000は112インチ(2.84m)、GE90は123インチ(3.12m)、トレント800が110インチ(2.79m)というファン直径を有している。

777の初号機(777-200 Aマーケット型)は、1994年4月9日にロールアウトして、6月12日に初飛行した。約10カ月という短期間の飛行試験で、1995年4月19日にアメリカ連邦航空局の型式証明を取得(PW4000装備型)、6月7日にユナイテッド航空により就航を開始した。この就航の時点であわせて、180分の双発機の拡張運航(ETOPS)認定も取得した。

Bマーケット型の初号機は1996年10月17日に初飛行し、1997年1月17日に型式証明を取得して、2月9日にブリティッシュ・エアウェイズで初

ボーイング777の長胴型777-300。全日本空輸は777-300のローンチカスタマー・グループの1社である　Photo : Yoshitomo Aoki

就航した。このBマーケット型は開発期間中に、ほかのボーイング製旅客機と同様に、名称が777-200ERに変更された。

777-200ERの初飛行より前の1995年6月14日には、胴体延長型として計画されていた777-300Xが正式にローンチされ、名称から「X」が取れて777-300となった。777-300は、胴体が主翼の前後で10.13m延長されており、非常口も数も左右に各1カ所増設されて計10カ所になっている。

標準客席数は3クラス編成で368席、2クラス編成で479席とされ、また最大客席数は非常口の数により制限されて550席となっている。こうした座席数は、初代の747(747-100/-200)にほぼ匹敵するものであり、また6,015nmという最大航続距離はそれらを凌ぎ、777-300は完全に初代747を代替できる旅客機となった。しかもエンジンが2基であるので、運航経費や整備経費などを低下させている。

777-300の最大離陸重量は、当初の標準型は263,320kgで、設計構造上は660,000ポンド(299,376kg)まで増加することが可能とされていた。そしてのちには、この660,000ポンド型が標準仕様となっている。

胴体の延長にともない、2つの新しい装置も導入された。1つは後部胴体下面につけられた引き込み式のテイル・スキッドで、ほかの機種と同様に離着陸時の引き起こしに際して、尾部が滑走路に接触してしまった際に胴体構造を守るためのものである。もう1つが地上走行カメラ・システム(GMCS)で、胴体とホイールベースが長くなった777-300のタキシング中の前脚と主脚の状態を、左右水平安定板前縁と胴体下面に取りつけた3基のカメラにより、操縦室の表示装置に映しだすというもの。タキシング時に、車輪が誘導路から外れないようにするためなどのものだ。

エンジンは777-200/-200ERと同様に、3社からの選択式が維持されている。777-300の初号機はトレント892装備型で、1997年9月8日にロールアウトして10月16日に初飛行した。型式証明の取得は1998年5月4日で、その月の21日にキャセイパシフィック航空に初引き渡しされた。

[データ:777-200、777-300]

	777-200	777-300
全幅	60.93m	←
全長	63.73m	73.86m
全高	18.52m	18.49m
主翼面積	427.8㎡	←
運航自重	135,850kg	160,530kg
最大離陸重量	247,200kg	299,370kg
エンジン×基数	PW4000/GE90トレント800×2	←
推力	320.3kN	436.0kN
燃料容量	117,340L	171,171L
巡航速度	M=0.84	←
実用上昇限度	13,137m	←
航続距離	7,056nm(ER)	6,030nm
客席数	303～440席	368～550席

U.S.A.
(アメリカ)

ボーイング 777-200LR/-300ER

日本航空の777-300ER。747-400に代わって長距離国際線の主力や機材となっている　Photo : Yoshitomo Aoki

777-200LR/-300ERの開発経緯と機体概要

ボーイングは2000年2月29日に、777-200と777-300の両タイプで、さらに航続距離を延伸するタイプの開発を正式に決定した。これらは777-200LRと777-300ERと名づけられ、基本機体フレームはともに777-200、777-300と同じであるが、重量の増加にともなう主翼や胴体、降着装置の強化などが行われている。また主翼端には、767-400ER用に開発された傾斜翼端(レイクド・ウイングチップ)形状を導入して、飛行中の主翼端から発生する抵抗を減らし、また発生揚力を増加させている。

飛行操縦装置は同じデジタル式フライ・バイ・ワイヤで、操縦システムでは2種類のコンピューターが使われていて、1つはデジタル式の一次飛行コンピューター(PFC)で、3基を備えている。もう1つがアナログ式のアクチュエーター制御電子機器(ACE)で、こちらは4基である。操縦システムにはC☆U(シー・スター・ユー)と名づけられた飛行制御則が組み込まれている。だが完全な制御則になっているのはピッチ軸だけで、ここでは飛行速度を制限値から逸脱しそうになると、それに対応して自動的にピッチ姿勢を調整して飛行速度を維持するようにされている。ヨーとロール軸については、必要な各種の自動補正機能を設けて対応している。

777-200LR/-300ERの航続距離の延伸には燃料搭載量の増加が必要で、どちらのタイプも主翼中央ボックス内に新たな燃料搭載部を設けて、77-200ERおよび777-300の171,171Lを181,278Lに増加した。また777-200LRではさらに、床下貨物室内に容量7,097Lの増槽を最大で3個搭載でき、増槽最大搭載時の総燃料搭載量は202,570Lにもなる。これにより777-200LRの航続距離は9,380nmにもなって、現時点で最長の航続距離をもつ旅客機となっている。777-300ERの最大航続距離は、7,930nmである。最大離陸重量は777-200LRが351,994kg、777-300ERが351,540kgである。

機体の開発は、まず777-300ERで着手され、それから1年遅れるかたちで777-200LRの作業を進めることとされた。しかし2001年9月11日にアメリカで同時テロが勃発すると、航空会社の新規発注が抑えられると考えられて、新型機の開発経費を抑制することを理由に、10月に777-200LRの開発作業が中断されることになった。しかしその後テロの影響を脱して航空旅客需要が戻ってくると、

フランス領レウニオンのロラン・ガロス空港を本拠とするエール・オーストラルの777-200LR　*Photo : Wikimedia Commons*

777-300の航続距離延長型であるエミレーツ航空の777-300ER　*Photo : Yoshitomo Aoki*

2003年3月12日に777-200LRの開発作業再開が発表されている。

777-200LRと777-300ERの違い

777-200LRと777-300ERは共通性が高いが、777-300ERだけの独特の装備品としては、セミレバー式主脚(SLG)がある。これは3輪ボギー式の777の主脚のうち、最前車輪軸と脚柱の間に油圧ストラットをつけるなどして、ほかの車輪との引き上げ角を変える機構であり、これにより主脚柱を長くすることが可能になって、離陸時の迎え角をより大きくすることが可能になった。

通常型の777-300では後部胴体下面にテイル・スキッドがつけられていて、777-300ERでも同様の装置を備えているが、尾部設置防護(TSP)システムと呼ぶものにアップグレードされている。このTSPは、その作動が一次飛行コンピューターにソフトウェア・ロジックとして組み込まれているもので、尾部が地上に接近すると設置を回避するように操縦システムを自動的に制御するもの。これは、電子式テイル・スキッドとも呼ばれる自動装置である。なおこのTSPは、胴体の短い777-200LRにも備えられている。

エンジンは、基本型の777では選択方式が採られていたが、777-200LRと777-300ERでは全体的な発注機数にかぎりがあり、選択方式にするとエンジン・メーカーが共倒れする危険性があるという理由から、ジェネラル・エレクトリックGE90のみの装備になった。777-200LRではGE90-110B1(489kN)が、777-300ERではGE90-115B(512kN)が使われている。

777-300ERは2002年11月14日に初号機がロールアウトし、2003年2月2月24日に初飛行した。型式証明の

ペイン・フィールドをタキシングするエールフランスの777-300ER

Photo : Yoshitomo Aoki

インドのジェット・エアウェイズの777-300ER

Photo : Yoshitomo Aoki

取得は2004年3月16日で、4月29日にエールフランスに初引き渡しされている。777-200LRは、前記のように開発が一時中断されて完成が遅れたが、2005年2月15日に初号機がロールアウトして、3月8日に初飛行、2006年2月2日に型式証明を取得して、同月27日にパキスタン航空に引き渡された。

2機種の777長距離型のうち、777-300ERは初期の747と同等の客席数を備えつつ747-400を上回る標準航続距離性能を有したことで、多くの長距離国際線を運航する航空会社から歓迎をもって迎えられた。8,000nmnを超える航続力をもつ777-200LRも、新たな超長距離路線の開設に大きく貢献したが、需要自体は多くなかった。このため受注総数は、777-300ERが831機、777-200LRが61機と大きく差がついている。

[データ:777-200LR、777-300ER]

	777-200LR	777-300ER
全幅	64.80m	←
全長	63.73m	73.86m
全高	18.52m	18.49m
主翼面積	436.8㎡	←
運航自重	145,190kg	167,829kg
最大離陸重量	347,452kg	351,533kg
エンジン×基数	PW4000/GE90-110B/-115B×2	GE90-115B×2
推力	513.1kN	489.5～513.1kN
燃料容量	181,283L	171,171L
巡航速度	M=0.84	←
実用上昇限度	13,137m	←
航続距離	8,555nm	7,370nm
客席数	301～440席	365～550席

U.S.A.
(アメリカ)

ボーイング 737クラシック

Photo : Wikimedia Commons

ナイジェリアのEAS航空が運航していた737-200

737クラシックの開発経緯と機体概要

幾世代にもわたって発展を繰り返し、今も最新型の737 MAX(P.156参照)が作られているボーイング737シリーズの最初の生産型であり、プラット&ホイットニーJT8Dターボファン・エンジンを装備しているのが737クラシックだ。737-100と737-200の2タイプが作られた。

1960年代前半に727よりも小型の旅客機を検討していたボーイングは、60席程度の旅客機を考えていた。ただ航空旅客需要は増加傾向にあり、航空会社は将来的にそれに対応できる収容力をもつ、より大型の機種を求めていることなどから、ボーイングも客席数を増やすこととした。そして開発の時間と経費を節約できることから、胴体には707/727と同じ断面のものを使って、横6席(3席+3席)配置の旅客機とすることにしたのである。

エンジンの装着はDC-9などと同じリアマウント形式が検討されたが、エンジン・ナセルに比べて主翼が小さくなるため、パイロンを欠いてエンジンを主翼から離さなければ抵抗は小さくてすみ、さらにはリアマウント方式よりも構造が簡単になって自重が680kg程度軽くなるとして、エンジンを主翼に直接取りつける方式を選択したのである。その結果、エンジンはきわめて低い位置にくることになり、エンジンの整備や交換作業も楽になった。

こうして機体構成が決まった737に対して、ルフトハンザ航空が21機を発注したことで、1965年2月19日に開発のゴー・アヘッドが決定した。これが737-100で1967年4月17日に初飛行したが、この時点ですでに客席数の増加が求められていたので、すぐに胴体を1.88m延長するタイプもあわせて開発することにした。これが737-200で、最大客席数は、737-100の103席から737-200では130席になった。

初飛行は1967年8月31日で、1967年12月15日に737-100が、同月21日には737-200が型式証明を取得して、12月27日にルフトハンザに737-100が、同月29日にユナイテッド航空に737-200が初納入されている。

さらにボーイングは短い滑走路しかないローカル空港や、高温・高地空港での運航を可能にするため、高揚力装置を改良するアドバンスド737-200(737-200Adv.)を開発し、1971年4月15日に初飛行させた。これが初代737の中核タイプとなった。ちなみに737-100は、ルフトハンザ航空に22機が引き渡されただけで、全生産機1,125機の大半は収容力を増加した737-200であった。

[データ:737-200Adv.]

全幅	28.35m
全長	30.53m
全高	11.23m
主翼面積	102.0㎡
空虚重量	27,120kg
最大離陸重量	52,390kg
エンジン×基数	プラット&ホイットニー JT8D-17×2
最大推力	71.2kN
巡航速度	504kt
実用上昇限度	11,278m
航続距離	2,645nm
客席数	97～136席

U.S.A.
(アメリカ)

ボーイング 747クラシック

747の初期量産型の1つである747-200B　Photo : Wikimedia Commons

747クラシックの開発経緯と機体概要

1969年から2023年まで製造が続けられた世界最初の超大型旅客機ボーイング747のうち、機体システム管理をコンピューター化し、グラス・コクピットの導入により操縦室乗員を2人にした、いわゆる「ハイテク・ジャンボ」と呼ばれる747-400(P.134参照)以前の747各型の総称が、「クラシック747」である。

1960年代後半にアメリカ空軍が計画した総重量249t、最大ペイロード81.6t、ペイロード45tで航続距離5,500nm(太平洋横断)、同90tならば2,700nm(ハワイ経由での太平洋横断)、幅5.24m×高さ4.11m×長さ30.5mの貨物室コンパートメントをもつ、超大型の長距離輸送機を要求したCX-HLS(次期輸送機重兵站システム)計画の選に漏れたボーイングが、その基本機体構成を活用して民間旅客機化したもので、同じく採用されなかったプラット&ホイットニーがエンジンを供給することになった。収容旅客数を増やすため、当初は総2階建て構造が考えられていたが、緊急脱出に時間がかかること、貨物機とする場合に主デッキスペースが狭くなり使いにくくなるなどの理由から、上部デッキには操縦室とわずかな旅客用スペースを配置することとした。操縦室を上部デッキにしたのは、これにより主デッキ全体を収容スペースに使用できるようになり、特に貨物型を開発する際に有利だと考えたからである。またきわめて太い胴体は、機首部はすぼませているものの、全体を通じて客室に通路2本を設けられるようにし、上部デッキの操縦室後方は客室やラウンジなどに使えるスペースとした(のちにほとんどの航空会社が収益を増加できることから客席にしている)。

低翼配置の主翼は、25%翼弦で37.5度という旅客機としてはきつい後退角を有し、これによりマッハ0.85という高速の巡航飛行能力を得ている。そして後縁に三重隙間フラップ、前縁にクルーガー・フラップという強力な高揚力装置を備えて、大型の重量機であっても、在来の長距離機と同じ長さの滑走路を使用できるようにした。

この超大型旅客機に関心を示したのは、当時のアメリカを代表したパンアメリカン航空で、当時パンアメリカン航空は、使用機をすべてボーイング製で統一しており、また世界各地への路線も有していたためボーイングへの影響力は強く、パンアメリカン航空の要求を満たす機体仕様

クラシック747のアナログ式コクピット　　Photo : Yoshitomo Aoki

にすることで1966年4月に25機の発注を行って、機体開発がスタートした。航空産業面でいえば、これが大型ワイドボディ旅客機のスタートとなったのである。

この新型旅客機は、737の次の開発機であることから単純に747と名づけられて、試作機は作られず、飛行試験機から量産型の747-100仕様で製造が行われた。その初号機は1969年2月9日に初飛行し、1969年12月13日にパンアメリカン航空に引き渡されて、1970年1月21日に、ニューヨーク～ロンドン線で初就航した。

747クラシック各タイプの機体概要

このクラシック747にはいくつもの派生型があるが、主要なものは下記のとおり。

◇**747-100**：最初の生産型で上部デッキに6個(片側3個)の窓があった。エンジンはプラット＆ホイットニーJT9D-3Aのみ。すぐに最大離陸重量の引き上げが行われて747-100Aが作られることになったが、747-100で総称されている。

◇**747SR**：747-100の機体フレームを活用した短距離型で、日本専用型。降着装置や一部の構造が離着陸回数を増加できるよう改修され、機内燃料搭載量は大幅に減らされた。全日本空輸はエンジンをCF6-45にした。「SR」はShort-Rangeの頭文字。2機は日本航空での使用ののちにアメリカ航空宇宙局(NASA)に売却されて、スペースシャトル・オービターの空輸機に改造された。

◇**747-100B**：747-100の搭載燃料増加・航続距離延伸型。

◇**747SP**：胴体を14.73m短縮した超長距離型。胴体の短縮で3クラス制の標準客席数は276席に減ったが、6,650nmという、実用化された1976年当時では異例の航続力を有した。「SP」はSpecial Performanceの頭文字。

◇**747-200**：最大離陸重量を引き上げた航続距離延伸型で、旅客型の747-200B、貨物型の747-200F、貨客転換型の747-200C、コンビ型の747-200Mが作られた。のちにエンジン選択制が取り入れられてJT9D、CF6、RB-211の使用が可能となった。

◇**747-300**：上部デッキのみを7.11m増加した収容力増加型で、上部デッキのみで70席程度という、ターボプロップ旅客機1機分強の客席を設けることができた。エンジン選択制は747-200を受け継いでいる。日本航空は747SRと同様の国内線専用型を導入し、最大客席数は584席であった。

[データ：747-200B]

全幅	59.64m
全長	73.46m
全高	19.33m
主翼面積	511.0㎡
運航自重	170,630～176,000kg
最大離陸重量	377,800kg
エンジン×基数	JT9D/CF6/RB211×4
推力	206.0～253.2kN
燃料容量	196,970～198,390L
巡航速度	M=0.85
実用上昇限度	13,747m
航続距離	6,560nm
客席数	336～440席

U.S.A.
(アメリカ)

ボーイング 747-400

747-400の航続距離延伸型であるカンタス航空の747-400ER

Photo : Wikimedia Commons

747-400の開発経緯と機体概要

1984年初めにボーイングは、それまでで最大型ジェット旅客機であった747-300をさらに新型化する検討を開始した。この新型化の主眼は大きく2つで、1つは767で実現した操縦室の2人乗務化を747に導入することで、もう1つはさらに航続距離を延伸して、多くの大都市間を直行できる7,100nm級の航続距離性能をもたせることであった。

操縦室の2人乗務化は、機体システムの管理などにコンピューターを導入して大幅な自動化を図り、航空機関士の乗り組みを不要にするというもので、システムを完全に再設計するとともに、ボーイングが掲げていた安全性向上のためのコクピット設計哲学を反映するものであった。

このコンセプトを採り入れた操縦室は、主計器盤に6基の大型のカラー化した画面表示装置を配置し、機長と副操縦士席の前にそれぞれ2基を横並びで配置し、中央には縦に2基を配置するものとなった。各画面には表示の互換性がとられているのでどのような内容でも表示が可能だが、通常はパイロット前の2基には一次飛行表示(PFD)と航法表示(ND)が示されて、中央の2基はエンジン表示および乗員警報システム(EICAS)の表示装置として使用されている。

航続距離の延伸では、基本的な機体形状は上部デッキを延長した747-300を受け継ぐものの、機体各部に細かな設計変更を加えて、飛行中の抵抗の減少を図っている。外形上の大きな特徴となっているのが主翼端のウイングレットで、外側に22度傾けた高さ1.83mの小フェンスを取りつけた。ウイングレットを装着するために主翼端も片側1.83m延長されており、これによる翼端失速が発生するのを防ぐため、外翼部に可変キャンバー・フラップがさらに1枚追加されている。

主翼と胴体の結合部を覆う翼胴フェアリングは、胴体下角を角張らせた形になり、後方に行くにしたがって張りだしが広がる輪郭のものになった。

エンジンは、これまでの747と同様にプラット&ホイットニー、ジェネラル・エレクトリック、ロールスロイスの3社のものから選択が可能であるが、各社ともに当時の最新型エンジンを提供することにした。これによりエンジンだけで、747-300と比

デジタル技術の導入で2人乗務となった747-400のコクピット
Photo : Yoshitomo Aoki

Photo : Yoshitomo Aoki
747-400のEICASディスプレー

較しても4～6%の燃費の低減になり、これに前記した空力の変更を加えるとさらに6%、合計で10～12%の消費燃料の削減を実現。その結果、747-400は、目標とした標準航続距離7,100nmという長距離飛行能力を備えることができている。

747-400は、1985年10月22日にノースウエスト航空から発注したことでプログラムがローンチされ、初号機は1988年1月26日にロールアウトして、同年4月29日に初飛行した。就航開始は1989年2月で、ノースウエスト航空によるものであった。これらのタイプはPW4000エンジン装備型で、CF6装備型は1989年5月に、RB211装備型は同年6月にそれぞれ型式証明を取得している。

747-400の その他3タイプの概要

ボーイングでは747-400の開発開始にあたって、通常旅客型のほかに純貨物型の747-400F、貨客混載のコンビ型747-400M、短距離の国内線向け型747-400Dの3タイプの開発もあわせて計画していた。最終的にこれらのタイプは、すべて開発・製造が行われている。

最初に受注したのはコンビ型の747-400Mで、1986年4月9日にKLMオランダ航空が発注を行った。747-400Mは後部胴体右舷に幅3.40m、最大高3.12mの開口部をもつ大型の貨物扉を備え、主デッキ後部に貨物を搭載できるようにしたもの。貨物扉開口部の関係から、積み込めるコンテナは20フィート(6.10m)のものが最大となるが、88×125インチ(2.34×3.18m)または96×125インチ(2.44×3.18m)のパレットならば貨物搭載スペースに6枚を搭載できる。また最後部に斜めに積む位置も用意されていて、ここを使用すれば最大で7枚のパレットが収容可能だ。この主デッキ貨物室の最大積載容積は148.7m³もあって、これは707-320C貨物型の主デッキ貨物室全体の161.1m³にほぼ匹敵するものである。

この貨物スペースを配置しても、747-400Mはその前方に標準で268席の客席を設けることができる。標準航続距離は、搭載重量が増加するため旅客型よりは短くなっているが、それでもパレット6枚搭載状態であれば6,800nm(7枚搭載の場合は6,590nmで、いずれもPW4056装備型)となっている。747-400Mの初号機は、1989年9月1日にKLMオランダ航空に引き渡された。

747-400Dの概要と 日本での受注状況

続いて受注したのが国内線向け短距離型の747-400Dで、1988年6月30日に日本航空が最初の発注を行っている。ボーイングでは日本以外にも747-400Dの販売を試みはしたが、結局は747-100/-300SRと同様にこのタイプを購入したのはほかに全日本空輸だけで、日本の2社のみとなっている。初引き渡しは、1991年10月10日に日本航空に対して行われた。

747-400Dの最大の特徴は主翼端のウイングレットがないことで、ウイングレットとその装着に関連して延長された主翼部分を取り外して、そこに747-200/-300と同じ翼端キャップをつけた。ボーイングは、747-400Dの変更点を必要最小限に抑え、必要に応じて747-400Dを通常型の747-400(あるいはその逆)に転換できるようにもし、全日本空輸は実際に、1996年12月から1997年2月にかけて2機の747-400Dを国際線仕様に社内作業で改修した。そしてこの2機は2001年末から2002年にかけて、再度の改修により747-400Dに戻されている。

747-400の総重量増加型 747-400ER/ERFの概要

ボーイングは1997年12月に、747-400の総重量増加(IGW)型について、航空会社への説明を開始した。このタイプでは最大離陸重量を910,000ポンド(412,776kg)に増加することで、後部床下貨物室内最後部に容量12,035Lの燃料タンクの搭載を可能にするというもの。このタンクは最大で2個を搭載でき、1個にすることも可能。2個を搭載すれば最大航続距離は7,670nmになる。また1個搭載の場合は、航続距離は7,500nmになるが、ペイロードを6,800kg増加することが可能となる。

このタイプに対してカンタス航空が2000年12月19日に発注を行ったことで、747-400ERとして開発がローンチされた。747-400ERでは、重量の増加にともない、主翼、胴体、降着装置などの構造が強化され、また車輪には新しいラジアル・タイヤが装備されることとなった。操縦室の設計は、基本的に747-400のものを踏襲しているが、画面表示装置はカラーCRTからカラー液晶に変更され、これはその後の747-400各タイプでも標準装備になった。また客室の設計では、777スタイルの全体に丸味をもたせて角のない、「ボーイング・シグネチャー・インテリア」が導入され、オーバーヘッド・ビンも大型化されている。

747-400ERは、旅客型の初号機が2002年10月31日にカンタス航空に引き渡されており、貨物型747-400Fはそれよりも前の同年10月17日にILFCに引き渡された。747-400ER/ERFは、その後747-8の開発がスタートしたこともあって、受注機数はあまり多くなく、旅客型6機と貨物型40機のみにとどまった。すでに747-400の各型は受注を受けつけておらず、2009年8月に747-400ERFの最終機が引き渡されると生産を終えている。

[データ:747-400]

全幅	64.44m
全長	70.66m
全高	19.41m
主翼面積	524.9m²
運航自重	183,523kg
最大離陸重量	396,893kg
エンジン×基数	PW4000/CF6/RB211 ×4
推力	251.4〜287.9kN
燃料容量	216,850L
巡航速度	M=0.85
実用上昇限度	137,465m
航続距離	7,285nm
客席数	416〜660

U.S.A.
(アメリカ)

ボーイング 747-8

747の最終型となった747-8の旅客型747-8I

Photo : Yoshitomo Aoki

747-8の開発経緯と機体概要

ボーイングは、1993年に行ったエアバスとの合同調査の結果、将来の旅客機市場で2機種の新規開発超大型旅客機は並び立てないとの結論がでたことから、エアバスが新型機を開発するとみて、新設計の超大型機の計画を放棄した。ただ一方で、既存の747を発展させる研究は続けていて、たとえば1995年には747-500X/-600Xと呼ぶ案を発表、その後も航空会社からの意見を採り入れるなどして細かな変更を加え、何度か機体案の変更を行った。そして2003年7月には747アドバンスド計画を発表し、これがその後747-8へとつながったのである。

当時の説明では、747アドバンスドは客席数を15%程度増加する計画であるから、当然747-400の胴体をストレッチし、主翼の前方で80インチ(2.03m)、後方で60インチ(1.52m)の計140インチ(3.56m。換算誤差0.01m)のプラグ挿入を行うとしており、前方の延長分は1階席と2階席をともに延長するとしていた。この胴体延長や主翼の変更によって、システムにも若干の改修が必要となる。また後方での安定性を確保するために、水平安定板が大型化されて、あわせて水平安定板内の燃料タンクも大型化される。

また747アドバンスドでは、747-400と同様に純貨物型もあわせて開発する計画とされた。この貨物型もまた747-400Fよりも大型化されるが、ユニークなのは胴体の延長幅が異なっていた点である。貨物型では主翼の前後の延長幅を18.3フィート(5.58m)と、旅客型よりも延長幅を大きくしていた。これについてボーイングは、旅客型と貨物型では容積需要が異なるため、それぞれに適した寸法にした結果、と説明していた。

747アドバンスドの機体名称は、旅客型の標準航続距離が8,000nmであることから747-8となり、旅客型は大陸間(インターコンチネンタル)を意味する747-8I、貨物型は従来どおりの747-8Fに決まった。

747-8の最終設計では、747-8Iも747-8Fも延長幅は同じとし、貨物型で計画していた5.58mに変更・統一

2011年3月20日に初飛行した747-8I　Photo : Yoshitomo Aoki

された。2種類の延長幅にすると開発と製造が複雑なものになり、より長い貨物型の延長幅にすれば貨物機としては最適になり、旅客型でも客席数を多くできる、という判断である。こうして747-8Iは、3クラス編成で467席になった。

エンジンは、これまでの747で行われていた選択制が廃止されて、ジェネラル・エレクトリックGEnx-2B67の装備のみとなった。プラット&ホイットニーがこのクラスの高バイパス比エンジンを開発しておらず、ロールスロイスとの一騎打ちになりロールスロイスにも機会を与えてしまうこと、エンジン・アライアンスのGP7200を使うと、独占禁止法に触れる可能性が指摘されたことなどがそうなった理由だが、エンジンが選択制になっていても、航空会社にメリットがあるのは選択の時点までで、一度決定してしまうと現実的には途中で交換はできず、限定されていたのとたいして変わらないことになる。このためエアバスも、A350XWBやA330neoではエンジンの選択制を廃止している。

設計面でのもう1つの大きな変更点は主翼で、翼端は777の長距離型や787に用いられた傾斜翼端(レイクド・ウイングチップ)をもとにしたものになり、翼断面形も変更されて、中央部をわずかに翼厚にすることでより高い巡航効率を得て速度性能の低下を招かず、他方内容積が増えたので燃料搭載量が増加できている。主翼後退角はこれまでの747と変わらず25%翼弦で37度30分で、最大巡航速度マッハ0.855も維持できている。主翼を中心にした空力的な改善により747-8の旅客型747-8Iは、前記のとおり標準航続距離が8,000nmになった。ダッシュ・ナンバーの「8」が、この8,000nmを意味するものである。

なお、レイクド・ウイングチップの装備により全幅が68.45mに広がったが、国際民間航空協会(ICAO)の翼幅のコードFカテゴリーに収まっているので、これまでの747と同じ空港ゲートを使用することができる。機体の素材については、747-400からの変更を極力少なくするために、炭素繊維複合材料(CFRP)などの新素材の使用は押さえられた。複合材料は、エンジン・カウリングやレイクド・ウイングチップ、主翼動翼などごくかぎられた部位にだけ適用されており、機体構造部位におけるCFRPの使用比率は10%程度にとどまっている。

主翼後縁のフラップは、内側、外側ともに三重隙間式から二重隙間式に改められて、簡素化された。複雑で隙間の多いフラップは、着陸時に大きな風切り音をだして、機体全体からの発生騒音を大きくし、また整備にも手間がかかる。こうしたことから新世代の旅客機はいずれもフラップ形態の単化が行われていて、747-8もそれにならったということだ。なお後縁最外側にある補助翼も、フラップを補佐して作動するようにされていて、フラップ下げの操作が行われると補助翼が連動する、いわゆる「エルロン・ドループ」メカニズムが取り入れられている。また主翼の高揚力装置は、前縁がクルーガー・フラップとなっている点は変わらないが、後縁フラップとともに下げた際に主翼前縁部との間に隙間を生じるように変更され、離着陸における低速飛行時の発生揚力を増加させている。

このように主翼は、細かなものは多いが、かなりの設計変更が加えられており、その結果主翼にある操縦翼面に関しては、操縦システムがフライ・バイ・ワイヤに変更された。

747-8Iのコクピット。基本的に747-400の設計を踏襲している　*Photo : Yoshitomo Aoki*

このシステムで動くのは、補助翼とスポイラー/リフトダンパーである。尾翼は、747-400のものを完全に踏襲しているので、昇降舵と補助翼は従来どおりのメカニカル操縦システムである。主翼端は、ウイングレットや777スタイルのレイクド・ウイングチップではなく、やや丸味をもたせた、レイクド・ウイングチップの変形型になっている。

胴体の基本設計は従来の747と同じで、前部胴体部だけを客室2階建てとし、上部客室は通路1本という断面をもつ。また尾翼も、細かな設計変更は加えられるが、基本的にはこれまでの747と変わりはない。これに対して主翼は完全に新設計のものとなり、空力効率を高める形状になる。

コクピットは基本的に747-400と同じで、その最終型である747-400ERと同様に、表示装置にはカラー液晶が使われていて、パイロットの操縦資格限定も747-400と同一になっている。また747-8の型式証明についても、747-400の派生型という扱いで、変更型式証明(APC)として交付され、変更製造証明も取得している(ともにアメリカ連邦航空局が交付し、欧州航空安全庁が追認した)。

こうした747-8は、まず純貨物型に発注があったため、ボーイングのジェット旅客機/貨物機としては初めて、貨物型から開発が行われた。その貨物型747-8Fの初号機は2010年2月8日に初飛行し、旅客型747-8Iも2011年3月20日に初飛行した。就航開始は747-8Fが2011年10月12日、747-8Iが2012年6月1日であった。

747-8は、エアバスA380に比べれば焼き直し版であり新味に欠けたし、収容力も小さかった。さらに世界の航空会社、特にアメリカと日本が新しい超大型旅客機にまったく関心を示さなかったことから、747-8は155機を製造しただけで2017年9月25日にプログラムを終了した。製造した155機のうち107機は747-8Fで、747-8Iはわずかに48機と、過去の747の実績から見れば、旅客型は大惨敗だった。なお、アメリカの新大統領専用機は747-8Iの改造機2機に決まっていて、すでに完成している機体への改造作業が進められており、2027年と2028年の引き渡しを目指して作業が進められている。

[データ:747-8I]

全幅	68.45m
全長	76.25m
全高	19.35m
主翼面積	553.7㎡
運航自重	220,100kg
最大離陸重量	448,000kg
エンジン×基数	GEnx-2B67×4
推力	295.9kN
燃料容量	238,610L
巡航速度	M=0.855
実用上昇限度	13,137m
航続距離	7,730nm
客席数	467～605席

ボーイング757

U.S.A.
(アメリカ)

主翼端にブレンデッド・ウイングレットをつけたコンドル航空の757-300　*Photo：Wikimedia Commons*

757の開発経緯と機体概要

ボーイングは1970年代に入ると、ベストセラー機であった727-200の後継になるとともに、航空旅客の増加に対応できる200～250席級の新型機の開発を計画した。このクラスでは、2通路ワイドボディ機と単通路の通常胴体機のいずれとすることも可能で、ボーイングでは2通路型を7X7、単通路型を7N7と名づけて、さまざまな機体構成を研究するとともに、航空会社の要望なども調査していた。その結果、2通路型の需要が高いとして、1976年には7X7を開発していく方針を固めた。

しかしこれに対して、アメリカのイースタン航空やイギリスのブリティッシュ・エアウェイズなどは、単通路機で作れるものを2通路機にするのは不経済などとの意見をだし、その結果ボーイングは1977年2月に7N7計画も復活させることとした。こうして7N7は757として、7X7は767として開発されることとなったのである。

7N7は、当初は727との共通性を高めることから、胴体断面と尾翼を727と共通性をもたせることにしていた。しかし飛行性能の観点から尾翼面積の減少が必要であるとされ、727のT字型尾翼の使用を取りやめて、767のものを切り詰めた垂直安定板に、新設計の水平安定板を低翼配置にする構成とすることにした。なお初期の尾翼案はT字型であったが、エンジンはリア・エンジンではなく主翼下に配置する設計を採っていた。

また操縦室については、機首ラインを変更すれば767のコクピットをそのまま装備することができるとの意見がだされ、それを実現できれば操縦資格限定を767と共通化できることから、1976年6月にその案を採り入れることが決められた。こうして7N7の機首部は大幅に設計が変更され、単通路機としては操縦室上部を盛り上げた、独特のラインが誕生したのである。こうした設計変更により、7N7で727と共通なのは胴体断面となり、またその結果ボーイングの単通路機は707で開発された胴体断面を使い続けることとなった。

7N7を757として説明を開始したボーイングは、まず1977年8月31日にイースタン航空とブリティッシュ・エアウェイズから確定発注を得たが、より多くの需要が見込めた767を先に開発することとしていたため、757の開発を正式にローンチしたのは767よりもあとの1979年3月23日であった。また757では、短胴型の757-100と長胴型の757-200の2タイプの開発が考えられていたが、初期の発注が757-200に集中し、また757-

スターアライアンス塗装のコンチネンタル航空の757-200 *Photo : Yoshitomo Aoki*

100にはまったく関心が寄せられなかったため、757-200のみの開発を行うこととした。

またエンジンは、3社のエンジンの装備を可能とする計画だったが、プラット＆ホイットニーPW2037とロールスロイスRB211-535を採用する航空会社が多かった。唯一トランスブラジルがCF6を選択していたが、CF6では推力低下型の開発が必要であることや、他社の動きを見てRB211-535に変更し、その結果CF6装備型は作られないことになった。なおトランスブラジルはのちに、757の発注自体をキャンセルしている。

イースタン航空とブリティッシュ・エアウェイズはともにRB211-535を選んでいたため、757はまずRB211装備型が作られて、1982年2月19日に初飛行した。初引き渡しは1983年1月25日で、ブリティッシュ・エアウェイズに納入されている。PW2037装備型の初飛行は1984年3月14日で、1984年11月5日にデルタ航空に対して初納入された。

前記したように757は、当初は727との共通性をもたせることが考えられていたが、生産が終わる727よりは、これから生産・販売が進められる767との共通性を高めたほうが得策との判断もあって、前記した操縦室や垂直安定板のほか、各種システムの構成や機器も767との共通化を図った。その結果、機体全体のライン交換部品約1,100種のうち、約40％が767とまったく同じもの、約20％が767と類似したものになっている。

主翼の設計も、767と共通の技術を用いた、スーパークリティカル翼に近いボーイング独自の翼型を採用した。操縦翼面などはもちろん異なっており、高揚力装置は前縁のスラットと後縁の二重隙間フラップで構成されている。

胴体断面は、前記のとおり707以来変わらないものとなり、長さは727-200よりも延ばされて、キャビン長は7.85m長い36.09mになった。エコノミー・クラスは3席＋3席の横6席が標準配置で、2クラス編成をとることも可能とされ、標準客席数は2クラス編成で178～208席、単一クラス仕様であれば214～239席となり、座席列頭上にはオーバーヘッド・ビンが設けられた。また床下貨物室は、707以来の設計がそのまま使われたため、貨物室扉が内開きになっており、コンテナの積載ができないためバラ積みが基本になっている。

貨物型757-200Mと757-200PFの概要

757-200では、貨客混載型の757-200Mと、小口貨物配送物搭載型の757-200PF(パッケージ・フレイター)の2タイプも作られている。先に受注したのは757-200PFで、1985年12月31日に宅配企業であるUPSから発注を得た。757-200PFでは、客室窓がすべて廃止され、前部胴体左舷に3.40×2.18mの大型貨物扉がつけられた。これにより主デッキに、88×125インチ(2.24×3.18m)パレットを最大で15枚搭載できる。最大ペイロードは87,500lb(39,690kg)で、ペイロード満載状態で2,170nmの航続性能を有する。

757-200Mは、757-200Fと同様に前部胴体左舷に大型の貨物扉を備え、主デッキ前方部を貨物搭載スペースとし、その後方に客席を設けるもの。標準的な配置では、88×104インチ(2.24×2.64m)パレット3枚を

ブレンデッド・ウイングレットつきのアイスランド・エアの757-200　*Photo : Yoshitomo Aoki*

収容し、客席150席を設けることができる。この757-200Mは、1986年2月17日にロイヤル・ネパール航空から1機を受注したが、それ以外の発注は得られなかった。なお757-200PFの総受注機数は、80機であった。

757-300と757-200の違い

ボーイングは1990年代に入ると、757の胴体延長大型版の説明を開始し、1996年9月2日にドイツのコンドル航空が発注決定を発表したことでプログラムをローンチ、これが757-300となった。757-300は、757-200の胴体を主翼の前後で計7.11m延長し、これにより乗客数で20%程度、貨物室用席では約50%の大型化が行われている。

操縦室は757-200と同一で、これにより757/767の操縦資格限定の共通を維持している。一方で客室には、次世代737で投入された設計を採り入れて、新型のオーバーヘッド・ビンや曲線を用いた天井、バキューム式のトイレなどが装備されるようになった。機体フレーム自体では、主翼や降着装置の強化が行われるとともに、車輪、タイヤ、ブレーキなども一新された。さらに胴体を延ばしたことで、離着陸時に尾部下面を滑走路にこする可能性があるため、引き込み式のテイル・バンパーを備えるようになった。またこのバンパーが接触してしまったときは、それを告げる指示灯が操縦室に増設されている。

飛行管理システム(FMS)には、ペガサスと呼ばれる新しい飛行管理コンピューター(FMC)が装備されて、将来の航法装置への対応を可能にしたほか、機能強化型地上接近警報装置(EGPWS)、エアデータ慣性基準システム(ADIRS)なども標準装備されるようになった。エンジンの選択式は変わらず、パワーアップを行ったPW2043とRB211-535E4-Bのいずれかを装備できる。

757-300の初号機は1998年8月2日に初飛行して、1999年3月にコンドル航空により就航を開始した。こうしてタイプを増やした757であったが、次世代737が大型化を行って200席を設けることもできる737-900ERが登場したこと、250席以上の次世代の新型機として787の開発を決定したことなどから、757-200/-300のマーケットはきわめてかぎられることになり、ボーイングは単通路機を次世代737の1機種に限定することとして、2003年10月16日に757の製造を中止することを発表した。その結果、757の総製造機数は1,049機で終わり、最終機は2005年4月26日に上海航空に引き渡された757-200となった。

[データ:757-200、757-300]

	757−200	757-300
全幅	38.04m	←
全長	47.32m	54.43m
全高	13.56m	
主翼面積	185.3㎡	←
運航自重	58,440kg	64,340kg
最大離陸重量	115,660kg	123,830kg
エンジン×基数	RB211-535E4またはPW2000×2	←
推力	162.9〜193.6kN	←
燃料容量	4,390L	43,400L
巡航速度	M=0.80	←
実用上昇限度	12,802m	←
航続距離	4,505nm	3,900nm
客席数	200〜239席	243〜295席

U.S.A.
(アメリカ)

ボーイング 767

タイのジェット・エイジア・エアウェイズが運航する767-200　Photo : Yoshitomo Aoki

767の開発経緯と機体概要

ボーイングは1970年代に入ると大ベストセラーとなったボーイング727に代わり、収容力をひと回り大きくする200～250席の新型機の開発を計画したが、航空会社からの要望はまちまちで、まず胴体の太さが問題となった。これについては単通路機の7N7と、2通路機の7X7の2案に絞っていったが、同級機種を2機種並行して開発すると、その経費が膨大なものとなり、また両機種が市場を奪い合ってしまう恐れなどが当然のこととしてあった。そこでボーイングは、2通路機でも胴体を細身にする7S7と呼ぶ案で統一することにした。この7S7の名称はすぐに7X7に戻されて胴体の問題は一応区切りがついたが、今度はエンジンの数で航空会社の要求が分かれた。

アメリカン航空をはじめとして長距離の洋上路線をもつアメリカの航空会社は、大西洋横断線での使用を視野に入れて、洋上運航に制限の規定がある双発機ではなく、3発機にすることを主張したのである(ETOPSの概念がでる前の時代であった)。ただその一方で、エンジンの数が増えればそれだけ運航や保守の経済性は悪化するという問題はあり、洋上路線のない航空会社には魅力がないとの意見もでていた。

こうしたさまざまな問題に対応するためボーイングは1978年2月に、双発2通路機7X7、3発2通路機777(現在の777とはもちろん異なる)、単通路双発機7N7の3タイプで機体計画を進めることを発表した。このうち777案は、経済性が悪いことは事実であり航空会社から大きな関心を得ることができずに開発されないこととなった。残る2案のうちボーイングは、2通路機のほうがより有望であると考えて、このタイプの具体的な提案をまず開始した。単通路の7N7はその後757(P.140参照)として計画がローンチされた。

2通路機案の7X7には、767の名称がつけられることになった。開発優先順位でいえば757になるべきだったのだが、機体の大きさと数字の大きさをそろえたほうがわかりやすいとされて大型の7X7を767として、757は7N7のために残したのである。

767では180席級とする767-100と、200席級とする767-200の2タイプの開発が計画された。しかし、ローンチ・カスタマーとして有力視されていたユナイテッド航空は200席級のみに関心を示し、また180席級では7N7と座席数に大きな差がないこと、

成田国際空港をタキシングする日本航空の767-300　*Photo : Yoshitomo Aoki*

さらにはほかの航空会社にも短胴型を採用する意向が見られなかったことなどから、767-100案はやめて大型の767-200一本で計画を進めていくことになった。

こうして機体構成が固まった767に対して、1978年7月14日にユナイテッド航空が30機を発注、ボーイングは同日付で機体計画を正式にローンチした。胴体は、それまでのワイドボディ機よりもひと回り細い楕円断面のもので、セミ・ワイドボディと呼ばれた。客室の最大幅は4.72mで、エコノミー・クラスの場合2席＋3席＋2席の横7席が標準配置となり、この場合だと乗客の約85％が通路側か窓側に座ることができ、左右双方に乗客がいる中央席に座る"ミドルマンの悲劇"の可能性を大幅に減らすことができたと、ボーイングは当時説明していた。

胴体が細身のため、床下の貨物室には大型機用のLD-3コンテナの2列搭載ができない。このため2列搭載用に新しくLD-2コンテナが開発されているが、この新コンテナはほとんど普及しなかった。そしてLD-3も1列ならば搭載でき、標準型の767-200ならばLD-3を11個、胴体延長型の767-300ならば15個搭載することが可能で、A310の14～15個と同数の積載能力は有している。

767で計画されていたもう1つの新機軸が、まったく新しい概念を取り入れた操縦室であった。通常計器をほとんどなくしてカラーの多機能表示装置を使用して各種の情報を映しだし、またシステムの管理をコンピューター化することなどで航空機関士の搭乗を不要にして、機長と副操縦士のパイロット2人での運航を可能にするというものであった。こうした技術開発はヨーロッパでも、エアバス・インダストリーがA310への導入に向けて作業を進めていた。

767の乗務員数問題

767の初号機は、1981年8月4日にロールアウトして、9月26日に初飛行した。この機体は、当然前記した新概念のコクピットを備えていて、ワイドボディ機世界初の2人乗務機として完成していたが、大型機の2人乗務化に反対するパイロット組合との決着はつかないままであった。またパイロット組合の反対はかなり強行で問題解決の糸口が見えなかったことから、ボーイングは設計を変更し、2号機以降は航空機関士席のある3人乗務機として完成させたのである。

こうして初期の飛行試験は3人乗務機で進められることになったが、ヨーロッパではA310が2人乗務機で型式証明を交付することを決めたことで、ボーイング製旅客機の競争力を落とさず販売力を確保できるようにするため、1981年9月に大統領直属の委員会が、「新型は2人乗務でも安全に運航が可能」との結論をだし、2人乗務化にお墨つきを与えた。もちろん組合は反対を続けたが、これが基本的な方針となって767は2人乗務機に戻されることとなった。こうして6号機が急遽コクピットを変更し、2人乗務機として完成して、飛行試験に投入されることになった。

最後まで2人乗務化に反対していたのがオーストラリアのアンセット航空で、767-200は1982年7月30日に2人乗務機として、アメリカ連邦航空局（FAA）型式証明を取得（JT9D装備型）したが、アンセット航空向けの機体だけは3人乗務機として完成されて、オーストリア民間航空局の証明を取得している。ただこの3人乗務機には、FAAは証明を交付していないため、アメリカ国内などを飛行することはできないこととなった。

ブレンデッド・ウイングレットをつけたニュージーランド航空の767-300ER Photo : Yoshitomo Aoki

767-200では、最初からジェネラル・エレクトリック(CF6-80C)、プラット＆ホイットニー(JT9D-7R4、のちにPW4000)、ロールスロイス(RB211-524)の3社からエンジンを選択できるようにされていた。しかしロールスロイス・エンジンを選択した航空会社はなく、RB211装備型は767-200では作られていない。

767各タイプの特徴

ボーイングは767について、ファミリー化も可能なように、基本型の767-200では成長余裕をもった設計を行っていた。767-200では、空だった第2中央翼セクションを燃料タンクとし、最大燃料搭載量を13,000L近く増加するとともに、最大離陸重量を引き上げたタイプが製造されている。これが767-200ERで、1982年12月16日にエチオピア航空が発注したことを受けて、1983年1月に正式に計画をスタートさせ、1984年3月6日に初飛行した。

1983年2月には、767-200の胴体を主翼の前後で計6.42m延長するストレッチ型開発開始を発表し、この年の9月23日に日本航空から初受注した。これが767-300で、1986年1月30日に初号機が初飛行し、9月20日に型式証明を取得している。胴体の延長以外は、主翼、尾翼などは基本的に同じで、大型化にともなう構造の強化だけが行われている。また後方胴体下面には、離着陸時の引き起こしに際して滑走路と接触した場合に後部胴体を守るための、テイル・スキッドが装着されている。

767-300でも3社のエンジン選択性は維持され、1987年8月にブリティッシュ・エアウェイズが発注を行った際にロールスロイス・エンジンを選択、767で初めてRB211装備型が作られることになった。もちろん、ほかの2社のエンジンも選ばれている。

767-300ERの概要と専用オプション

またこれも767-200と同様に、重量を増加して航続距離を延ばした767-300ERも作られている。767-300ERは、アメリカン航空の発注内示により1984年7月21日に計画がローンチされ、1986年12月9日に初号機が初飛行して、1988年1月20日に型式証明を取得した。767-300ERでは、767-300の標準航続距離4,125nmが6,100nmへと、約1.5倍延伸された。なおこのタイプが発表されたあとの発注は、767-300ERに集中している。

2008年には、767-300に次世代737と同様のブレンデッド・ウイングレットを装着するオプションが設けられた。この767-300ER用のウイングレットは、エビエーション・パートナーズ・ボーイング(APB)が製造するもので、新製造機で導入が可能になるほか、既存の機体に対してもあとから装着することができる。ウイングレットの装着により、長距離路線では約5%の燃費向上が見込まれ、通常の運航を行えば1機あたり1年間で約2,100tの二酸化炭素排出量の削減ができるとされた。

[データ:767-200ER、767-300ER]

	767-200ER	767-300ER
全幅	47.57m	←
全長	48.51m	54.94m
全高	15.80m	←
主翼面積	283.3m²	
運航自重	82,400kg	90,000kg
最大離陸重量	179,200kg	186,900kg
エンジン×基数	JT9D/PW400/CF6/RB211×2	←
推力	213.6 ~ 269.7kN	252.5 ~ 273.7kN
燃料重量	0,800kg (Std)	73,400kg
巡航速度	486kt	←
実用上昇限度	13,137m	←
航続距離	6,590nm	5,980nm
客席数	214～290席	261～350席

U.S.A.
(アメリカ)

ボーイング 767-400ER

胴体延長型の767-300をさらにストレッチした767-400ER　Photo : Boeing

767-400ERの開発経緯と機体概要

767の三番目のタイプとして登場したのが、胴体をさらに延ばした767-400ERである。デルタ航空が、L-1011トライスターの後継となる収容力をもつ767の開発を要求したことで研究されたタイプで、1997年3月21日にデルタ航空が発注を決めたことでプログラムがローンチされた。胴体は、主翼の前後で計6.40m延長され、これにより3クラス編成で245席、2クラス編成で304席、単一クラスならば最大で375席を設けることができるようになった。

767では、「ER」ではない767-400は作られておらず、また5,630nmという標準航続距離は767-300ERよりも短い。こうしたことからなぜ「ER」がついているのかは不思議だが、ボーイングでは、「ER」とは一定の距離以上の飛行をできる能力を示すのではなく、それぞれのタイプで航続距離延長型につけられるためであり、767-400では標準型は作られてはいないものの、航続距離延長型に盛り込まれる特徴を備えているため「ER」をつけた、と説明している。

767-400ERの外形上の大きな特徴は、主翼端に傾斜翼端（レイクド・ウイングチップ）を導入したことで、この形状の主翼端を備えた最初の機種である。この部分は、長さが2.34mあり、747-400のウイングレット（1.83m）よりも大きい。一方でこの翼端を斜めに寝かせることで全幅の増加を極力抑えている。目的は、飛行中の揚力増加と抵抗の減少で、ボーイングによれば主翼端を3.05m延長したのと同じ効果があるという。またウイングレットに比べると、構造が簡素で取りつけが容易であり、また重量増加も少なくてすむ。細かな点では、主脚柱が47.5cm高くされ、主脚の車輪やブレーキには777のものがそのまま使用されている。主脚柱を高くするとともに直径の大きなタイヤを使うことにより、胴体を延長した767-400ERで767-300と同じ引き起こし角をとっても尾部を滑走路に接触し

主翼端がレイクド・ウイングチップになっているのが特徴の767-400ER

Photo : Wikimedia Commons

Photo : Wikimedia Commons

ボーイング757と完全な共通化をもたせて設計された767のコクピット。767-400ERまで同一設計である

ないようにするためだ。一方で前脚は従来の767と同じものなので、地上姿勢は若干機首下がりになった。

機内の設計は、777のものをベースにしていて、客室の天井は中央列の席の並びを境に、2つの円を描く形になった。またオーバーヘッド・ビンは、すべてピボット式になっている。客室窓も、それまでの767は角張ったものであったが、777と同様の丸味のあるものになっている。なお、こうした新設計の客室は、767-400ERが完成したあと、新規製造の767-300ERなどにオプションで導入できるようにされていて、また引き渡しずみの機体については内装変更の受けつけも行っている。なおコクピットは設計一新により、構成部品の数は767-300の296個から54個にまで減っている。

767-400ERの初号機は1999年8月26日にロールアウトして、10月9日に初飛行した。2001年9月から、コンチネンタル航空により路線就航を開始した。エンジンは2社(ジェネラル・エレクトリックとプラット＆ホイットニー)からの選択式にされたが、発注した航空会社2社(デルタ航空とコンチネンタル航空)、そしてビジネス用顧客(1機)がいずれもCF6-80C2を選定していることから、PW4062装備型は作られていない。

[データ:767-400ER]

全幅	51.92m
全長	61.37m
全高	16.87m
主翼面積	290.7㎡
運航自重	103,900kg
最大離陸重量	204,100kg
エンジン×基数	CF6またはPW4000×2
最大推力	269.7kN
最大燃料重量	73,400kg
最大巡航速度	486kt
実用上昇限度	13.137m
航続距離	5,630nm
客席数	243～409席

U.S.A.
(アメリカ)

ボーイング 新世代737

新世代型のなかでダッシュ・ナンバーはいちばん大きいが最小型の737-500　*Photo : Yoshitomo Aoki*

新世代737の開発経緯と機体概要

1960年代に開発・製造された多数の単通路ジェット旅客機は、1980年代になるとそれらの後継機が必要な時期になり、また航空旅客需要の増加から、150席前後の単通路ジェット旅客機に大きな市場が見込まれることは確実であった。ヨーロッパではエアバス・インダストリー(のちにエアバス)が1984年3月2日に、まったくの新開発の単通路150席級機、A320を正式にローンチしている(P.54参照)。このA320には、電子操縦システムであるフライ・バイ・ワイヤが導入されることとなっていた。

他方アメリカでは1980年春に、USエア(現USエアウェイズ)が新しい130席級旅客機に対する要求仕様を発表していた。これに対してボーイングは、研究を行っていた737の胴体延長型を提案することを決めた。ボーイング社内では、まったくの新設計機の開発も検討オプションには上がっていたものの、USエアの引き渡し時期の要求に応じるには実用化を急がなければならず、737の派生型のほうがコストも時間も節約できると考えたのである。

この機体案はUSエアに受け入れられて、1981年3月5日に発注を行った。これが737-300で、サウスウエスト航空も続いて発注を行い、これによって確定20機、オプション40機の発注が得られたとして、3月26日にボーイングは正式に737-300の開発を決定した。

当初ボーイングが考えていた737-300は、エンジンに新世代の高バイパス比ターボファンであるCFMインターナショナルのCFM56を使い、胴体を延長するというもので、これに必要な部分の補強を加えるだけの改修ですませ、737-200との共通性を極力確保しようというものであった。しかしエアバスがA320でかなりの新技術を採り入れることが判明したため、ボーイングも、737-200との共通性は保ちつつ、搭載電子機器のできるだけの高級化などでこれに対抗することとした。

737-300の胴体延長幅は、当初は主翼の前で0.91m、後ろで1.02mとされていた。しかしこれでは座席数の増加が少ないとの意見が航空会社からだされて、ボーイングは設計変更を行い、主翼の前方で1.12m、後方で1.52mの計2.64mの延長幅とすることにした。これにより737-200に比べて、エコノミー・クラスならば3列分座席を多く配置することが可能になり、2クラス編成で120席、単一クラス編成で132～140席を標準客席数とすることが可能となった。また非常口の数による座席数の上限は、149席

アラスカ航空の737-400。737-300の胴体延長型である
Photo : Yoshitomo Aoki

である。

737-300の開発でいちばん手間がかかったのは、やはりエンジンの装着であった。737-100/-200(P.131参照)の項で記したように737は主翼と地上の間隔が狭く、最大径が42.5インチ(1.08m)と直径の小さなJT8Dを取りつけるにあたっても、パイロンを使わないなどの工夫が必要であった。これに対し737-300で装備することになったCFM56-3は、バイパス比が6と大きく、その結果ファン直径も60インチ(1.52m)あるため、エンジン取りつけの設計にかなり手を加える必要があった。

まず最初に行ったのが、エンジンの前方をわずかに上に向ける取りつけ方で、推力線を5度上向きにすることで空気取り入れ口と地上の間隔を稼いだ。加えて前脚の取りつけ点を変更して140㎜上げることで、わずかに機首下がりだった737-200の地上姿勢を水平にしている。さらに前方カウリングは、底辺を平らにしたおむすび形とすることで、主脚などには手を加えずに主翼下にエンジンを収めることができたのである。

一方で胴体の延長や大型エンジンの装備により、空力面でもいくつかの変更が必要になった。まず安定性を高めるために、水平安定板は翼端部をわずかに延ばし、737-200の11.0mに対して12.7mになっている。垂直安定板では、前縁付け根部のドーサル・フィンを大型化することで増積効果を得た。主翼も翼端部の延長を行い、737-200の28.35mから28.80mになっている。また当初の設計では、エンジン重量が増えたことで主翼のフラッター発生が懸念され、それを打ち消すために両主翼端に長さ1.80mのマスバランスをつけることになっていた。しかし開発段階で、主翼前縁内に54kgのバランス・ウエイトを取りつけるよう設計が変更されて、のちの飛行試験でもそれだけで十分なことが判明したことから、マスバランスは装備しないことになった。

また737-300では、翼面荷重が若干増えることとなったため、高速巡航時のバフェット限界を維持し、また離着陸性能を低下させないために、前縁部を4.4%延長するとともに、その半径を大きくしてキャンバーを増している。さらに主翼上面にはスーパー・クリティカル翼設計を採り入れて、巡航速度の向上と燃費の低減を図った。後縁のフラップはこれまでと同じ3重隙間式だが、内側フラップの外側と外側フラップの内側には、エンジン排気を後方に逃すようにするため、排気が当たると折れ曲がる排気ゲートがつけられた。

こうした737-300は、1984年3月24日に初飛行して11月14日に型式証明を取得し、11月28日にUSエアに対して初納入された。最初に路線投入を行ったのはサウスウエスト航空で、同年12月7日のことであった。

737-400の開発経緯と737-300との違い

航空会社は、737-300よりもひと回り大きな収容力をもつ機体を求めるようになり、ボーイングはその要望に応えることとして、1986年6月に胴体を延長する737-400を発表した。主翼の前方で1.83m、後方で1.22mの計3.05mの延長により、機内には2クラス編成で146席、単一クラスならば168席を標準仕様で配置できるようになった。これによりキャビン長は27.18mになり、727-200の28.24mにわずか1.60mに迫っている。

737-400を最初に発注したのはピードモント航空で、1986年6月4日に19機を発注した。737-400の初号機は1988年2月19日に初飛行して、同年9

エンジン・カウリングをおむすび形にした737-300。セルビアのアビオレットの運航機である　Photo : Wikimedia Commons

月2日に型式証明を取得し、同月15日にピードモント航空に初引き渡しされた。

またボーイングでは737-400で、長距離型も製造している。このタイプは、床下貨物室にロジャーソン・タンクと呼ぶ増槽を搭載するもので、燃料搭載量が標準型の20,104Lから23,830Lとなり、大型化により737-300よりも短くなった737-400の航続距離を、737-300並みにしている。またこれとは別に、重量増加型も開発した。こちらは最大離陸重量が62,822kgから68,039kgに引き上げられており、重量の増加に対応して中央胴体と主翼、降着装置が強化され、また主翼ナセル外側のスラットにクルーガー・フラップが追加された。この重量増加型の初号機は1989年3月21日に型式証明を取得し、ノブエア・インターナショナル航空に引き渡されたのがその初号機となった。

1987年12月には、逆に737-300の胴体を短縮するタイプもローンチされた。これが737-500で、全長は31.01mと737-300よりも2.39m短くなっている。これにより2クラス編成ならば108席を、単一クラスでは138席を設けることができる。こうして737は、この新世代機3機種により100席強から170席近くまでをカバーするファミリーを作り上げたのである。

ボーイングは、こうしたファミリー化構想について、すでに737-300の開発を始める時点でもってはいたものの、市場の動向を見きわめる必要があることから、実際に開発するか否かを明らかにせず、ファミリー化計画の説明も行っていなかった。その結果、開発を決めた順にタイプ・ナンバーがつけられることになり、いちばん小型の737-500がもっとも大きいタイプ・ナンバーをもつという、ほかの機種とは異なった命名方式になっている。

この737-300/-400/-500ファミリーは、737をベストセラー機に押し上げるのに大きな役割を果たした。一方で、エアバスからA320が登場すると、応急措置的な改良型であったこともあって、技術的に見劣りするものになってしまい、ボーイングはさらに次世代737ファミリー（次項）へと改良を加えていくことにした。このため1999年12月には737-300/-400/-500の受注を停止し、1999年12月15日にニュージーランド航空から737-300を1機受注したのが、新世代737の最終受注となった。

［データ：737-300、737-400、737-500］

	737-300	737-400	737-500
全幅	28.88m	←	←
全長	33.40m	36.45m	31.01m
全高	11.13m	←	←
主翼面積	91.0㎡	←	←
運航自重	32,820kg	34,820kg	31,950kg
最大離陸重量	62,820kg	68,040kg	60,550kg
エンジン×基数	CFM563C-1×2	←	←
最大推力	97.9kN	104.6kN	89.0kN
燃料容量	20,100L	←	←
巡航速度	M=0.745	←	←
実用上昇限度	11,278m	←	←
航続距離	2,255nm	2,060nm	2,375nm
客席数	126～149席	147～188席	110～145席

U.S.A.
(アメリカ)

ボーイング 次世代737

ボーイング・フィールドの引き渡しセンターの列線に並ぶ次世代737　*Photo : Yoshitomo Aoki*

次世代737の開発経緯と機体概要

ボーイングは737-300/-400/-500で、目論見どおり短期間で737の新世代化を完了し、エアバスの新規開発機に対して時間的に大きなアドバンテージを得ることができた。エアバスがA320をローンチしたのは1984年3月23日のことで、737-300はそれよりも前の1984年2月24日に初飛行させることができたし、就航開始もA320より2年あまり早く、この間に急いでこのクラスの旅客機を必要とする航空会社を顧客として獲得、受注を順調に伸ばしたのである。

しかし、フライ・バイ・ワイヤをはじめとする、従来のこのクラスの旅客機では考えられないほどの新技術を挿入したA320が完成し、1990年代にはA320を中心としたファミリー機が登場することがわかると、ボーイングはさらにそれに対抗できる新型機が必要になると考えるようになった。ただ完全な新型機を開発するとなると多額の開発費が必要となり、また実用化までに時間を要する。前者は機体価格を押し上げ、後者はライバルに販売の機会を与えることになり、望ましいことではない。

ボーイングは日本の航空産業界とY-XX/7J7の計画名で、プロップファン推進装置を使うなどとする完全に新設計の150席級の開発も模索したが、リスクやコストなどあらゆる観点から断念せざるをえなかった。そこでボーイングは、737-300シリーズをもとに多くの改良を加える、次世代737を開発することを決定した。

この次世代737は最初から3タイプでファミリー化を行うこととし、基本型の中間サイズとなる737-700のほかに、短胴型の737-600、長胴型の737-800も開発する計画であることを、ローンチ時に明らかにしている(のちにはさらに胴体を延ばした737-900も加わった)。これにより、胴体の長さとサブタイプの番号の大きさを一致させることができている。

次世代737は、基本的な機体形状はこれまでの737と同じだが、より効率性に優れる機体とするために、各部に設計変更が加えられることとなった。またエンジンは、737-300シリーズと同様にCFM56を装備することにしたが、これも新世代型で低燃費・低騒音・低排気物質を実現するCFM56-7Bになっている。

設計変更でもっとも力が入れられたのが、主翼であった。次世代737の主翼は、大型化を行うとともに翼弦長を延ばして翼断面を変更しており、これにより巡航速度の高速化(マッハ0.78～0.82)や、最大巡航高度の引き上げ(41,000ft = 12,497m)を可能にしている。これはそのまま、次世

ルーマニアのタロム航空の737-700。ブレンデッド・ウイングレットつきである　*Photo : Yoshitomo Aoki*

代737の航続性能の向上にもつながった。また後縁フラップは、三重隙間式から二重隙間式への簡素化が行われている。シンプルな高揚力装置にはなったものの、新しい空力技術の適用などで、作りだせる揚力は従来のものと変わっていない。その一方で隙間を減らしたことでの風切り騒音の低下や、整備性の向上を実現している。

最初にローンチされた737-700は、1996年12月8日にロールアウトして、1997年2月9日に初飛行した。空力的な設計変更を加えたことで全長は737-300よりもわずかに延びているが、客室部にはまったく変更はなく、標準客席数は737-300と同じ128〜149席である。

各タイプについて先に記しておくと、二番目にローンチされたのが胴体を5.84m延長した737-800で、737-400よりも胴体の長い、この時点でもっとも大型の737となっている。ローンチしたのは1994年9月5日で、1997年6月30日にロールアウトして、同年7月31日に初飛行した。続いて1995年3月15日には胴体を2.39m短縮した737-600がローンチされ、1996年12月にロールアウトし、1998年1月22日に初飛行した。

前記のように次世代737はこの3タイプでファミリー化を行う計画であったが、一部の航空会社からさらに機体を大型化する要望があったことで、1997年11月10日には737-900をローンチした。737-800よりも全長がさらに2.64m延長されているが、非常口のタイプと数は737-800と同じにしていたため、最大客席数は非常口により制約されて189席で変わっていない。ただ、2クラス編成の機内仕様では737-800よりも客席数を増やしたり、余裕のをもたせて快適性を高めた配置を採ったりすることが可能になっている。

次世代737では各タイプで、標準型のほかに重重量型として航続距離を延長するタイプが作られており、737-900も例外ではく、2005年7月18日に737-900ERのローンチが決まった。この737-900ERは、機体寸法などは737-900標準型と同じだが、非常口の変更で最大客席数の増加を可能にし、さらに後部圧力隔壁の平板化によって客室スペースを拡大した。これにより737-900ERは最大で、客席215席を配置することが可能にされている。また、後記する主翼端のブレンデッド・ウイングレットが標準装備になっている。

このブレンデッド・ウイングレットは、737-800の航続距離を延伸する目的で開発されたもので、まず737-800のオプション装備品として導入された。最初にこれを装備した機体を受領したのはハパグロイドで、2001年5月に運航を開始している。このブレンデッド・ウイングレットはその後、各タイプでもオプション装備品に加えられて、今日ではほとんどの顧客がブレンデッド・ウイングレット装備型を発注することとなった。

胴体延長型の737-800は、機体重量も増加したことで主翼や中央翼セクション、降着装置が強化された。こうした737-800の強化部分と737-700の胴体を組み合わせて作られたのが、ボーイング・ビジネス・ジェット(BBJ)である。

次世代737ファミリーは、737-700を1993年11月にローンチして以来、15年以上にわたって作り続けられてきている。そしてローンチ以来、旅客

次世代737で最小型のスカンジナビア航空の737-600

Photo : Yoshitomo Aoki

ほぼ同じアングルで撮ったスカンジナビア航空の737-800。
胴体長の差が一目瞭然である

Photo : Yoshitomo Aoki

型各タイプだけで2009年6月末の時点で4,927機を受注しており、現在も順調に受注機数を伸ばしている。このような好調な受注の背景の1つに、常に最新技術による改良を加え続けてきたことが挙げられる。

これまでに次世代737に導入されてきた主要な新技術を振り返っておく(カッコ内は実用化開始年、オプションのものも含む)。

[航法の改善]

・ヘッド・アップ・ディスプレー(2001年)
・垂直状況表示装置(2003年)
・カテゴリーIIIb計器着陸装置(2003年)
・航法性能要件(RNP)を可能にする航法性能スケール(2003年)
・GPS着陸システム(2006年)
・電子飛行バッグ(2006年)

[性能の向上]

・180分ETOPS(2000年)
・ブレンデッド・ウイングレット(2001年)
・高地空港運航能力(2005年)
・短距離離着陸能力(2006年)

完全なグラス・コクピットになった737-800の操縦室。ヘッド・アップ・ディスプレーは機長席のみの装備品である

Photo : Yoshitomo Aoki

・CFM56テック・インサーション(2007年)
・カーボン・ブレーキ(2008年)

[快適性の改善]
・大型オーバーヘッド・ビン(2002年)
・操縦室騒音低減策(2004年)
・新洗面所ユニット(2005年)
・各座席用ビデオ・システム(2006年)

そして2009年4月28日には、さらに2つの新たな改良を導入することが発表された。1つは燃費低減のための性能向上パッケージで、もう1つはボーイング・スカイ・インテリアと呼ぶ、新しい客室内装の導入だ。

性能向上パッケージは、次世代737の燃費をさらに低減させることを目的としているもので、抵抗を減らすための設計改良と、新世代型エンジンの導入で構成されている。ボーイングでは、抵抗を減らす設計と新世代型エンジンでそれぞれ1%ずつ、最大で2%の燃費低減が可能になるとしている。

抵抗を減らすための設計変更は、主翼の操縦翼面、主脚車輪収納部、環境制御装置用の空気取り入れ口と排気口、衝突防止灯で行われる。

このうち主脚車輪収納部は、スキージャンプ収納庫と呼ばれるものになり、主脚を引き込んだときにタイヤの周囲がシールドされるというもの。ボーイングでは1964年に最初の737を設計した際、支援設備の十分ではない飛行場での運航も可能にするように、主脚車輪にはカバーをつけないこととし、それが次世代737まで受け継がれてきた。この方式は車輪交換を容易にするなどの利点はあるが、引き込んだ状態でそうしても胴体と車輪の間に溝ができ、それが抵抗を生じてしまう。その溝を埋めてしまうというのが、このスキージャンプ収納庫なのである。ほかの部分については、表面をなめらかにしたり、より流線型にしたりという方法で、抵抗の低下が図られる。

新世代型エンジンは、CFMインターナショナル(CFMI)が開発する、CFM56-7Bエボリューション(進化)である。CFMIは、次世代737のローンチにあわせて、CFM56の次世代737専用型であるCFM56-7Bの開発を行い、737-600から737-900ER用までの幅広い推力範囲のエンジンを製造している。このCFM56-7Bの最初の改良型が前記したテック・インサーション型で、それまでのものに比べてエンジンの全使用期間で最大1%の燃費の低減を行い、さらに耐久性の改善などで整備経費も最大で12%低下させている。

それをさらに発展させるのがCFM56-7Bエボリューションで、タービン・ブレードなどに三次元設計

ブレンデッド・ウイングレットつきの日本航空の737-800

Photo : Yoshitomo Aoki

の新しい翼型のものを導入することで、エンジン内の空気の流れをよりスムーズにし、またあわせて燃焼温度も低下させる。これにより燃費はテック・インサーション型よりもさらに1%低下し、また整備経費も最大で4%低減できるとCFMIではしている。なお新しいブレードは、素材自体はこれまでのものと変わらない。

騒音の低減についても、排気口部分の短縮と内部構造の変更によりテック・インサーションよりもさらに低下させられるとしているが、具体的な数値は示さなかった。また発表されたレボリューション型装備の737の想像図では、排気口部は通常型で波形のシェブロンはついていない。これについてボーイングは、騒音の発生パターンは機種によって異なり、研究の結果、シェブロンの効果があるものとないものがあることがわかった。787ではシェブロンはきわめて効果的であるが、より小型の次世代737クラスでは効果がないためシェブロンを導入しない、とボーイングでは説明している。

客室面での改善が、ボーイング・スカイ・インテリア(BSI)の導入で、次の特徴を備えたものになっている。

・新しい客室側壁
・旅客サービス・ユニット(PSU)への救命胴衣の内蔵
・新設計のオーバーヘッド・ビン(ピボット式、大容積化)
・カラー発光ダイオード(LED)による客室照明
・LEDを使った読書灯を含むPSU
・各PSU内のスピーカーの音質改善
・新しい客室窓
・より明るい内装色
・低騒音化
・運航保安の確保
・新しいタッチ・スクリーン式の客室乗務員用パネル

これらにより機内居住性が改善され、より快適な空の旅を提供することができるとボーイングではしている。こうした性能向上パッケージを備えた次世代737は、2011年第2四半期に型式証明を取得して、2011年中期から引き渡しが開始されている。

[データ:737-600、737-700、737-800、737-900ER]

	737-600	737-700	737-800	737-900ER
全幅	35.79m ※1	←	←	←
全長	31.24m	33.63m	39.47m	42.11m
全高	12.57m	←	12.55m	←
主翼面積	124.6㎡	←	←	←
運航自重	36,378kg	37,648kg	41,413kg	44,677kg
最大離陸重量	65,544kg	70,080kg	79,016kg	85,139kg
エンジン×基数	CFM56-7B28/22×2	CFM56-7B20/22/24/26/27×2	CFM56-7B24/26/27×2	←
推力	89.0～98.0kN	89.0～115.7kN	106.8～120.1kN	←
燃料容量	26,022L	←	←	29,666L
巡航速度	M=0.789	←	←	←
実用上昇限度	12,497m	←	←	←
航続距離	3,235nm	3,010nm	2,935nm	2,950nm
客席数	108～123席	128～149席	160～189席	177～220席

※1　ウイングレット含む

U.S.A.
(アメリカ)

ボーイング 737 MAX

ボーイング737の最新型である737 MAX。主翼端はATウイングレットになっている　Photo : Boeing

737 MAXの開発経緯と機体概要

エアバスが2010年12月1日にA320ファミリーの新世代型A320neoファミリー(P.54参照)のローンチを決めると、ボーイングもそれに対抗して2011年8月30日に次世代737(P.154参照)の新世代型計画をローンチした。これが737 MAXで、基本的には次世代737と同様に胴体長と収容力の異なるタイプによるファミリー構成が採られているが、次世代737では140席級の737-700が中心であったものの、2000年代以降はより大型の737-800に注文が多く集まるようになった。そこで、それに対応する737 MAXでは、MAX 8を中心機種にすることとした。また最小型の737-600ではMAXを作らないこととしたが、その理由はエアバスがA318でneoを作らない決定をしたことと同じである。

なおボーイングは2018年7月にエンブラエルの旅客機事業の買収計画を発表し2019年10月3日に「ボーイング・ブラジル-コマーシャル社」を設立した。これが順調に進めばE2ジェット・ファミリー(P.30参照)がボーイング旅客機の製品群に加わる可能性もあったのだが、2020年4月25

737 MAX 8のコクピット。完全に新しいスタイルのグラス・コクピットとなった　Photo : Wikimedia Commons

Photo : Yoshitomo Aoki

737 MAX 8のヘッド・アップ・ディスプレーの表示。ヘッド・アップ・ディスプレーが機長席のみなのは次世代737と同じである

日にさらなる提携交渉を打ち切ることが発表され、その結果、ボーイングで製造中のもっとも小型のジェット旅客機は737-600になっている。

737 MAXの胴体設計は従来の737各型のものを受け継いでいるので、ボーイング707（1958年10月就航開始）と同じ断面である。もちろん客室設計は大きく進化していて、次世代737のボーイング・スカイインテリアのように設備なども最新化されているが、座席周りスペースには大きな変化はない。また床室貨物室は扉が上ヒンジの内開き式なので、標準コンテナや一定の高さ以上に積んだパレット化貨物などには対応しておらず、バラ積みが基本になっている。加えて床面にはローラーなどの取り

イギリスのTUI航空の737 MAX 8。15機を運航している Photo : Wikimedia Commons

扱いシステムは標準装備されていないため積み卸しに手間がかかる。ただ、底面をスライドさせて重ねていける「マジック・カーペット」と呼ぶ装備がオプションで用意されており、奥の貨物（底面が重なっていくので高さに若干の制約がでるが）の出し入れを容易にすることが可能になる。ちなみにこの「マジック・カーペット」は、同じ単通路機で胴体の長いボーイング757（P.140参照）向けに開発されたものだ。

主翼も、基本設計はこれまでの737のものを受け継いでいるが、主翼端は完全に新しいものになった。これは先進技術（AT）ウイングレットと呼ばれるもので主翼端から上後方と下後方にフェンスが延びる楔形形状をしており、レイクド・ウイングチップとウイングレットの下側を組み合わせたようなものであるが、前縁の交差部は比較的鋭い角度になっている。上方のフェンスは前縁交点から2.51m、下方のフェンスは後縁交点から1.35mの長さがあり、上方フェンスと下方フェンスの後縁頂部の間隔は3.92mとなっている。このATウイングレットは、通常の翼端板と同様に、飛行中に主翼端から発生する誘導効力を減少させる働きをするのに加えて、主翼幅全体にわたって荷重を再分配するように働き、主翼の翼幅効果を高める。これらにより抗力の減少と揚力の増加を同時に成し遂げることができるので、従来のウイングレットと比較して、単通路機であれば燃料消費を1.5%減らせ、座席あたりコストでいえば8%の低減を実現する、とボーイングではしている。

エンジンは、次世代737のCFM56-7に換えて、同じCFMインターナショナルが開発したLEAP-1Bを装備する。これにより燃費率や排気物質の改善が行われるが、一方でファン直径が1.55mから1,76mと21cm大きくなることから、地上とのクリアランスを確保するために、パイロンを切り詰めるとともに取りつけ位置をわずかに前方に移すという設計変更が加えられた。

尾部は、テイルコーンの形状が787スタイルになっており、尾部の抵抗削減が図られている。これに加えて、エンジン・ナセルへの自然ラミナー・フロー設計や、垂直安定板へのハイブリッド・ラミナー・フロー設計を取り入れるなどして、いっそうの抵抗の減少を行っている。

操縦室は、787スタイルの横長カラー液晶表示装置を用いた完全なグラス・コクピットになり、次世代737ではオプションだったヘッド・アップ・ディスプレーは標準装備になっている。ただ操縦室のスペースなどは変わっていないため、副操縦士席側には表示用投影装置を取りつける場所がなく、次世代737同様に機長席のみの装備となっている。

飛行操縦装置については、完全なフライ・バイ・ワイヤ化などはもちろん行わず、油圧機力従来のシステムを維持する一方、スポイラー制御などごくかぎられた範囲にフライ・バイ・ワイヤを導入している。

ただ、飛行の安全性を高めるためコンピューター制御による飛行領域からの逸脱を防ぐ機能がつけられた。これは運動特性増強システム（MCAS）と呼ぶもので、フラップ上げ位置での手動操縦時に、迎え角が増加すると機能するもので、一義的には迎え角が大きくなりすぎることによる失速を防止するための機能だ。基本的な機能は、機首上げ姿勢で迎え角が限界よりも大きくなって主翼からの気流剥離による失速に陥る可能性が生じた際に、自動的に毎秒0.27度の機首下げトリムを作りだし、最長で9.26秒続いてこれにより2.5度の機首下げを、パイロットの操作なしに自動的に行うものである。

MCASは、737 MAXの機首部左

ボーイング・フィールドに勢ぞろいした737 MAXの各型 *Photo : Boeing*

右につけられた迎え角センサーが、5.5度以上の差を検出すると作動するが、フラップが引き込まれると作動を止める。MCASの作動時には、コクピットの表示装置に、作動を示すフラッグがでてパイロットに作動を知らせる。またMCASは、パイロットが手動トリムにオーバーライドすることができ、いつでもパイロットが操縦を取り戻すができるとボーイングはしている。もちろん、迎え角が十分に小さくなったときには、MCASは自動的に解除される。

ただ、2018年10月28日に起きたインドネシアのライオン・エアの737 MAX 8墜落事故(乗員・乗客189人が死亡)と2019年3月10日のエチオピア航空の事故(乗員・乗客157人が死亡)はこのMCASのシステムと機能、そしてパイロットへの教育などに問題があったとして、737 MAXに一時的な飛行停止措置が採られた。その影響は今も残っており、加えてコロナ禍による引き渡しの中断もあって、737 MAXプログラムは2023年夏時点でまだ完全には回復していない。

737 MAX各タイプの機体概要と事故による影響

◇**737 MAX 7**:標準型737 MAXの短胴型で、胴体は737-700をベースに、前方胴体で0.76m後方胴体で1.17m延長して、普通席2列の増加を可能にした。それに対応した機体構造やシステムの見直しも行われ、加えてMAXシリーズで取り入れられた主翼や降着装置の新設計も加えられている。初号機は2018年2月5日にロールアウトして、3月16日に初飛行した。型式証明の取得は遅れていて、2022年の引き渡し開始予定は2024年にずれ込んでいる。

◇**737 MAX 8**:737 MAXファミリーの基本型で、全長は737 MAX 7よりも3.91m長く、2クラス編成の標準仕様で178席を設けることができる。737 MAXで最初に作られたタイプであり、2016年1月29日に初飛行して2017年3月8日にアメリカ連邦航空局の型式証明を取得したが2018年と2019年の事故により再審査が行われることになって、2020年11月18日にアメリカ連邦航空局は航空会社による実用運航の再開を承認した。

◇**737 MAX 2000**:737 MAX 8をベースに、客室への高密度配置を可能にしたタイプで、薄型座席を用いることで最大で220席を設けることができる。1座席あたりの運航コストが737 MAX 8よりも5%低くなり、特に低運賃航空会社(LCC)にとっては魅力的なタイプになる。

◇**737-8ERX**:737 MAX 8をベースにした長距離型として提案されているもので、最大離陸重量を737

MAX 9と同じ88,300kgに引き上げて航続距離を4,000nmに延伸する計画。

◇**737 MAX 9**：737 MAX 8の胴体延長型で、全長が2.69m延び、2クラス編成の標準客席数が293席になっている。2017年4月13日に初飛行して2018年に型式証明を取得したが、737 MAX 8と同様にいったん取り消しになって再審査が行われ、2020年11月18日に航空会社による実用運航の再開が承認された。

◇**737 MAX 10**：2017年6月19日にユナイテッド航空からの大量発注を得てプログラム・ローンチした737 MAXファミリー中の最大型タイプで、全長は737 MAX 9よりも1.63m長く、2クラス編成標準で204席、単一クラス最大ならば230席を設けることができる。2019年11月22日にロールアウトしたが、事故とコロナ禍による737 MAXプログラム全体の遅れの影響を受けて初飛行は2021年6月18日にまで遅れてしまい、2023年夏時点でもまだ証明取得に向けての飛行試験段階にある。737 MAX 10の飛行試験では、2023年11月23日に作業の最終段階に入ることの認可をアメリカ連邦航空局から得たという発表があった。ボーイングでは、航空会社への引き渡しと実用就航の開始は、2024年になるとしている。737 MAX 10は大型化により重量が増加するため、必要な箇所の構造強化が行われ、エンジンもパワーアップ型になっている。さらに胴体を延長しても離着陸時の引き起こしに影響がでないようにするため、主脚の取りつけ位置をわずかに後方にずらした。

◇**ボーイング・ビジネス・ジェット(BBJ)**：ボーイングは、737 MAX 7/8/9の各タイプで、ビジネスジェット機型のBBJの提案も行っている。具体例はまだ示されていないが、標準的な航続距離はBBJ MAX 7が7,000nm、BBJ MAX 8が6,325nm、BBJ MAX 9が6,255nmになるという。

Photo : Yoshitomo Aoki

737 MAXの主翼端に標準装備されている、独特な形状をしたATウィングレット

[データ：737 MAX、737 MAX 8/MAX 200、737 MAX 9、737 MAX 10]

	737 MAX 7	737 MAX 8/MAX 200	737 MAX 9	737 MAX 10
全幅	35.92m	←	←	←
全長	35.56m	39.47m	42.16m	43.79m
全高	12.29m	←	←	←
主翼面積	127.3㎡	←	←	←
運航自重	未公表	45,070kg	未公表	未公表
最大離陸重量	80,000kg	82,600kg	88,300kg	89,800kg
エンジン×基数	LEAP-1B×2	←	←	←
推力	119.2～130.5kN	←	←	←
燃料容量	25,800L	←	←	←
巡航速度	M=0.79	←	←	←
実用上昇限度	12,497m	←	←	←
航続距離	3,800nm	3,500nm	3,300nm	3,100nm
客席数	153～172席	178～210席	193～220席	204～230席

U.S.A.
（アメリカ）

ボーイング X-66

TTW主翼を使いエンジンを主翼下に装備するX-66の想像図

X-66の開発経緯と機体概要

ボーイングがアメリカ政府から指名を受けて開発を行っている持続可能な飛行デモンストレーターの研究に用いられるのがX-66で、作業は多くのX機（特別研究機）プログラムと同様に、アメリカ航空宇宙局（NASA）と共同で実施される。機体設計の最大の特徴は、遷音速支柱支持翼（TTW：Truss-Braced Wing）を用いる点で、胴体から左右に細長く延ばされた主翼を、下面と胴体を支柱で結んで支える形状にすることで、これによりアスペクトの大きな細長い主翼を支え、飛行中に主翼にかかる荷重負荷を軽減する。アスペクト比は27程度の予定で、これは今日の単通路旅客機の8～10に比べるとかなり大きい。また飛行中の巡航速度は、マッハ0.75～0.80と、今日のジェット旅客機のものをほぼ維持する。航続距離は、より小型で効率的なエンジンを使用できれば、3,500nm以上になるという。

このX-66向けの主翼は、NASAによる亜音速超グリーン航空機研究（SUGAR：Subsonic Ultra-Green Aircraft Reach）プロジェクトにおいて、風洞試験を始めとして広範な調査が行われたもので、それを実機を使っての飛行試験を行うというのがX-66である。グライダーなどで高アスペクト比翼が発生する誘導抗力がきわめて小さいことはすでに実証されており、それをジェット旅客機に使用して低燃費率の高効率で持続可能な航空機実証実験を行おうというものだ。飛行デモンストレーターにはボーイングMD-90（P.162参照）の改造機が用いられる。

X-66についてはこれまで多くの想像図が公表されているが、いずれも主翼にエンジンを取りつけた通常形式機である。しかしMD-80はリアマウント機で、主翼のTWT改造に加えてエンジンの取りつけ位置変更という大きな改造作業も必要になるのは確かだ。エンジンの選定はまだ行われていないが、プラット&ホイットニーのギアード・ターボファンが有力な候補に挙げられている。ただCFMインターナショナルも、持続可能な革命的革新エンジン（RISE:Revolutionary Innovation for Sustainable Engines）と呼ぶオープン・ローター形式エンジンの研究を続けているので、このエンジンのデモンストレーターが完成するなどすれば候補にはなりえる。

X-66の飛行試験の開始は2028年が計画されていて、ボーイング737やエアバスA320クラスの130～210席級の燃料消費量を、まずは8～10%減らすことを目指す。

ボーイングのロングビーチ工場に運び込まれた、X-66の改造母機となるMD-90　Photo：Boeing

U.S.A.
(アメリカ)

ボーイング(マクダネル・ダグラス)MD-80

ルーマニアのジェトラン・エアのMD-82。垂直尾翼に静粛さを強調するマークが入れられている

Photo : Yoshitomo Aoki

MD-80の開発経緯

1970年代中ごろ、多くの航空会社が1980年代に入ると、新しい150席級の旅客機が必要になると考えており、メーカー各社もそれに対応する旅客機の研究を開始していた。マクダネル・ダグラスはDC-9をさらにストレッチすることが可能と考えて、DC-9-55と呼ぶ、DC-9-50の胴体延長型の開発を検討、1977年10月14日にこのタイプをDC-9スーパー80シリーズとして正式にローンチした。ボーイングやエアバスよりも早い取り組みであるとともに、既存機の発展型とすることでいち早く市場にだしてライバルに差をつけようという考えであった。

一方でDC-9の基本設計を150席級にするには、これまでのような胴体延長だけでは収まらないこともわかった。そこで主翼や尾翼にも設計変更を加えて、さらにエンジンも新世代化することにするなど、いくつかの変更がともなうことになった。こうしたことからマクダネル・ダグラスは、DC-9-55は「1980年代型」であるとし、それを強調するためにタイプ・ナンバーを大きく飛ばして、「80」とすることにしたのである。

MD-80の機体概要と名称変更

マクダネル・ダグラスが発表したローンチ当時のDC-9スーパー80の特徴は、胴体の延長と大型化主翼の装備、燃料搭載量の増加、4ポジションの新スラットの導入、JT8Dのリファン型エンジンであるJT8D-209の搭載などである。胴体断面はこれまでのDC-9のものを使うが、主翼の前後で計4.34mの延長を行い、標準客席数を155席とした。80席級でスタートしたDC-9-10に比べて、ほぼ2倍の客席数の増加である。

主翼は、スーパー80では機体の大型化にあわせて、付け根部に片側1.60mの挿入部を入れるとともに、翼端の0.61mの延長を行うこととした。これにより主翼のアスペクト比が大きくなり、巡航性能の向上につながった。

主翼後縁の二重隙間フラップは変更されていないが、付け根部に挿入を行ったことでこの部分もフラップになり、面積が増大している。DC-9-50の54,886kgに対して63,504kgに増加し、これに対応してエンジンも推力増加型となり、さらにはフロント・ファンを変更したリファン型で、これにより燃料消費の低減(約25%)と低騒音化を実現した、JT8D-209(82.2kN)を装備することにした。

こうしたDC-9スーパー80の初号機は、1979年10月18日に初飛行し、飛行試験に入った。

フィンランドのフィンエアのMD-87。MD-80シリーズの胴体短縮型である　*Photo : Yoshitomo Aoki*

最初のタイプであるDC-9-81は1980年8月25日に型式証明を取得して、10月にスイスエアにより路線就航を開始した。また1983年7月にマクダネル・ダグラスは、旅客機の呼称方式の変更を発表した。これまではダグラス民間機（Douglas Commercial）を意味する「DC」を使用してきたが、今後はマクダネル・ダグラス（McDonnell Douglas）を示す「MD」を関することとし、DC-9スーパー80にまず適用することとして、名称をMD-80シリーズに変更したのである。従ってDC-9-81は、MD-81と呼ばれることになった。

それより前の1979年4月16日には、ペイロード/航続距離性能の向上と、高温・高地性能を強化するため、エンジンをJT8D-217(93.3kN)に変更するDC-9-82(のちのMD-82)の開発が発表された。それ以外の点はDC-9-81とまったく同じであり、初号機は1981年7月30日に初飛行して、同年8月5日にリパブリック航空に引き渡された。

1983年1月には、最大離陸重量を72,576kgに引き上げて燃料搭載量を増加し、エンジンもさらにパワーアップしたJT8D-219(93.3kN)とする航続距離延伸型DC-9-83（のちのMD-83）が発表された。初号機は1984年12月17日（従ってこの時点ではMD-83になっていた）に初飛行して、1985年2月20日にアラスカ航空に引き渡されている。

これらが初期のMD-80シリーズで、このうちMD-82について、1985年4月に中国で26機の販売が承認され、このうち25機を中国国内で組み立てることになった。これはマクダネル・ダグラスがコンポーネントを供給し、中国でいわゆるノックダウン生産を行うというもので、初号機の組み立ては1986年1月に始められて、1987年7月2日に初飛行した。のちに追加発注が行われたことで、1994年末までに30機が中国で組み立てられている。またその後、同様の方式でMD-83 5機も中国で組み立てられた。

MD-83から MD-87へ

150席級のMD-80シリーズの生産が進むなか、DC-9-40/-50の旧式化も進み、130席前後の旅客機にも新たな需要がでるようになり、それに対応してMD-80シリーズの小型化版を開発することが決められた。これまで胴体延長を繰り返して大型化を続けてきたDC-9/MD-80シリーズで、初めてその流れに逆行するもので、マクダネル・ダグラスはこの110～130席の機体計画をMD-87として、1985年1月3日にローンチした。番号が「83」から一気に「87」まで飛んだが、これは就航開始目標年(1987年)にちなんだものであった。

MD-87の開発着手までに旅客機向けの技術の進歩が続いており、たとえばグラス・コクピットの装備もすでに一般化してきていた。MD-87ではあわせてこうした技術も導入することとして、DC-9/MD-80で初めて、カラー画面による電子飛行計器システムを導入している。また電子システムはすべてデジタル化され、二重の統合型飛行システム、カテゴリーIIIaの自動着陸の能力、自動操縦および安定増強装置、完全自動スロットルによる速度制限機能などを標準装備した。

胴体の短縮幅は主翼の前後であわせて5.13mで、これにより全長は39.75mとなって、DC-9-40の38.28mとDC-9-50の40.72mの中間の長さとなった。客席は2クラス編成で109

スペインのイベリア航空のMD-88。MD-80シリーズのなかでハイテク・レベルを高めたタイプだ　Photo : Wikimedia Commons

席が標準で、単一クラスでは標準配置で130席、最大で139席を設けることができた。また機体の小型化にあわせて、尾翼の舵の効きを確保するため、垂直安定板前縁に逆キャンバーをつけるとともに、水平安定板の全体の作動角を－12度から－14.3度に増やしている。

最大離陸重量は、標準仕様で63,504kgだが、オプションで67,813kgにすることもできた。オプション仕様は航続距離を延伸するためで、この場合床下貨物室の一部を潰して燃料タンクを増設した。このオプション仕様の航続距離は2,833nmになり、MD-80シリーズで最長のものである。エンジンは、JT8D-217に-219の新技術を導入して燃費率を改善した、JT8D-217C(88.8kN)になった。このMD-87の初号機は1986年12月4日に初飛行し、最初に受領したのはフィンランド航空で、1987年11月1日であった。

MD-88から MD-90へ

グラス・コクピットをはじめとする、MD-87で導入された新技術を初期のMD-80シリーズにフィードバックしたのがMD-88で、1986年1月23日に機対計画が発表された。基本的にはJT8D-219装備のMD-83をベースとするもので、機体構造の一部に複合材料が使用されるようになったが、これは軽量化が目的ではなく、腐食問題の解決などのためであった。

MD-88の初号機は1987年8月15日に初飛行して、同年12月19日にデルタ航空に対して初納入された。MD-80全シリーズの総生産機数は、DC-9各型を上回る1,191機で、1999年12月21日に最終生産機(TWA向けMD-81)を引き渡して製造を終了した。この時点では、ライバル機に対して大きな差をつけられていなかったのだが、エアバスのA320ファミリーや、ボーイングの737をさらに新世代化した次世代737が登場すると、MD-80では対抗しきれないと考えたマクダネル・ダグラスは、さらなる新世代化を行うMD-90(次項)へと進むことを決めたのである。

[データ:MD-81/-82/-83/-88、MD-87]

	MD-81/-82/-83/-88	MD-87
全幅	32.82m	←
全長	45.06m	39.75m
全高	9.02m	9.25m
主翼面積	112.3m2	←
空虚重量	35,300～36,200kg	33,200kg
最大離陸重量	72,600kg(83/88)	63,500～67,800kg
エンジン×基数	JT8D-217×2	JT8D-217C×2
推力	82.3～93.4kN	89.0kN
燃料容量	26,000L	←
巡航速度	M=0.76	←
実用上昇限度	11,278m	←
航続距離	2,550nm(83/88)	2,400～2,900nm
客席数	143～172席	117～139席

U.S.A.
(アメリカ)

ボーイング(マクダネル・ダグラス)MD-90

MD-80をベースにエンジンをV2500にするなどした発展型のMD-90 Photo : Wikimedia Commons

MD-90の開発経緯と機体概要

80席級のリアマウント双発ジェット旅客機として誕生したDC-9は、150席級のMD-80シリーズまで発展を続け、一定の市場シェアの獲得に成功し、その基本設計が優れていることを実証した。しかしエアバスが完全な新設計の新世代150席級機A320をローンチし、またボーイングも新型機の開発か737の次世代化を検討し始めると、マクダネル・ダグラスもこれらに対応する必要に迫られてきた。そこでMD-80ベースにした新世代化が行われることとなって、1989年11月14日にMD-90の機体名でプログラムを正式にローンチしたのである。

ローンチの時点では、MD-87の胴体を使用するMD-90-10、MD-88の胴体を延長するMD-90-30、そのエンジンをパワーアップ型にするMD-90-40、MD-90-40のヨーロッパ域内専用短距離離型MD-90-40ECの4タイプの開発計画が明らかにされた。ただそののちに計画の見直しが行われ、短胴型のMD-90-10は開発しないこととされ、また当面はMD-90-30の開発作業に一本化し、発展型はそののちに検討することとされた。

MD-90の設計の基本コンセプトは、次のようなものであった。

- MD-80のエンジンをIAE V2500に変更＝周辺騒音の低減、機内騒音の低減、排気物質の抑制、燃費効率の改善などを実現
- そのほかの改善＝顧客の要望にもとづく改良の導入、費用対効果に優れた技術の採用、安全性の強化
- 最新の基準にもとづく証明規定のアップグレード
- MD-88との同一操縦資格限定の達成

MD-90の胴体はDC-9/MD-80と同じ断面のものを使用し、従来の製造ラインをそのまま活用できるようにされた。ただし長さは、客席数増加のため、主翼の前方で1.45m延長することとした。また主翼も基本的には同じ断面の同じ設計のもので、重量の増加に対応して構造の強化だけが行われている。主翼を変更しないことで、失速や横操縦の特性はMD-88のものを維持できている。

また機体フレームは、DC-9/MD-80の運航実績で高い耐久性を有していることが実証されていて、たとえば1983年には胴体の繰り返し与圧試験は208,000回を達成している。加えてMD-90では、胴体に新しい腐食防護措置の適用が行われた。さらには内装に新しい設計技術を採り入れたことで、同じ断面の胴体であっても広がりのある印象を与えている。オーバーヘッド・ビンも大型化されて、

日本航空が日本エアシステムから受け継いで運航したMD-90-30 *Photo : Yoshitomo Aoki*

乗客1人あたりの手荷物収容スペース(前の座席の下も含む)は12%大きくなった。細かな点では、客室窓が大型化(737よりも11%大きい)され、あわせて取りつけ間隔を狭めて採光面積を拡大している。

コクピットは、MD-88で導入された電子飛行計器システムを用いたものがほぼそのまま用いられているが、操縦室乗員からの見た目は、DC-9/MD-80から大きく変わらないように設計された。たとえばスイッチやコンポーネント類は新型化されているものの、取りつけ場所は備えている機能を変えないようにした。また風防は設計変更を行って、前方外側風防の枠の幅をMD-80の10.9cmから7.5cmに細くし、加えてパイロットの両眼の障害物角度を7.5度から2.75度に減らしており、これらにより操縦室からの外側視界が63%改善されている。

エンジンは、インターナショナル・エアロ・エンジンズ(IAE)が開発したV2500ターボファンを採用した。V2500は、バイパス比5弱のターボファン・エンジンで、ファンにワイドコードのブレードを使用して燃料効率を高めるとともに騒音を抑え、また異物吸入に対しても高い抵抗力を備えている。このエンジンはA320でも選択エンジンの1つになっているが、MD-90ではリアマウント方式で取りつけるためファン・フレームやナセル、タービン排気ケースなどの細かな部分で手直しが行われている。こうした変更を加えたMD-90用のものはV2500-D5と呼ばれ、111.25kNのV2525-D5が基本装備だが、124.6kNにパワーアップしたV2528-D5の装備もオプションで可能にされた。

MD-90の初飛行から生産終了まで

MD-90-30は、2クラス制の標準客席数が153席で、単一クラスならば最大で172席を設けることができるようにされた。153席仕様での標準的な航続距離は、2,000nmである。こうしたMD-90-30の初号機は1993年2月11日に初飛行し、1994年11月16日に型式証明を取得して、1995年2月24日にデルタ航空に初納入されている。日本では、日本エアシステムが導入し、日本航空との統合のあとは日本航空により運航された。

MD-90ではまた、MD-90-30の重量をさらに引き上げてエンジンをパワーアップ型にするMD-90-50、MD-90-50の非常口を増設して最大客席数を203席にするMD-90-55と名づけた改良型も計画された。しかし1997年8月にマクダネル・ダグラスはボーイングと合併することになり、MD-90は次世代737と客席数や航続距離で完全に重複してしまうことから、製造機種を次世代737に一本化することが決まって1997年10月に、その製造停止と新規受注を受けつけないことが発表された。これにより、MD-90-50やMD-90-55も開発されないこととなった。こうした結果MD-90は、MD-90-30とその航続距離延長型のMD-90-30ERのみが製造されて、2000年10月23日にサウジアラビア航空(現サウディア)に最終機を引き渡して生産を終了、製造機数はわずかに116機であった。

[データ:MD-90-30ER]

全幅	32.86m
全長	46.51m
全高	9.33m
主翼面積	112.3㎡
空虚重量	40,098kg
最大離陸重量	75,396kg
エンジン×基数	V2525-D5×2
推力	111.2kN
巡航速度	M=0.76
実用上昇限度	11,278m
航続距離	2,237nm
客席数	153～172席

U.S.A.
(アメリカ)

ボーイング 717

MD-95の名称で開発が始まり、ボーイングとの合併で名称が変わった717-200

Photo : Wikimedia Commons

717の開発経緯と機体概要

マクダネル・ダグラスはMD-80の新世代化型MD-90の開発を決めた際に、MD-80シリーズの胴体短縮型であるMD-87をベースにした、MD-90-10の開発も計画していた。だが、このクラスにはV2500エンジンが大きすぎたことから、機体計画を見直すこととした。こうして設計されたのがMD-95で、1991年6月のパリ航空ショーで機体計画を発表したが、航空会社から関心を得られることができなかった。しかし1993年10月になると、アメリカの新興低運賃航空会社のヴァリュージェットがこの機体に関心を示して、1995年10月19日に確定50機、オプション50機という大量発注を行い、これを受けてマクダネル・ダグラスは同日付でプログラムを正式にローンチした。

MD-95は、MD-87の胴体をさらに短縮して標準客席数を106席としたもので、その結果機体の全長はDC-9-30とほぼ同じ37.81mになっている。主翼はDC-9-30に使用したものと同様のものが使われているが、新しいアルミ合金を多用して軽量化を図り、また取りつけ角を1.3度増加した。

エンジンには、BMWロールスロイス(現ロールスロイス)が開発した、新世代の小型ターボファンであるBR715を装備することとなった。

MD-95でMD-90から大きく変わったのが、コクピットである。MD-95では、大画面のカラー液晶表示装置4基を中央に、それよりもひと回り小型のカラー液晶表示をその左右に各1基配置した、横一列に6画面を並べた完全なグラス・コクピットになっている。加えて、完全なデジタル電子化により、操縦室内のコンポーネントをMD-87に対して50%以上減少させており、これにより操縦室乗員のワークロードを大幅に軽減した。

1997年8月にマクダネル・ダグラスとボーイングの合併で、これにより新生ボーイングは、従来のボーイングの製品と競合するとして、マクダネル・ダグラスの旅客機全機種の製造を停止する方針を決めた。このMD-95も当然その対象となったが、わずかながらも受注があったため、製造停止にはならなかった。

ただボーイングはMD-95の名称をほかの製品と統一するため、717に変更して製造を続けることにした。そして開発中のMD-95-30は717-200、重量増加型(旧称MD-95-30ER)は717-200の総重量増加(HGW)型と呼ばれることになった。

717-200の初号機は1998年9月2日に初飛行し、1999年9月1日に型式証明を取得した。ただ717に対する受注は結局伸びず、製造機数は156機に終わり、2006年5月23日に最終機を引き渡して、プログラムを完了した。

[データ:717-200基本型]

全幅	28.45m
全長	37.80m
全高	9.04m
主翼面積	93.0㎡
空虚重量	30,600kg
最大離陸重量	50,000kg
エンジン×基数	BR715-A1-30×2
推力	84.2kN
巡航速度	M=0.77
実用上昇限度	11,278m
航続距離	1,430nm
客席数	106～134席

U.S.A.
(アメリカ)

ボーイング(マクダネル・ダグラス)MD-11

KLMオランダ航空のMD-11。同航空は10機のMD-11を導入し、
写真はその最終10番機である

Photo : Wikimedia Commons

MD-11の開発経緯と機体概要

ダグラスが開発した3発の大型旅客機DC-10に1980年代に入って実用化が進んだ最新技術を導入して近代化するというのがMD-11の出発点で、フライ・バイ・ワイヤ操縦装置や2人乗務コクピットがその中心であった。この機体案は1985年6月のパリ航空ショーで機体計画が発表され、のちにMD-11となる機体設計の特徴のほぼすべてを備えていた。垂直安定板を貫くかたちでの第3エンジンの装着方式も、DC-10を受け継いでいた。こうしたことから、MD-11の外形上の大きな特徴は主翼端のウイングレットの装備だけに思われがちだが、実際には胴体を延長して収容力を増やし、また水平安定板と尾部の設計変更も行っている。

胴体は、DC-10と同じ真円断面のものだが、主翼の前後で計5.66mの延長を行い、これにより3クラス編成の標準客席数は265席となり、ほかにも3クラス編成で297席、2クラス編成で374席、単一クラスでは最大405席などといった座席配置が可能となった。また客室のオーバーヘッド・ビンも設計を変更して、大容積化を行うとともに、一区画の長さを2.03mにして長尺のもち込み手荷物の収容を可能にしている。

水平安定板の変更は胴体の延長にともなうもので、胴体が長くなった分テイル・モーメントを稼ぐことができたので小型化し、あわせて空力的な改善として翼型にキャンバー形状を導入した。これにより水平安定板自体の重量軽減が実現した。他方翼型の変更で、水平安定板内に燃料タンクを設けることも可能にしている。尾部コーンは平板な形になり、これも空力特性を改善している。主翼や操縦翼面についても、基本的にはDC-10のものを踏襲して、変更点を極力少なくした。

操縦室の設計はマクダネル・ダグラス独特のもので、6基の正方形のカラーCRTによる画面表示式計器を横一列に並べた。この操縦室には、「ダーク・コクピット」と呼ぶ概念が導入され、あらゆる時点で必要なもの以外のスイッチ、警報、そのほかのライトなどが99%、オフになっている。必要なもの以外は点灯(あるいは点滅)しておらず、ライトがオンになったら、乗員はなんらかの不具合や異常があったと容易に察知できるの

DC-10の基本設計を活用して完全な新世代化を行ったアメリカン航空のMD-11 *Photo : Wikimedia Commons*

である。

エンジンは、ジェネラル・エレクトリックCF6-80C2D1F(237.6kN)か、プラット&ホイットニーPW4460(267.0kN)からの選択が可能で、DC-10と同様にロールスロイス製エンジンは加えられていない。

MD-11の初飛行から生産終了まで

MD-11は、1986年12月30日にプログラムが正式にローンチされて、その初号機の製造は1988年3月に開始されたが、途中で製造上の問題や納入コンポーネントの不具合、さらには製造工場でストライキがあって完成が予定よりも遅れて、初号機のロールアウトは1989年10月になった。初飛行は1990年1月10日で、1990年11月8日に型式証明を取得し、12月7日にフィンランド航空に初納入された。しかし初期の生産機はマクダネル・ダグラスが保証していた性能(特に航続距離と性能に経済性)を満たすことができず、航空会社が受領を拒否する事態が起き、加えてシンガポール航空の発注キャンセルも起きた。

性能不足が著しかったのはプラット&ホイットニーPW4460装備型で、ペイロード28tで7,000nmを飛行できるとされていたものが、ペイロードを22tに減らさないとこの航続力は得られなかった。こうしたことからマクダネル・ダグラスとエンジンを供給する2社は1990年に性能改善計画(PIP)を開始した。

PIPの主眼は性能向上にあり、MD-11の機体フレーム自体の軽量化、燃料搭載量の増加、エンジン性能の改善、空力的洗練の追加などが盛り込まれて、1995年に作業を得た。これにより、離陸重量の増加(273,289kgから276,962kgまでの範囲で選択が可能)と航続距離の延伸(もっとも主重量を選択するとCF6装備型で440nm、PW4000装備型で710nm航続距離が延びた)、構造重量の1,020kgの軽量化、抵抗の減少、燃料容量の増加、離陸距離の削減、エンジンの改善などが実現された。このPIPを最初に適用した機体は、1990年11月に引き渡されている。

1994年2月には、本格的に航続距離を延伸したMD-11ERがローンチしている。このタイプでは最大離陸重量を285,990kgに引き上げて、燃料搭載量も取り外し可能型の増槽を装備することで、最大で11,356L追加することができるようにされた。これにより、増槽を装備すれば480nm航続距離が延び、増槽を使用しなければペイロードを2,721kg増やすことができた。またこのMD-11ERの、乗客298人が乗った状態での標準航続距離は7,213nmになり、747-400にほぼ匹敵する航続力が得られるようになった。

マクダネル・ダグラスは、1997年8月4日にボーイングとの合併作業を完了して、社名もボーイングに変わった。この時点でMD-11の製造はまだ続いており、合併当初には製造の継続も示されていたが、ボーイングは民間機製品の統合を行うことを決めて、777-200/-300と完全に競合するMD-11の製造は続けず、受注残の製造を終えた時点で生産終了とし、新規受注も受けつけないことを1998年に発表した。

[データ:MD-11標準型]

全幅	51.97m
全長	61.62m(CF6)/61.24m(PW4000)
全高	17.53m
運航自重	128,808kg
最大零燃料重量	181,400kg
最大離陸重量	273,294kg
最大着陸重量	195,048kg
最大ペイロード	49,391kg
エンジン	ジェネラル・エレクトリックCF8-80C2(273.7kN)またはプラット&ホイットニー PW4460(267.0kN)×3
燃料容量	146,173L
最大巡航速度	520kt
実用上昇限度	13,000m
最大航続距離	7,240nm
客席数	250～410席

U.K.
(イギリス)

BAEシステムズ BAe146

BAEシステムズ社有で、同社の社内用務・連絡飛行に使われているBAe146-200A　Photo : Yoshitomo Aoki

BAe146の開発経緯

1972年初めにイギリスの、ホーカー・シドレー(HS)が、支線(今でいう地域路線)向けの70席級短距離ジェット旅客機を計画したのがこの機種の発端である。本来であれば双発が望ましかったのだが、当時このクラスを双発機とするのに適した高バイパス比ターボファン・エンジンがなかったことから、推力の小さなアブコ・ライカミングALF502による4発機とすることとし、また滑走路の短い地方空港での運用を念頭に、強力な高揚力装置を備えた主翼を高翼で配置するというユニークな機体構成が採られた。

尾翼は、水平尾翼を垂直尾翼頂部に配置するT字型とし、後部胴体最後部には左右に分かれて大きく開くエアブレーキを取りつけることとした。ALF502はアメリカ空軍の次期攻撃機計画にノースロップが提案したYA-9用のエンジンとして開発されていたためスラストリバーサーがなく、短距離滑走での着陸を可能にするには、大面積のエアブレーキは不可欠であった。

BAEシステムズ設立の経緯

こうして基本設計が固まったHS146は、1973年7月にイギリス政府が開発計画を承認したことで作業が着手されたが、その直後に世界的なオイルショックが勃発し、その影響でイギリスも大不況に陥ったこと、また自国内だけでなく世界的にも必要な販売機数が見込めないことなどを理由に、1974年10月に作業は中止されることとなった。

その後イギリスは、乱立気味だった航空機産業企業の統合化に乗りだして、ブリティッシュ・エアクラフト・コーポレーション(BAC)、ホーカー・シドレー・エビエーション、ホーカー・シドレー・ダイナミックス、スコティッシュ・エビエーションを合併させることとして1977年4月29日に国営企業としてブリティッシュ・エアロスペース(BAe)を設立したのであった。BAeはその後もさまざまな変遷をたどって今日ではBAEシステムズとなっている。

イギリス政府は、新航空機メーカーとなるBAeについて、設立記念事業を実施することを計画した。基本的には新しい民間旅客機を開発しようということだったが、一からマーケティングなどを行って機体規模を決め、それにもとづいて設計に着手

イギリス空軍の王室飛行班(第32飛行隊)が運用していたBAe146 CC.Mk1　*Photo : Royal Air Force*

するのでは時間がかかりすぎ、設立記念事業としてのインパクトも薄れる。そこで白羽の矢が立ったのが、休眠状態にあったHS146で、BAe146として復活させることとなり、機体開発が再スタートしたのである。

BAe146の機体概要

約4年の時を経ての復活で、この間に航空機技術は各種の進歩を遂げていたが、それらを採り入れて設計の変更などを行うとコストと時間がかかるため、前記したように時間短縮を優先事項として、基本的には1973年当時に固まっていた設計をそのまま活用することとなった。こうして70席という小型の4発ジェット機というほかに類を見ない一種独特な機種ができあがった。

もっとも心配されたことが運航や整備などにかかる経費だったが、ALF502が思いのほか良好な低い燃料消費を示したことで、燃料費は一定の範囲内に収まった。またエンジンのもともとの設計が整備性を考慮したモジュール構成になっていたため、部品点数がかなり少ないなど整備性にも優れていた。さらに、主翼後縁の78%をファウラー・フラップが占めていて、3.38というきわめて大きな揚力係数を要し、短距離離着陸性能に優れるという特徴も備えることができていた。これは、離着陸時の上昇/進入角度を大きくできるので、低騒音運航を可能にした。これによりBAe146は、騒音規制のもっとも厳しいヒースロー国際空港で、夜間に運航できる承認を最初に取得した機種になっている。

胴体は真円断面で、直径は3.42mと、このクラスとしては太く、普通席では通路を挟んで2+3席の横5席配置が標準となっている。ただ内装設計自体は古いので、オーバーヘッド・ビンの容積など、実用化当時の基準に照らすと標準レベルに足していないものもある。操縦室もその1つで、グラス・コクピットにはなっておらず、昔ながらの計器類が使われている。これについて当時のBAeは、この機体のオペレーターは中小の航空会社が多くなり画面表示計器による電子飛行計器システムにはなじみがなく、一方でそうした装備を取り入れると機体価格が高額になるので在来型にしたと説明していた。飛行操縦システムも当然。従来型の機力システムだ。

高翼配置の主翼は、25%翼弦での後退角は15度ときわめて浅いが、これはHS146が想定していた使用路線の飛行時間が1時間程度であり、高速飛行能力がまったく必要ないとされたためである。最大運用マッハ数は0.73であり、この程度の速度であれば、後退角を浅くして翼幅を稼いだほうがはるかに効率的な運航が可能となる。尾翼はT字型配置で、水平安定板後縁に昇降舵、垂直安定板後縁に方向舵がある。

BAe146では、標準型で70席級のBAe146-100と、その胴体を2.39m延長して85席級とするBAe146-200が開発されることとなって、BAe146-100が1981年9月3日に初飛行し、BAe146-200も1982年8月1日に初飛行した。実際に就航を開始すると、前述した短距離離着陸能力や静粛性が航空会社から高く評価され、収容

エールフランスとシティジェットが共同運航で使用していた長胴型のBAe146-300　Photo：Wikimedia Commons

力の増加を求める声がでてきた。そこでBAeは、BAe146-200の胴体を2.31m長くするタイプの開発を行い、これをBAe146-300とした。その開発機はBAe146-100を改造して作られて、1988年6月に初飛行している。型式証明の取得は1983年2月8日で、これはもちろんBAe146-100に対する認定だが、胴体延長型も胴体長の違い以外に大きな変更はなかったので、スムーズに証明を取得していった。

BAe146を最初に実用就航させたのはイギリスのダン・エアで1983年5月にロンドン・ガトウィック〜ベルン（スイス）線であった。その後もアメリカのパシフィック・サウスウエスト航空、エア・ウィスコンシン、アスペン航空などでの運航が始まり、いくつもの外国の航空会社がそれに続いた。さらにイギリスでは王室飛行班の要人輸送機に選定されて、146-100 3機が146 CC.Mk1（初号機）、2号機と3号機が146-CC.Mk2として引き渡され、さらにのちにはTNT航空が使用していた2機の貨物型146-200QTが中古で購入されて146C.Mk3として使われた。これらの機体を運用したのは、イギリス空軍の2王室飛行班であった。

このほかにもBAeは空中給油・輸送機型のBAe146STA、BAe-146-200または300をベースにした軍用輸送型BAe146Mなど、いくつかの派生型を提示し、デモンストレーターの製造も行ったたが、発注は得られなかった。

BAe146から アブロRJへ

BAeは1991年初めに、BAe146の新世代型を「新地域航空機（NRA）」の名称で開発する計画を示した。エンジンを双発にして経済性の向上を図り、主翼を大型化して運航効率を改善するという機体案だった。しかし変更点が多すぎることから、実現はしなかった。一方で1993年には、発展型としてアブロRJを開発することを決めた。このRJは、ほとんどの部分はBAe146を受け継ぎ、エンジンを改良型のLF507に変更するというもので、4発機である点も変わらない。コクピットには、電子飛行計器システムが導入された（次項参照）。

［データ：BAe146-100、BAe146-200、BAe146-300］

	BAe146-100	BAe146-200	BAe146-300
全幅	26.34m	←	←
全長	26.19m	28.55m	31.90m
全高	8.61m	←	←
主翼面積	77.3㎡	←	←
運航自重	23,820kg	24,600kg	25,640kg
最大離陸重量	38,101kg	42,184kg	44,225kg
エンジン×基数	ALF502R-5×4	←	←
最大推力	31.1kN	←	←
燃料容量	33.4kN	11,728L	←
巡航速度	M=0.70	←	←
実用上昇限度	10,668m	←	←
航続距離	2,090nm	1,970nm	1,880nm
客席数	70〜82席	85〜100席	97〜112席

U.K.
（イギリス）

BAEシステムズ アブロRJ

ルフトハンザのアブロRJ 85

Photo：Wikimedia Commons

スイス・インターナショナルのアブロRJ 85

Photo：Yoshitomo Aoki

アブロRJの開発経緯と機体概要

前項で記したように、イギリスが独自に開発したユニークな小型4発ジェット旅客機BAe146は、1993年に新世代化が行われることとなって、アブロRJに名称が変更された。改良点の1つが操縦室への電子飛行計器システムの導入によるグラス・コクピット化で、6基のカラー液晶表示装置が使われて、2基ずつがパイロット前にあって一次飛行表示と航法表示を行い、残る2基が中央でエンジン関連表示に用いられている。

エンジンのLF507は、基本的にはBAe146のALF502と同じだが、最大推力がわずかに減格されてまた推力の均一化が行われたことで、運転効率が向上している。エンジンの制御には、デジタル電子式のFADECが用いられている。

このほかにはBAe146とRJにはほとんど違いはなく、両機種の各タイプの対応は次のとおりだ。なおBAe146では-200/-300に発注が集中したので、BAe146-100のRJは作られていない。

◇BAe146-200＝RJ85
◇BAe146-300＝RJ100

BAEシステムズはRJシリーズのさらなる発展型としてエンジンをハニウェルAS997 4基とするRJXの開発に乗りだし、85席級のRJX85を2001年4月28日に、100席級のRJX100を同年9月23日に初飛行させた。しかしBAEシステムズは、このクラスジェット旅客機は将来需要が乏しいとして3機の試作機を完成させた時点で開発を断念した。

こうしてBAe146/RJは394機（BAe146が221機、RJが170機、RJXが3機）で生産を終えたが、これはビッカース・バイカウント（2948〜1963年製造）の445機に次ぐ、イギリスで二番目に多く作られた旅客機となった。

［データ：RJ70、RJ85、RJ100］

	RJ70	RJ85	RJ100
全幅	26.34m	←	←
全長	26.19m	28.55m	31.90m
全高	8.61m	←	←
主翼面積	77.3㎡	←	←
運航自重	23,820kg	24,600kg	25,640kg
最大離陸重量	38,101kg	42,184kg	44,225kg
エンジン×基数	LF507-1F×4	←	←
最大推力	31.1kN	←	←
燃料容量	11,728L	←	←
巡航速度	M＝0.70	←	←
実用上昇限度	10,668m	←	←
航続距離	2,090nm	1,970nm	1,880nm
客席数	70〜82席	85〜100席	97〜112席

Ukraine
(ウクライナ)

アントノフ An-148

An-148にはバイパス比4.95のプログレスD-436ターボファンが使われている
Photo : Yoshitomo Aoki

高翼でターボファン双発の旅客機であるAn-148-100
Photo : Yoshitomo Aoki

An-148と各タイプの機体概要

1990年代に開発作業がスタートしたターボファン双発の地域ジェット旅客機で、An-74の基本設計がベースとなっている。

2004年12月17日に初号機が初飛行し、約600時間の飛行試験のあとウクライナとロシアの型式証明を取得して、2009年6月に量産が開始された。

機内には68～85席を設けることができ、1,100～2,400nmの航続力を有する。ほぼ真円の断面をもつ胴体に主翼を高翼で配置し、尾翼はT字

現在のウクライナ情勢を考えればAn-148の将来は絶望的である　*Photo : Yoshitomo Aoki*

型である。エンジンは、高翼配置の主翼からパイロンを介して吊り下げていて、相対的に位置が低いので、エンジンを取りつけたまままの整備がしやすいというメリットがある。そのエンジンは、プログレスが開発したD-436で、バイパス比は4.95あって、燃費率に優れたものになっている。飛行操縦装置はデジタル式フライ・バイ・ワイヤで、操縦室は縦長のカラー液晶表示装置5基によるグラス・コクピットである。

An-148のサブタイプの概要

このAn-148には、次のサブタイプがある。

◇**An-148-100A**：標準仕様機。

◇**An-148-100B**：航続距離を1,900nmとする航続距離延伸型。

◇**An-148-100E**：航続距離をさらに最大で2,400nmとする最大離陸重量43,700kg型。

◇**An-148-200**：胴体延長型でAn-158として製造。

◇**An-148-300**：ビジネスジェット型でAn-168とも呼ばれる。客席数8～40席で、3,800nmの航続力をもたせる計画。

◇**An-148DRLV**：ロシア空軍に提案されている空中早期警戒管制型だが、ロシア・ウクライナ紛争の勃発により提案取り下げ。

An -148の現状と今後

前記したように、An-148-200として計画された胴体延長型は、An-158（P.176参照）の名称で試作機が完成し、2010年4月28日に初飛行した。胴体の延長は約1.7mで、これにより標準客席数を86席から99席（単一クラス最大）に増加できている。外形上の違いとしては、主翼端に楔形のフェンスが追加されたことが挙げられる。2011年3月3日には、ロシアの型式証明を取得した。

An-148はロシアの政府機関やウクライナ、北朝鮮、キューバの航空会社から受注を得ていたが、ロシアによる軍事侵攻で生産は行えない状態にある。また軍事侵攻がなくても、全体的に時代遅れで競争力に乏しい機種なので、多くの製造は望めなかったであろう。

[データ：An-148-100E]

全幅	28.91m
全長	29.13m
全高	8.19m
主翼面積	87.3㎡
運航自重	22,000kg
最大離陸重量	43,700kg
エンジン×基数	D-436-148×2
最大推力	62.3kN
最大燃料重量	12,050kg
巡航速度	430～470kt
実用上昇限度	12,192m
最大航続距離	2,400nm
客席数	68～85席

Ukraine
(ウクライナ)

アントノフ An-158

An-148の胴体延長型であるAn-158　*Photo : Yoshitomo Aoki*

An-158の機体概要

70～80席級の双発旅客機An-148(P.174参照)の胴体延長型An-148-200として計画されたもので、約1.7mのストレッチを行うことで86～102席機としたのがAn-158-100である。2クラス編成の標準仕様であれば86席を配置でき、単一クラスの高密度配置の最大が102席となる。胴体の延長以外は客室設計や操縦室、各種システムなども含めてほとんど手が加えられておらず、An-148と約95%の共通性を維持しているとされている。

胴体長以外で外形面で大きく異なるのは、主翼端に小さな楔形のウイングレットがついたことである。エンジンも同じプログレスD-436だが、機体の大型化にともない最大定格推力が67.2kNに引き上げられている。

機体のプロジェクトが開始されてアントノフがAn-148からの試作改修に着手したのは2009年9月26日で、2010年4月15日に初号機がロールアウトした。4月28日には初飛行を行って、この年のファーンボロ航空ショーに出展されて飛行展示も行い、国際デビューを果たしている。2011年2月には、ウクライナの航空当局から型式証明の交付を受けた。2013年3月20日に量産初号機が初飛行して、4月22日にキューバのクバーナ航空に初引き渡しが行われた。ただ実商用運航には入っておらず、2014年4月4日に量産4号機が初飛行したことで2号機から4号機までがクバーナ航空に引き渡された。さらに2014年7月14日には、クバーナ航空向け5号機が初飛行した。

その後生産はある程度順調に進んだものの、引き渡し実績は伸びておらず、クバーナ航空への引き渡し機数も6機にとどまっている。そしてほかのアントノフの航空機と同様に、ロシアによるウクライナ侵攻が始まったため旅客機の製造はほぼ不可能になっており、An-158もこのまま消え去ることになるのであろう。

[データ:An-158-100]

全幅	28.91m
全長	31.63m
全高	8.20m
主翼面積	87.3㎡
運航自重	22,000kg
最大離陸重量	43,700kg
エンジン×基数	プログレスD-436×2
最大推力	67.2kN
巡航速度	432～470kt
実用上昇限度	12,200m
航続距離	1,900nm
客席数	86～102席

プロペラ旅客機

PROP AIRLINERS

Brazil
(ブラジル)

エンブラエル EMB 110バンデイランテ

エンブラエルが地域旅客機メーカーとして進出するきっかけとなった
EMB 110バンデイランテ

Photo：Wikimedia Commons

EMB 110バンデイランテと各タイプの機体概要

1968年10月26日に試作機EMB 100(YC-95)が初飛行した与圧キャビンを備えた低翼のターボプロップ双発輸送機で、まずプラット&ホイットニー・カナダPT6A-27(507kW)を装備した初期量産型のEMB 110/C-95が製造された。1972年末にブラジルの民間航空当局から型式証明を取得して、1973年4月にブラジルの航空会社のトランスブラジルにより初就航した。この量産民間型が15席のEMB 110Cで、安価な機体価格と低廉な運航経費を実現し、アメリカの超短距離(いわゆるコミューター)路線機として好評を博して、コミューター航空の礎を築いた。

量産の主体は民間型となり、1990年までに軍用輸送型とあわせて503機が製造され、航空機産業を工業の基板とする政策を掲げてブラジルが1969年に設立したエンブラエル社を、世界的な航空機メーカーに押し上げることとなった。軍・民あわせて多くの派生型が作られたが、主要な民間型には次のものがある。

◇**EMB 110C**：軍用型YC-95をベースにした15席の最初の民間旅客機型。

◇**EMB 110K**：胴体を0.85m延長したタイプで、後方胴体下面にベントラル・フィンを追加。PT6A-34エンジン(560kW)を装備。

◇**EMB 110P**：EMB 110Cのブラジルの航空会社向け民間旅客型。PT6A-27エンジン(560kW)を装備。

◇**EMB 110P1**：後方胴体に大型貨物扉を備えた軍用輸送型C-95Aをベースにした民間向け貨客混載型。

◇**EMB 110P1/41**：EMB 110P1の貨客転換型。

◇**EMB 110P2**：EMB 110P1と同じだが大型貨物扉を廃止。

◇**EMB 110P2A**：最大客席数を21席にしたコミューター型。

◇**EMB 110P2A/41**：EMB 110P2Aの機内与圧システムの改良型

1980年代にはコミューター航空の規制緩和が見込まれたことからエンブラエルはEMB 110の大型化を検討したが、機体の基本設計が古くまたそこまでの余裕がないことから、30席の完全な新型機EMB 120ブラジリア(P.179参照)の開発に進むこととして1980年代に入ると販売活動を停止し、1990年に生産を終了した。

［データ：EMB 110P1A/41］

全幅	15.33m
全長	15.09m
全高	4.92m
主翼面積	29.1㎡
空虚重量	3,590kg(旅客仕様時)
最大離陸重量	5,900kg
エンジン×基数	プラット&ホイットニー・カナダPT6A-35×2
出力	559kW
燃料容量	1,720L
巡航速度	222kt
実用上昇限度	6,550m
航続距離	1,060nm
客席数	18席

Brazil
(ブラジル)

エンブラエル EMB 120ブラジリア

EMB 110に続いて30席級地域旅客機でも成功作となったEMB 120ブラジリア
Photo : Wikimedia Commons

EMB 120ブラジリアと各タイプの機体概要

エンブラエルがEMB 110バンデイランテ(P.178参照)に続いて開発した30席のターボプロップ双発地域航空(コミューター)機で、真円断面の胴体を使ってより大きな差圧での機内与圧を可能にするとともに機体全体をなめらかにしたことで、空気抵抗の少ないより高い高度まで上昇し、高速での巡航飛行を可能にした。

エンジンにはプラット&ホイットニー・カナダPW115(1,100kW)が選ばれたが、後期生産型では出力増加型のPW118/118A118B(1,340kW)が使われている。プロペラは、ハミルトン・スタンダード14RF19 4枚ブレード定速型。機体構成上の大きな特徴は比較的大面積の垂直尾翼を用いT字型尾翼を使用していることで、この尾翼や主翼前縁などにはケブラー複合材料が使用されている。客室は最大幅2.11m、最大高1.75mで、通路を挟んで1席+2席の横3席が標準仕様である。操縦室は、通常計器を用いた在来型設計だ。これで、30席の客席を設けることを可能にした。

EMB 120の初号機は1983年7月27日に初飛行して、1985年5月にブラジル民間航空当局の型式証明を受領した。実用就航の開始は1985年10月で、アトランティック・サウスイースト航空によるものであった。量産型は、基本型で最大離陸重量11,500kgのEMB 120のほかに、重量増加・航続距離延伸型のEMB 120ER、純貨物型EMB 120FC、迅速化客転換型のEMB 120QC、要人輸送型のEMB 120RTが作られていて、またブラジル空軍も人員輸送型C-97と要人輸送型VC-97を計20機装備した。

エンブラエルは1990年代末期になると、地域航空向け旅客機をファンジェット機にシフトすることとしてブラジリアの製造を子会社のネイバに移行した。ネイバは1999年から2002年までに29機のブラジリアを製造したが、2006年に航空機の製造を農業機に一本化したため、2002年以降の製造機はない。

一方のエンブラエルも、ネイバへの生産移行にあわせてブラジリアの販売活動を終えて2001年に生産を終了し、本機種がエンブラエル最後のターボプロップ旅客機となっている。各タイプをあわせた生産総数は、ネイバのぶんも含めて357機であった。

[データ:EMB 120ER]

全幅	19.79m
全長	19.96m
全高	6.35m
主翼面積	39.4㎡
空虚重量	7,140kg
最大離陸重量	11,990kg
エンジン×基数	プラット&ホイットニー・カナダPW118A×2
最大出力	1,340kW
燃料重量	2,656kg
巡航速度	270kt
実用上昇限度	9,754m
航続距離	1,770nm
客席数	30席

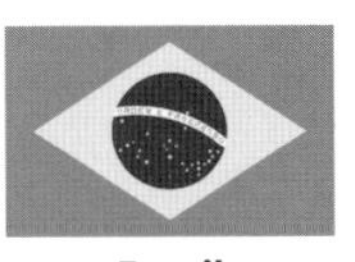

Brazil
（ブラジル）

エンブラエル 次世代ターボプロップTPNG

エンブラエルが研究・開発中の次世代地域旅客機TPNGの想像図 Image : Embraer

TPNGの開発経緯と機体コンセプト

エンブラエルは2019年5月に、まったく新しいコンセプトのターボプロップ地域旅客機の構想を立てて、2020年7月にはそれを70席級にするとしたが、2020年10月にひと回り大型の75〜90席級にした概念図を公表した。設計目標データなどは未公表だが、航続距離は500〜700nmとされている。

これがTPNGと呼ぶもので、70席機なのでTPNG 70と仮称されることもある。TPNGは、Next Generation Turboprop（次世代ターボプロップ）を意味する。

胴体にはEジェットのものをそのまま使用し、一方で推進システムは完全に一新して、プロップファン形式の装置をリアマウントで装着する。その結果、尾翼はT字型になる。新しい推進システムや空力設計により運航効率は向上し、同じ距離の飛行であれば70席級のATR72よりも5%、80席級のQ400であれば25%の燃費低減が見込め、座席あたりのコストも対ATR72で18%、対Q400で25%低減できるとエンブラエルではしている。しかしその鍵となるエンジンやプロペラなどについてはまだなんの発表もなく、そのほかの機体に関する詳細も明らかになっていない。

TPNGの開発と就航の見通し

ボンバルディアが旅客機ビジネスからの撤退を決めたことで、現在40席以上のターボプロップを受注・製造しているのはATRのみ（バイキングエアがQ400を受け継いでいるが）で、そのクラスの後継機種のマーケットはオープンではある。ただ席数が多くなれば地域ジェット旅客機との競争になり、ターボプロップ機には速度や乗り心地など不利な一面もある。そのためはっきりとした需要が見込めないのも事実で、今のところ西側には、エンブラエル以外に新型機の開発計画を明らかにしている企業はない。そしてそのエンブラエルも、決して急いで開発する必要はないとして、2023年5月26日に、計画は少なくとも数年は遅れるだろうとの見通しを同社のCEOが示した。それ以前の時点では、就航開始の目標時期は2027年または2028年とされていた。

Canada
(カナダ)

デハビランド・カナダ DHC-6ツインオター

フロート装備の水上機型DHC-6シリーズ300

Photo : Bombardier

DHC-6および各タイプの機体概要

デハビランド・カナダ(のちにボンバルディアに吸収)が1964年に開発に着手した最大20席級の双発軽輸送機で、1965年5月20日に初飛行した。高翼で固定脚3脚のシンプルな機体だが、主翼の高揚力装置は強力で、きわめて優れた短距離離着陸能力を有するとともに高い汎用性が認められて、北アメリカの民間軽輸送機市場を席巻し、さらにそれは日本を含めた諸外国にまでおよび、加えて多くの国の軍も導入した。ちなみにアメリカ軍での制式名称はUV-18。こうした結果、1965年から1988年までのデハビランド・カナダ/ボンバルディアでの製造機数は844機に達している。

当然多くの派生型も作られたが、民間向けの主要タイプは次のとおり。

◇**DHC-6Dシリーズ100**:最初の量産型でPT6A-20(410kW)を装備。

◇**DHC-6シリーズ110**:シリーズ100のイギリス型式証明取得型。

◇**DHC-6シリーズ200**:シリーズ100の改良型。

◇**DHC-6シリーズ300**:PT6A-27(510kW。定格出力は460kWに減格)装備の性能向上型。

◇**DHC-6シリーズ310**:シリーズ300のイギリス型式証明取得型。

◇**DHC-6シリーズ320**:シリーズ300のオーストラリア型式証明取得型。

◇**DHC-6シリーズ300S**:主翼にスポイラー11枚をつけ、主輪にアンチスキッド・ブレーキを備えたもの。デモンストレーター6機のみ製造。

◇**DHC-6シリーズ400**:次ページ参照。

◇**DHC-6クラシック300-G**:シリーズ300をシリーズ400と同等の仕様にアップグレードしたもので、グラス・コクピットや新設計の客室を装備。

またそれぞれのタイプで、湖など水上での発着を可能にするフロート装備の水上型が作られている。

なお、機種愛称の「Otter」の発音は「オッター」だが、日本への売り込みに際して販売代理店が、「オッター=落ちる」を連想させて縁起が悪いとして「オター」にしたという逸話がある。

[データ:DHC-6-300]

全幅	19.81m
全長	15.77m
全高	5.94m
主翼面積	39.0㎡
空虚重量	3,363kg
最大離陸重量	5,670kg
エンジン×基数	PT6A-27×2
定格出力	460kW
燃料容量	1,466L
最大巡航速度	182kt
実用上昇限度	7,620m
航続距離	771nm
客席数	20席

Canada
(カナダ)

バイキング・エア DHC-6-400ツインオター

DHC-6-300を近代化したバイキング・エアのDHC-6-400

Photo : Yoshitomo Aoki

DHC-6-400の開発経緯と機体概要

カナダのバイキング・エアは2005年5月に、旧デハビランド・カナダ製航空機に関する各種の権利をボンバルディアから取得し、そのなかにはDHC-6シリーズ300も含まれていた。バイキング・エアはこの機種について、旧式機ではあるがまだ需要が見込めるとして、近代化版の開発を行うこととした。これがDHC-6シリーズ400で、2006年のファーンボロ航空ショーで確定とオプションあわせて27機を受注し、プログラムをローンチした。

ベースになったのはそれまでの最終生産型であるシリーズ300で、改良点の1つはエンジンを出力増加型のプラット＆ホイットニー・カナダPT6A-34にすることであったが、操縦室のグラス・コクピット化も必須の課題であった。そこでハニウェルのプリマス・エイペックス電子飛行計器を装備することとして、主計器盤には4枚の大画面カラー液晶表示が並ぶこととなった。左右席の操縦桿が、1本の太いバーで結ばれている点に変わりはない。機体フレームの細かな点では、荷重のかからないパネルやアクセス扉をプラスチック製にして、軽量化を行っている。

DHC-6シリーズ400の初号機(技術デモンストレーター)は2008年10月1日に初飛行して、2010年から生産型の引き渡しが開始された。またシリーズ300までと同様にフロート装備型も作られていて、シリーズ400Sシープレーンと呼ばれている。さらに、シリーズ300のコクピットをシリーズ400の電子飛行計器システムに変更した改造機もあって、シリーズ300-Gと名づけられた(前ページ参照)。シリーズ400の製造はバイキング・エアのみで行われていて、このタイプがバイキングエアで製造した唯一のDHC-6でもある。

製造は2008年に開始されて現在も量産は続いており、140機以上が作られている。またバイキング・エアは2019年から機体のプラスチック製コンポーネントを3Dプリンターで製造していて、機体価格の低下を実現した。

[データ:DHC-6シリーズ400]

全幅	19.81m
全長	15.09m
全高	5.94m
主翼面積	39.0㎡
空虚重量	3,221kg
最大離陸重量	5,670kg
エンジン×基数	PT6A-34×2
出力	559kW
燃料容量	1,466L
最大巡航速度	182kt
実用上昇限度	7,620m
航続距離	799nm
客席数	19席

Canada
(カナダ)

ボンバルディア ダッシュ7

4発機で驚異的な短距離離着陸能力をもつダッシュ7　Photo : Wikimedia Commons

ダッシュ7の開発経緯と機体概要

デハビランド・カナダ(のちにボンバルディア)が1970年代初めに開発を開始した4発の50席級ターボプロップ機。日本のYS-11などこのクラスでは双発機が一般的だが、カナダで強く求められる優れた短距離離着陸性能の要求を満たすため、強力な高揚力装置とエンジンの大出力を組み合わせることとしたことから4発機となった。

高揚力装置は最大で45度まで下がるフラップを有し、また超低速飛行でも機体の操縦を行えるようにするために「スポイレロン」を用いて、130ktでの操縦を可能にするとともに、滑走路長610mの飛行場でも運用できる能力を有した。デハビランド・カナダの命名方式に従ってDHC-7と名づけられた本機種の初号機は、1975年3月27日に初飛行して、1978年に就航を開始した。

デハビランド・カナダはのちに製品名から「DHC」を外すことを決め、一方で「-」をダッシュと読ませて、製品名をダッシュ7(セブン)に変えた。この命名方式はボンバルディアに吸収されたあとは、ほかの製品にも受け継がれたが、DHC-6へは逆行しなかった。

ダッシュ7は求められた性能は満たすことができたが、4発機はやはり維持・保守の面で経済性が悪く、航空会社からは敬遠されて、製造機数は軍用向けも含めて113機(試作機2機を含む)にとどまった。民間向けの主要なタイプには、次のものがある。

◇**DHC-7-1**:試作機の名称。

◇**DHC-7-100**:最初の生産型で、最大離陸重量は1,950kg。

◇**DHC-7-101**:前方胴体左舷に大型貨物扉を備えたもので、最大離陸重量は19,950kg。

◇**DHC-7-102**:DHC-7-100と同様だが、最大離陸重量を19,970kgとしたもの。

◇**DHC-7-103**:DHC-7-101と同様だが、最大離陸重量を19,970kgとしたもの。

◇**DHC-7-150**:1978年型と呼ばれる改良型で、わずかに燃料搭載量を増加した。客室内装にも変更を加えて、居住性などを改善している。

◇**DHC-7-150IR**:DHC-7-150をベースにしてカナダ運輸省に引き渡された北極圏の氷や汚染状況の観測機。

[データ:DHC-7-103]

全幅	28.35m
全長	24.58m
全高	7.98m
主翼面積	79.9㎡
空虚重量	12,560kg
最大離陸重量	19,970kg
エンジン×基数	PT6A-50×2
出力	840kW
最大速度	231kt
実用上昇限度	6,400m
航続距離	690nm
客席数	50～54席

Canada
(カナダ)

ボンバルディア Q100/200/300

カリブ海方面を運航するアメリカのカリビアンスターのQ200

Photo : Wikimedia Commons

DHC-8の開発経緯と機体概要

1970年代中期に、きたるべき地域旅客機の規制緩和を見越してデハビランド・カナダ(のちにボンバルディア)が開発に着手したのが30席級のターボプロップ双発のDHC-8で、1983年6月20日に試作機が初飛行した。

機体名称について先に記しておくと、前ページのダッシュ7で記したように製品名から「DHC」を外したことで本機種も「ダッシュ8(エイト)」と呼ばれるようになった。さらにダッシュ8にはシリーズ100から300までの各タイプがあり、ダッシュ8の特徴の1つである優れた短距離離着陸性能により離着陸時の上昇と降下時に地上と大きな高度差を採ることができるようになって空港周辺の騒音の低下を可能にした静粛性を強調するため、「静か(Quiet)」の頭文字と各タイプの数字を組み合わせたQ100などと呼ぶようになった。また新名称の「Q」シリーズとなったものには、アクティブ式騒音および震動抑制システム(ANVS)が装着されていて、機内の震動と騒音も低減されて居住性が改善されている。

DHC-8の機体構成はダッシュ7同様の高翼配置の主翼とT字型尾翼の組み合わせで、ダッシュ7ほどの極端な短距離離着陸能力は不要とされたので、高揚力装置は簡素化された。一方で巡航飛行能力の改善が求められていたことから主翼のアスペクト比は12.32と大きく、巡航効率の向上を目指したことがわかる(長胴型のQ300ではさらに13.36になっている)。

胴体は真円断面で、中に設ける客室は最大幅2.49m、最大高1.88mのスタンダップ・キャビンで、通路を挟んで2席+2席の横4席配置が標準仕様だ。座席列上部には、ほぼ全体にわたって固定棚式のオーバーヘッド・ビンがあるが、ローラーバッグのような大きな荷物の収容はできない。コクピットの計器類は針とダイヤルの従来型計器が標準装備で、のちには一部を画面式計器に変更して一次飛行表示(PFD)や航法表示(ND)を可能にするオプションも提示されたが、パイロットの操縦資格の共通性などから、このオプションを採用した航空会社は多くはなかった。一方で在来型計器によるコクピット装備機ではQ100からQ300まで、パイロットの型式限定は完全に共通とされた。エンジンはプラット&ホイットニー・カナダPW120シリーズで、これにハミルトン・スタンダードの14SF-7定速4枚ブレード・プロペラが組み合わされた。

Q100/200/300各タイプの機体概要

Q100からQ300までの主要なサブタイプは次のとおり(軍用派生型や政府機関向けもいくつかあるが、それらは割愛する)。

◇**DHC-8シリーズ100(ダッシュ8シリーズ100、のちにQ100)**:最大離陸重量15,000kgのDHC-8-101が基本型で、15,650kgにしたDHC-8-102、102の重量を15,950kgへの引き上げを可能にしたDHC-8-103、

熊本県の天草エアラインの初代使用機であったQ100。旧塗装である

USエアウェイズの接続便に使われるUSエアウェイズ・エクスプレスのQ300

DHC-102にヒーステクニカ設計の客室を取り入れて客室内最大高を1.94mとしたDHC-9-102A、最大離陸重量を16,450kgにしたDHC-8-106がある。

◇**DHC-8シリーズ200(ダッシュ8シリーズ200、のちにQ200)。PW123Cエンジン装備のDHC-8-201と**:PW123Dエンジン装備のDHC-8-202がある。社有のシリーズ100を改造して試作機として開発を行った。

◇**DHC-8シリーズ300(ダッシュ8シリーズ300、のちにQ300)**:胴体を3.43m延長して50席級機に大型化したもので、主翼も大型化された。エンジンもPW123の出力増加型になっている。1987年5月15日に初飛行した。基本型のDHC8-301、ヒーステクニカ設計の客室を備えたDHC-8-311、エンジンを改良型のPW23BにしたDHC-8-314、さらなる改良型のPW123EにしたDHC-8-315、ペイロード重量を増加したDHC-8-300Aが作られている。

デハビランド・カナダはその業績不振から、1986年にボーイングに買収されて、航空機製品全機種がボーイングの製品になった。しかし、ジェット旅客機に比べて製品としての経済規模が非常に小さいこと、ターボプロップ旅客機のマーケットがジェット旅客機のそれとは異なりボーイングの経験や実績が活かせないことなどから、ボーイングはターボプロップ機ビジネスに興味を失い、1992年にデハビランド・カナダ部門をボンバルディアに完全に売却した。ボンバルディアは、Qシリーズの生産活動を継続し、軽量型で需要が見込めないQ100の製造を2005年に終了したほかは、旅客機ビジネスから手を引いた2009年まで製造を続けた。

[データ:Q100/200、Q300]

	Q100/200	Q300
全幅	25.89m	27,43m
全長	22.25m	25.68m
全高	7.49m	←
主翼面積	54.4㎡	56.2㎡
運航自重	10,477kg	11,793kg
最大離陸重量	15.650kg/16,466kg	19,505kg
エンジン×基数	PW123C/PW120×2	PW123B/E×2
出力	1,300kW/1,600kW	1,860kW
燃料容量	3,160L	←
巡航速度	270kt	287kt
実用上昇限度	7,620m	←
航続距離	1,02-0nm/1,125nm	924nm
客席数	37～40席	30～56席

Canada
(カナダ)

デハビランド・カナダ Q400

ルクセンブルクのルクスエアのQ400。Qシリーズでは最大型の機種である Photo : Yoshitomo Aoki

Q400の開発経緯と機体概要

DHC-8のシリーズ100から300(P.184参照)で30～50席級の地域航空向けターボプロップ機市場で一定のシェアを獲得したデハビランド・カナダ(のちにボンバルディア)は、ヨーロッパでフランスとイタリアが共同でATRを設立し、40席級のATR42(P.201参照)と70席級のATR72(P.204参照)の開発に着手すると、70席級の対抗機種を開発することを計画した。

基本的な構想はDHC-8シリーズ300のさらなる胴体延長派生型であったが、1985年6月のパリ航空ショーで機体プログラムがローンチされると、次第に相違点が増えていき、共通しているのは胴体断面だけというものになっていった。

この機種も、当初はDHC-8-400(またはダッシュ8シリーズ400)と呼ばれたが、最終的にはQ400になっている。胴体の延長幅はシリーズ300に対して6.83mで、これにより標準で68～78席、最大で90席の客席を配置することが可能となった。胴体断面が変わっていないので客室の基本設計もそれまでのQシリーズと同じで、ヒーステクニカ設計の客室を取り入れた場合には客室内最大高が1.94mになる。

胴体の延長にあわせて主翼や尾翼も大型化され、主翼面積はQ300に対して1.13倍になり、全高もQ300より約90cm高くなった。最大離陸重量のQ300の1.5倍強になったためエンジンの大幅なパワーアップが必要になり、Q300が装備したPW123の2倍以上の出力をもつプラット＆ホイットニー・カナダPW150(7,831kW)が使用され、またプロペラはダウティのR408 6枚ブレード高効率型になった。これによりQ400は、離陸時のプロペラ回転数を1,020rpmに抑えることを可能にして、さらなる低騒音化を実現した。エンジンのパワーアップとプロペラの高効率化は巡航飛行高度の引き上げももたらしていて、その結果空気密度が低く抵抗がより小さい高度を飛行できるようになり、巡航速度が300～360ktと25%高速化していて、同一区距離区間の所要時間を短縮することもできるようになっている。

Q400でもう1つ大きく変わったのが操縦室で、15.2×20.3cmの縦長カラー液晶表示装置5基をメインにした完全なグラス・コクピットになって新世代化した。これによりQ100からQ300までで保たれていた操縦資格限定の共通化は崩れたが、もともとデハビランド・カナダはQ400の操縦について、胴体がかなり長くなっていて離着陸時の引き起こし角が違うなど限定資格の共通化は不可能とし、Q400のコクピットには最新技術を導入するとしていたから、計画どおりのものではあった。またオプションで、ヘッド・アップ・ディスプレーと同様の機能を有するヘッ

Q400のコクピット。それ以前のQシリーズ機種のものとはまったく共通性がない　Photo : Bombardier

ド・アップ・ガイダンス・システムの装備も行える。

Q400各タイプの機体概要

Q400の初号機は1997年11月24日にロールアウトして、1998年1月30日に初飛行した。型式証明取得に向けた飛行試験には5機が投入され、合計約1,400回で約1,900時間の飛行を行って、1999年6月14日にカナダ運輸省の型式証明を取得した。続いて1999年12月に欧州合同証明機構(現欧州航空安全庁)の、2000年2月にアメリカ連邦航空局の型式証明も取得している。

このQ400には、次の各タイプがある。

◇**DHC-8-400**：最大客席数68席の最初の生産型。

◇**DHC-8-401**：最大客席数を70席に増加したもの。

◇**DHC-8-402**：最大客席数を78席としたもの。

◇**Q400**：DHC-8-400の各タイプにアクティブ式騒音・震動抑制システム(ANVS)を導入したもの。

◇**Q400 NextGen**：Q400の改良型で、客室、機内照明、窓、オーバーヘッド・ビン、降着装置に改良が加えられた。燃費の低減と整備経費の低下策も盛り込まれた。

◇**Q400-MR(GenQ400AT)**：Q400の空中消火機型。

◇**DHC-8 MPA-D8**：Q400を機体フレームを活用した海洋哨戒型。

◇**DHC-8-402PF**：ペイロード9,000kgのパレット専用貨物機改造型。

◇**Q400CC**：乗客50人と貨物3,720kg搭載可能のコンビ型。日本の琉球エアコミューターの発注によりローンチした。

2007年にはQ400の胴体をさらに延長するQ400Xストレッチと名づけた機体計画が示された。延長幅などの具体的な変更点は明らかにされなかったが、主翼の前後に胴体プラグを挿入することで90席級にするというものであった。これはATRが計画した90席級に対抗するものであったが、ATRが90席級機の開発を取りやめたことで、Q400Xストレッチにも進展はなかった。ただこの種の機種の客席数増加の模索は続けられていて、座席間隔を28インチ(71cm)ピッチにするとともに、後方圧力隔壁を移動して86席仕様を可能にする案などの検討が行われたこともあった。

Q400の事故と受注機数

型式証明を取得して実用就航を開始したQ400は、しばらくの間は順調であったが、2007年9月にスカンジナビア航空の機体が4日間で2件の降着装置の不具合による事故を起こし、さらに10月にももう1件が続い

ラトビアのリガを本拠とするエア・バルティックのQ400
Photo : Yoshitomo Aoki

た。いずれも乗員・乗客に死者がでるほどの大事故ではなかったが、脚のロック機構での不具合発生という共通した原因による事故であり、さらに同種の事故はほかの航空会社により世界の各地で発生していたことがわかった。スカンジナビア航空よりも前であるが日本でも、2007年3月13日に高知龍馬空港で、着陸した全日本空輸のQ400の前脚が引き込まれてしまうという事故が起きている。こうした一連の降着装置に起因する事故は2018年まで続き、対応に時間がかかったことからQ400は安全性に大きな疑問をもたれることになった。現在は、その問題は解決されているものの、Q400でトラブルなどが発生すると、ほかの機種よりも大きく取り上げられるというケースが今も世界中で続いている。

とはいっても、Q4000が航空会社にとって魅力的な機種であったことも確かであった。増加した客席数は乗客1人あたりの運航コストを低下させ、またグラス・コクピットなどの新技術は運航信頼性の向上などにつながった。このためQ100とQ200は2005年に、Q300は2009年に生産を終了したが、Q400だけは製造が継続されている。そして、少し古い2019年3月末時点の数字になるが、Qシリーズは全タイプあわせて1,316機を受注していたのに対し、Q400の受注機数は645機と、ほぼ半数(49%)を占めていた。

デハビランド・カナダ復活の経緯

デハビランド・カナダは、Qシリーズによりターボプロップ地域旅客機の市場で成功を収めはした。しかし製品単価が安価なことと強力なライバルの存在などから経営状態は決してよくなく、1986年には地域航空に関心をもっていたボーイングに買収されることとなった。ただボーイングにとってこの分野はなじみがなく、ビジネスケースにならないとして1992年にデハビランド・カナダをボンバルディアに売却した。ボンバルディアはジェット旅客機ビジネスに力を入れ始めたのだが、100席強のCシリーズを開発するとボーイングとエアバスからの圧力がひどくなり、民間旅客機ビジネスに嫌気がさして2019年にこの事業から完全に撤退した。

ただボンバルディアの旅客機の改造や修理などを行っていたバイキング・エアとその持ち株会社であるロングビューは、Q400にはまだ製品価値があるとして2018年7月にボンバルディアから製造・販売などあらゆる権利を買い取って事業を継続することにしていた。その事業体として新会社「デハビランド・カナダ」を2019年1月に設立し、カナダの名門航空機メーカーの社名を約30年ぶりに復活させた。

今日のデハビランド・カナダはロングビュー・エビエーションの100%子会社で、Q400の製造作業はトロント近郊のダウンズビュー施設で行われているが、2022年夏に、この施設を売却してアルバータ州にデハビランド・フィールドと名づける新施設を建設する計画が発表された。新施設の完成まではダウンズビューの工場を稼働させ、2025年には新工場で最初の機体(DHC-515消防飛行艇の予定)を完成させる計画である。

[データ:Q400]

全幅	28.42m
全長	32.84m
全高	8.36m
主翼面積	64.0㎡
運航自重	17,819kg
最大離陸重量	30,481kg
エンジン×基数	PW150×2
出力	3,781kW
燃料容量	6,526L
巡航速度	330～360kt
実用上昇限度	8,229m
航続距離	1,100nm
客席数	68～86席

China
(中国)

哈爾浜飛機工業(集団)公司 運輸12

中国が独自開発したピストン・エンジン軽輸送機運輸11をターボプロップ化した運輸12。写真は運輸12F

運輸12の開発経緯や各タイプの機体概要

1974年11月に中国政府がだした汎用軽輸送機計画に対して哈爾浜が示した機体案が採用されて作られたのが運輸11(Y-11)で、1975年に開発が開始された。だが当時の中国には小型のターボプロップ・エンジンがなかったため、活塞6A星形ピストン・エンジンを使用した。機体構成は直線の主翼を高翼で配置して胴体とを支柱で結び、降着装置は前脚形式で固定式の3脚というきわめて一般的な機体構成ではあるが、1970年代に誕生した新型機とは思えない、古めかしい設計機でもあった。試作機は1975年12月30日に初飛行して、1977年4月3日に量産が開始された。

その基本設計を残してエンジンをターボプロップとしたのが運輸12(Y-12)で、エンジンにはプラット&ホイットニー・カナダPT6A-11(353kW)が選ばれて、その試作機Y-11Tは1982年7月14日に初飛行した。量産型にも運輸12(Y-12)の名称がつけられて、初期の量産型Y-12(I)は機体全体をわずかに大型化している。これによりコミューター旅客機仕様では、客席17席を設けることが可能になっている。続いてエンジンをパワーアップ型のPT6A-27(462kW)にするとともに、主翼前縁スラットの廃止、後部胴体下側のフィンの廃止などを行ったY-12(II)が開発されて、1984年8月16日に初飛行して1985年12月25日に中国の型式証明を取得した。以後このタイプが量産の標準型となり、後記する各種発展型のベースにもなっている。

運輸12の主要な発展型は次のとおり。

◇**Y-12(III)**:エンジンを中国製の渦奨9ターボプロップとするものだったが、渦奨9の生産計画中止により機体も計画のみに終わった。

◇**Y-12(IV)**:主翼幅を19.20mに拡大して最大離陸重量を引き上げ、最大客席数を19席にしたもの。

◇**Y-12C**:Y-12(IV)のエンジンを渦奨9の開発型にしたもので、試作エンジンを搭載して1機だけ作られて、中国人民解放空軍でのエンジン開発調査に用いられた。

◇**Y-12Eハルビンガー**:PT6A-135A(462kW)エンジンを装備して、プロペラを軽量型に変更、客席数を18席にしたもの。

◇**Y-12Fエアカー**:Y-12の大幅改良型で、主翼を先細りのテーパー翼にし、胴体をひと回り大きくするなどの設計変更を加えたタイプで、降着装置が引き込み式になった。主翼と胴体をつなぐ支柱はなくなり、胴体側の支柱取りつけ部は大きな膨らみとなって主脚の収納スペースとなっている。コクピットは表示装置4枚を中心にしたグラス・コクピットになり客室内装も近代化されている。またエアカーのプロペラは新設計の高効率低騒音金属製5枚ブレードのものになっている。試作機が2010年12月19日にロールアウトして、年末までに初飛行を終えたとされる。

[データ:Y-12E]

全幅	19.20m
全長	14.86m
全高	5.68m
主翼面積	36.9㎡
最大離陸重量	5,670kg
エンジン×基数	プラット&ホイットニー・カナダPT6A-135×2
出力	462kW
最大速度	162kt
実用上昇限度	7,000m
航続距離	724nm
客席数	18席

China
(中国)

西安飛機工業(集団)公司 運輸7

中国通用航空の運輸7-100

Photo : Chinese Internet

運輸7の開発経緯と機体概要

中国は1960年代に、アントノフAn-24"コーク"ターボプロップ双発機を手本に、旅客輸送にも使える輸送機を独自に開発することを計画した。これが運輸7(Y-7)で、作業は西安飛機工業で行われ、1980年12月25日に初飛行している。1983年には量産が承認されて、1984年2月1日に量産初号機が飛行した。

Y-7はいわゆるコピー生産機ではあるが、エンジンも国内で開発・製造することとし、東莞が渦奨5を外国の支援なしで独自に開発した。標準型であるY-7の高温・高地性能を高めたのがY-7Eで、空軍向けはY-7Gと呼ばれている。1985年には発展型のY-7-100が作られており、主翼端にウイングレットを取りつけたのが外形上の大きな特徴である。

このころは西側諸国との国交樹立や関係改善からエンジンや電子機器の入手が容易になり、エンジンをプラット&ホイットニー・カナダPW127(2,148kW)に変更し、ロックウェル・コリンズの画面式計器を使った電子飛行計器システムによるグラス・コクピットを備えるなどした近代化型のY-7-200Aが作られ、さらにそのエンジンを渦奨5のパワーアップ型にしたY-7-200Bもある。これらでは、ウイングレットが廃止された。

機内を貨物輸送主体の仕様とし、後部胴体にランプ兼用の貨物扉をつけた軍用型のY-7Hも開発されて、中国人民解放空軍に引き渡されている。またその最大離陸重量を21,800kgから24,000kgに引き上げた民間向けのY-7H-500も製造されている。

[データ:Y-7-200B]

全幅	29.20m
全長	24.71m
全高	8.55m
主翼面積	75.3㎡
運航自重	14,000kg
最大離陸重量	21,800kg
エンジン	渦奨5E×2
最大出力	2,850kW
最大速度	248kt
最大航続距離	1,700nm
客席数	50席(最大)

China
(中国)

西安飛機工業(集団)公司 MA60/600/700

運輸7をベースに近代化技術を追加して作られたMA600 Photo : XAC

MA60/600/700の開発経緯と機体概要

ターボプロップ輸送機運輸7(P.190参照)の改良型であるY-7-200Aをベースに、より近代的な旅客機にしようという計画が1980年代後半に立てられて西安飛機工業で作業が開始され、1988年に基本設計が審査に合格して開発が始められた。60席級であることから新舟60(MA60)と命名されたこの機種は、1996年に8月に詳細設計審査も通過して試作機の製造が始められて、2000年3月21日に初飛行した。エンジンはプラット＆ホイットニー・カナダPW127Jで、コクピットにはロックウェル・コリンズの電子飛行計器システムを装備し、客室デザインも一新されて、もとが1950年代後半に設計された機体とは思えないほどのものになった。

しかし、当時の中国による製造技術レベルの低さから量産機の品質に問題があって、発注していた中国の航空会社が受領を拒否し、つまずきを生じてしまった。のちに問題は解決したものの、中国とこの機種を導入した航空会社がある一部の国以外では型式証明が得られず、販売や運航ができない状態になった。

2013年7月9日には、トンガの航空会社、リアル・トンガに中国政府から1機が無償で寄贈された。トンガはニュージーランドからの観光客が多く、ニュージーランド向け路線にMA60を投入して観光客の輸送を行うことを計画したのであった。しかしニュージーランドを含む西側諸国はMA60に対して安全性に問題があることなどから前記のとおり型式証明を交付しておらず、またニュージーランド当局は今後も証明を与えない方針を示したため、計画は実現しなかった。

運輸7を大幅に近代化して開発されたMA60は、旅客機として実用化にこぎつけることはできたものの、いくつもの問題点があることも示した。その一方で西安飛機工業では、比較的早い段階でMA60をさらに近代化する必要があると考えていて、その機体案を練っていた。それを形にしたのがMA600で、機体の基本設計自体はMA60のままで大きさなどは変わらず、一方で搭載電子機器をより新しいものにして、エンジン出力も増加させることにしたものである。搭載電子機器では、ロックウェルコリンズのプロライン21電子飛行計器

Photo : Yoshitomo Aoki
MA600の大型化版MA700の模型

西安飛機の工場で完成状態にあるMA700の量産型一番機
Photo : Chinese Internet

システムが導入され、エンジンは同じPW127Jだが、出力が2,148kWになって、あわせて信頼性も高められて、片発停止状態でも120分間飛行を継続することを可能にする認定を得ることを計画していた。このMA600の初号機は2008年10月9日に初飛行して、この時点で中国やアジア、アフリカの航空会社から136機を受注しているとされたが、確認はとれておらず引き渡しは行われていないと見られる。またほかには、中国民間飛行大学が、操縦訓練用に2機を発注している。

西安飛機工業ではMA600に続いて、同じ技術を用いて胴体を延長し70席級にするMA700の開発も進めて、2021年9月23日(24日ともいわれる)に初飛行させた。大型化と新技術の使用により運航コストはMA600よりも20%程度低下するとされているが、アメリカとの関係悪化で今後の作業がどのように進むかは不透明であったが、2022年には量産型初号機の製造が開始された。座席間隔を詰めれば86席まで配置することが可能とされている。なお量産機のエンジンについては、2014年7月にプラット&ホイットニーPW150C(3,700kW級)を選定したことが発表されている。またプロペラは、偃月形6枚ブレードのダウティR504である。

[データ:MA60]

全幅	29.20m
全長	24.71m
全高	8.55m
全高	8.85m
主翼面積	75.0㎡
運航自重	13,700kg
最大離陸重量	21,800kg
エンジン×基数	PW127J×2
出力	2,051kW
最大速度	276kt
実用上昇限度	7,620m
航続距離	864nm
標準客席数	60席

[データ:MA700]

全幅	27.89m
全長	30.51m
全高	7.90m
空虚重量	15,800kg
最大離陸重量	27,600kg
エンジン×基数	PW150C
出力	3,700kW
最大速度	344kt
実用上昇限度	7,620m
航続距離	810nm
客席数	68〜86席

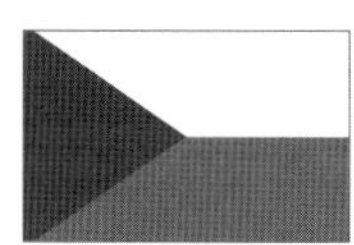

Czech
(チェコ)

エベクター EV-55アウトバック

飛行試験で編隊を組んだEV-55の1号機と2号機

Photo : Evector

EV-55アウトバックの開発経緯と機体概要

チェコの超軽量動力機などのメーカーであるエベクター-エアロテクニクが2000年代後半に開発を決定した小型双発機で、旅客輸送用にした場合には最大で14席を設けることができる。胴体はほぼ矩形の断面をしているので、機内与圧システムはなく、運用高度は2,500m程度以下に制限されることになっている。その機内の客室は、寸法が5.02×1.61mで、通常の客席数は9席だが、規制などが許せば、スペース的には最大で14席を設けられるという。コクピットは横長大画面カラー液晶表示装置を使ったグラス・コクピットで、操縦装置は左右のハンドルをバーでつないだ操縦桿である。

主翼は高翼配置で、尾翼はT字型。主翼端には丸味をもたせた小さな三角形によるフェンスがあり、翼端での誘導抗力の発生を抑えている。降着装置は前輪式3脚で、前脚は機首下部内に、主脚は左右胴体下部に設けられた小さなスポンソン内に収められて、飛行中は完全収納形態になる。エンジンはプラット&ホイットニー・カナダPT6A-21で、チェコのアビアが製造した直径2.08mで4枚ブレードの定速プロペラを駆動する。またEV-55は電動モーターとの転換が可能なハイブリッド機としても計画されていて、この方式が実現すれば騒音の低下はもちろん、18%以上の燃料消費の低減が可能になるとされている。機種名の「EV」は、電動とのハイブリッド化計画(Electric Vehicle)を強調したものだ。

EV-55の試作初号機は2011年6月24日に初飛行して、続いて作られた2号機とともに飛行試験に入っている。ただその後の情報はまったくなく、おそらくは販売計画が成り立たず需要も見込めないことから、開発は中断しているものと考えられる。

[データ:EV-55]

全幅	16.10m
全長	14.35m
全高	4.66m
空虚重量	2,685kg
最大離陸重量	4,600kg
エンジン×基数	PT6A-21×2
出力	339kW
燃料重量	1,656kg
最大速度	220kt
航続距離	925nm
客席数	6～14席

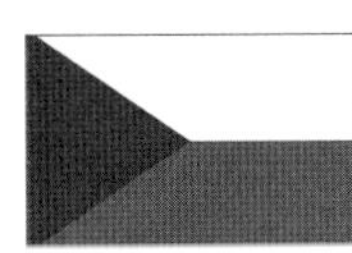

Czech
(チェコ)

Let L-410ターボレット

L-410シリーズのなかでもっとも多くが製造されたL-410UVP

Photo : Let

L-410の開発経緯と機体概要

チェコスロバキア(現チェコ)のレット・クノビーチェが1960年代中期に開発したターボプロップ双発の軽輸送機で、アエロフロートの20席級機の要求に応じて作業が始められた。低価格でまた維持費も低廉な機体を基本コンセプトとしており、その結果、客室は非与圧式だが、一方で必要に応じさまざまな仕様に転換できる柔軟な設計が採られている。ただ客室寸度は最大幅1.95m、最大高1.66mなので、ほとんどの人が身体をかがめないと機内の移動ができない。通路を挟んで1席＋2席の横3席が標準配置で、3.35mのキャビンに30インチ(76cm)ピッチで19席を設けることができるが、どれをとっても今日の基準からするとかなり狭苦しいのは致し方ないところだ。

降着装置は前脚式3脚の完全引き込み型で、油圧により作動する。主翼前縁やプロペラ、風防、ピトー管などには電熱ヒーターによる防除氷システムが備わっているが、主要な機体システムといえるのはその程度で、複雑なものは使われていない。飛行操縦装置はごく一般的な油圧機力システムで、主翼後縁のフラップは電動である。主翼は高翼配置の直線翼で、アスペクト比は11.45と比較的大きい。尾翼は通常形式で、垂直尾翼の方向舵、水平尾翼の昇降舵、主翼の補助翼が3舵を構成している。

エンジンにはさまざまなものが用いられることになったが、最初に作られたのはプラット＆ホイットニー・カナダPT6-27装備機で、このエンジンを備えた機体が1969年4月16日に初飛行した。ただ生産機の多くは、国内開発されたワルターM601を装備している。プロペラはどちらもチェコ製の3枚ブレード定速型。

L-410各タイプの機体概要

L-410は旧ソ連の型式証明に加えてアメリカや西ヨーロッパの主要国からも証明が交付されて、多くの国での使用が可能になった。初期の生産型には、次のものがある。

L-410の新世代型であるL-410NG　*Photo : Let*

◇**L-410**：試作機。2機を製造。
◇**L-410A**：PT6A-27装備の量産型。
◇**L-410AB**：プロペラを4枚ブレードにしたもの。
◇**L-410AF**：ハンガリー向けの空中写真撮影型。
◇**L-410AG**：改良型。製造されず。
◇**L-410AS**：ソ連向け試験機。
◇**L-410FG**：L-410UVP（後記）の空中写真撮影型。
◇**L-410M**：M601Aエンジン装備の量産型。
◇**L-410AM**：M601Aエンジン装備の改良型。細かな違いのあるL-410MAとL-410MUもある。
◇**L-410UVP**：M601Aエンジン装備の離着陸性能向上型で、主翼幅を80cm増加。
◇**L-410UVP-S**：L-410UVPに上方ヒンジのハッチ式出入り口を追加したサロン型（VIP向け）。
◇**L-410UVP-E**：エンジンをM601Eにし、プロペラを5枚ブレードのアビアV510にするとともに燃料タンクを追加したタイプ。
◇**L-410T**：L-410UVP-Sのハッチを1.25×1.46mに大型化し、また機内に担架の収納機能を追加したタイプ。

これらに続いて作られたのがL-410NGで、NGはもちろん新世代機を意味する。胴体は太くされて2席＋4席の横6席配置が可能となり、機内与圧システムも装備された。また客室最大高は1.83mになっている。エンジンはジェネラル・エレクトリックH85-200になり、操縦室はガーミン電子飛行計器システムを用いたグラス・コクピットになった。また主翼も設計変更されて、内部にインテグラル・タンクを備えるようになった。プロペラは、5枚ブレードのアビア-75。L-410NGの初号機は2015年7月29日に初飛行し、2018年1月12日にヨーロッパとアメリカの型式証明を取得した。すでに量産には入っているが、受注機数が少なく、引き渡し状況は不明である。

幻となったL-610

LetはL-410NGの大幅発展型として40席級としたL-610を開発して1988年12月28日に初飛行させた。ワルターM602（1,500kW）エンジンを装備して、代替エンジンとしてジェネラル・エレクトリックCT7-9Dの装備も可能にし、操縦室にはコリンズ・プロラインII電子飛行計器システムを備え、アメリカ市場ではアイレス7000の名称で販売することにした。M602装備型はL-610M、CT7-9D装備型はL-610Gと名づけられた。しかし、型式証明取得作業中にLetが破産したため、これらのプロジェクトはいずれも取りやめとなってしまった。

L-410は各型あわせて1,200機以上が製造され、東欧製の民間輸送機としては異例の成功作となった。

［データ：L-410NG］

全幅	19.48m
全長	15.07m
全高	5.97m
主翼面積	34.7㎡
最大離陸重量	7,000kg
エンジン×基数	H85-200×2
出力	634kW
燃料重量	2,244kg
最大速度	225kt
実用上昇限度	6,100m
航続距離	1,480nm
客席数	19席

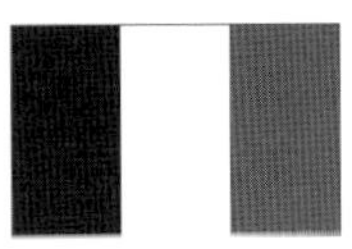

France
(フランス)

ランス-セスナ F406キャラバンII

フランスのランスがセスナと共同で開発したF406

ギリシャ沿岸警備隊が使用しているF406M

F406キャラバンIIの開発経緯と機体概要

フランスで各種のセスナ社製航空機をライセンス生産してきたランス・アビアシオンがセスナとの共同設計で開発したターボプロップ双発10席級機で、プラット＆ホイットニー・カナダPT6A双発のセスナ404タイタンの改良型である。矩形断面をした非与圧式キャビン内蔵の胴体に主翼を低翼で配置し、尾翼は通常形式である。主翼に上反角や取りつけ角はついていないが、水平尾翼には大きな上反角がつけられている。

コクピットは、標準仕様は在来型計器による通常のものだが、2000年代に入ってからの製造機にはオプションで電子飛行計器システムの装備が可能にされていて、機長席側に縦長のカラー液晶表示装置を配置し、1枚に一次飛行表示、もう1枚に地図/航法表示などを映しだすことを可能にした。

F406の初号機は1983年9月22日に初飛行して、1984年12月21日にフランス民間航空局の型式証明を取得した。またセスナは1982年に、ほぼ同等の輸送能力をもつターボプロップ単発のデル208キャラバン(P.216参照)を初飛行させていて、本機種が双発であることからF406にはキャラバンIIの愛称を付与した。単発と双発の違いであることから、同じ輸送能力を提供するのであれば運航コストを始めとする各種の経費は当然、F406のほうが高くつく。しかし、特にヨーロッパでは特定の条件での運航では双発の安全性が求められ、そうしたマーケットに向けて販売が行われた。しかし製造機数は伸びず、少数の軍用型も含めて、総生産機数は99機に終わった。

2014年3月にランスは中国資本のコンチネンタル・モーターズに吸収され、本機の製造施設をアラバマ州モービルに移した。そこで新しい電子機器の搭載、電子システムと油圧システムの更新、エンジンをオプションでコンチネンタルGTSIO-520ピストン・エンジンにするなどの新型化の開発を計画したが、実現には至らなかった。

[データ:F406]

全幅	15.09m
全長	11.89m
全高	4.01m
主翼面積	23.5m²
空虚重量	2,283kg
最大離陸重量	4,700kg
エンジン×基数	PT6A-112×2
出力	373kW
最大速度	229kt
実用上昇限度	9,154m
航続距離	1,153nm
客席数	12席

Germany
(ドイツ)

ドルニエ Do 228

Do 228の次世代型であるDo 228NG　　*Photo : Yoshitomo Aoki*

Do 228の開発経緯と機体概要

1970年代後半に西ドイツ(当時)のドルニエが開発した客席19席の小型双発旅客機で、高翼配置の主翼には、当時ドルニエが開発していたTNTと呼ぶ設計のものを使用した。TNTは、ドイツ語のTragflugel Neuer Technologieの略号で、新技術翼型の意味であり、具体的にはNASAのGA(W)-1に複合翼断面(DoA-5)を使って、スーパークリティカル翼と同様に、離陸・上昇時にも巡航時と同様の高い揚抗比を得られるというのが特徴の主翼であった。また、先端部に丸味をつけているのも、外形上の大きな特徴である。

ドルニエはまず、Do28Dスカイサーバント双発軽輸送機(1966年2月23日初飛行)を改造してこの新型主翼の飛行試験を行い、さらに新設計の胴体とギャレット(現ハニウェル)TPE331ターボプロップをエンジンとした試作機2機を製造した。この2機は胴体長が異なり、1機は客席15席でE-1、もう1機は19席でE-2と名づけられた。客席は、通路を挟んで1席ずつ並ぶ。E-1はのちのDo228-100の原型となったもので1981年3月28日に、E-2はのちのDo228-200で同年5月9日にそれぞれ初飛行した。飛行試験でTNT主翼は期待どおりの成果を挙げて良好な飛行性能をもたらし、また安全面をはじめとする各種の規定も問題なくクリアできたことで、ドイツ民間航空局が1981年12月18日に型式証明を交付し、ノルウェーの航空会社のノービングで初就航した。さらに1984年4月17日にはイギリスの、5月11日にはアメリカの型式証明を取得した。

Do228は、矩形断面を使った非与圧胴体の旅客機で、巡航高度は低くなるが、高高度飛行の必要がない短距離路線で、しかも滑走路の短い小規模飛行場での運用を主眼に開発された機種なので高速性能は重視されず、逆に低速の失速速度と短距離滑走での離着陸能力に重きが置かれた。その結果、74ktの失速速度と451mの着陸滑走距離を実現している。これらはすべて、TNT主翼のおかげといっても過言ではない。一方でそれ以外の斬新な技術的特徴などは見当たらず、ごく平凡な軽旅客機である。降着装置は前脚式3脚で、す

独特の形状をしたTNT主翼をもつDo228-200　Photo : Wikimedia Commons

べてが完全に引き込まれる。

機体がシンプルなこともあって、1983年11月にはインドのヒンダスタン航空機社(HAL)との間でライセンス生産合意が交わされた。インドでの製造は1985年に開始され、2014年までに125機が製造された。

Do228NGの開発経緯と機体概要

こうした初期のDo228には、胴体長の異なるDo228-100とDo228-200だけが作られたが、2002年にスイスの持ち株会社RUAGがフェアチャイルド-ドルニエ(ドルニエは1996年にアメリカのフェアチャイルドに買収された)の事業をすべて買い取り、Do228についてはまだ製品価値があるとして新たに次世代型を開発することにした。こうして誕生したのがDo228NGである。

Do228NGは長胴型のDo228-200をベースに、エンジンは変更しないものの、プロペラを新設計の高効率型ブレードを用いたMTプロペラ製の5枚ブレード(直径2.49m)の定速プロペラに変更して、巡航効率や上昇能力を改善した。もう1つの大きな変更点が操縦室で、在来型の計器類を使っていたアナログ・コクピットがユニバーサルUNS-1電子飛行計器システムを用いたグラス・コクピットになったことで、4基のカラー液晶表示装置(加えてバックアップ用に小型のもが1基)が計器盤に並んでいる。加えて航法機器の充実化や3軸の自動操縦装置の導入などによって、パイロット1人での運航も可能になった。

このDo228NGは2010年8月18日に、欧州航空安全庁の型式証明を取得した。ただRUGグループは2013年末に、コンポーネントなどの製造供給システムに問題があったとして、8機で製造を停止した。一方で2014年には、インドのタタ・グループとの間で製造契約が結ばれて、2015年から組み立てが始まっている。さらにこれとは別に、旧タイプのDo228と同様にHALでのライセンス生産も行われており、こうしたインド製Do228NGは2019年8月30日に欧州航空安全庁の型式証明を取得している。

インドでの生産はすでに終了しているが、RUGグループは2020年にDo228プログラムのすべての権利をアメリカのジェネラル・アトミックス社に売却し、今もDo228NGの製造が続けられている。ただこのクラスの航空機に対する需要は今後も少ないと見られ、無人機メーカーであるジェネラル・アトミックスでも主力製品とはしていないため、生産を終了する日も近そうである。

[データ:Do228NG]

全幅	16.97m
全長	16.56m
全高	4.86m
主翼面積	31.5㎡
空虚重量	3,900kg
最大離陸重量	6,575kg
エンジン×基数	TPE331-10×2
出力	579kW
燃料重量	1,885kg
巡航速度	223kt
実用上昇限度	7,620m
航続距離	1,276nm(フェリー時)
客席数	19席

Germany
(ドイツ)

ドルニエ Do 328

オーストリアのウェルカム航空向けの塗装が施されたDo328-110

Photo : Yoshitomo Aoki

Do328の開発経緯と機体概要

ドルニエは1984年ごろに、30席級で高速の巡航速度性能をもつ、保守が容易なターボプロップ機の開発を検討したが、市場の関心が得られず実現はしなかった。しかし1988年12月に親会社のダイムラー・ベンツの承認を得て再評価の作業が行われて事業が復活し、1991年5月にアメリカのホライゾン航空から発注を得て、プログラムが正式ローンチとなった。初号機は1991年12月6日に初飛行して、1993年10月に型式証明を取得した。

胴体はほぼ円形の断面をしていて、機首部と尾部は流線型の度合いを高めるためにすぼみを強くしている。機内はもちろん、操縦室から客室最後部まで、与圧され、また客室の後方には手荷物室がある。普通席のキャビンは1席＋2席の横3席が標準配置で、オーバーヘッド・ビンは2席側列にのみある。胴体全体を通じて、キャビンはブラケットによって構造材から分離されているので、客室内の騒音と振動が低下している。操縦室はハニウェル・プリマス2000を使ったグラス・コクピットで、20×17.5cmのカラー画面5枚が計器盤に並んでいる。主翼は高翼配置で、Do228と同様にスーパークリティカルに近い断面の翼型が用いられていて、優れた巡航性能と上昇性能が発揮できるのが本機種の特徴の1つとされている。エンジンはプラット＆ホイットニー・カナダPW119で、ハーツェルE6C-3B 6枚ブレード・プロペラを回している。

Do328では、次のタイプが作られた。

◇**Do328-100**：最初の生産型。

◇**Do328-110**：重量増加／航続距離延伸型。

◇**Do328-120**：短距離離着能力向上型。

◇**Do328-130**：高速飛行時の方向舵の効きを最適化したもの。

Do328が誕生した時点で、30席級旅客機市場はボンバルディアとエンブラエル、サーブなどがすでに新型機を投入ずみで、Do328は確実に出遅れた機種であったし、ドルニエに販売力も不足していた。その結果、生産は2000年に終了し、製造機数も217機と少なかった。その機体フレームはジェット旅客機328 Jet（P.44参照）に活用されたが、さらなる発展型へとは進まなかった。

[データ：Do328-110]

全幅	20.98m
全長	1.23m
全高	7.05m
主翼面積	39.9㎡
空虚重量	9,100kg
最大離陸重量	13,990kg
エンジン×基数	PW119B×2
出力	1,625k
巡航速度	330kt
実用上昇限度	31,142m
航続距離	1,000nm
客席数	30～33席

Indonesia
（インドネシア）

インドネシアン・エアロスペースN-219

インドネシアが独自に開発を行ったN-219

Photo : Indonesian Aerospace

N-219の開発経緯と機体概要

スペインのCASA（現EADS CASA）が開発した軽輸送機C-212アビオカーのライセンス生産を行った経験から、インドネシアが独自に設計変更して大型化したもの。C-212の生産が終わるとすぐにそれに代わるプログラムとして立ち上げられ、マレーシアやカタールとの財政支援も話し合われたが、現在はインドネシア単独のプログラムになっている。

機体の基本構成はC-212を受け継いでいて、矩形断面の非与圧胴体に高翼で主翼を配置し、尾翼は水平尾翼と垂直尾翼の組み合わせで、水平尾翼は垂直尾翼のほぼ中央から左右に延び、後縁にある昇降舵は比較的大型のホーンバランス・タイプになっている。

胴体断面内に設けられるキャビンは幅1.82m、高さ1.70m、長さ6.50mで、このクラスの機種では最大とされ、通常の旅客仕様であれば最大で19席を設けられる。ただキャビンにはフレキシブル・ドアの装備が可能で、ユーザーの要望に応じて貨物型や貨客混載型、特殊軍用型などのさまざまな用途に使用できるよう設計されている。実際に非与圧キャビンは旅客機としては快適さに大きく劣るため、この機種が旅客輸送を主体として運用されることはほとんどないであろう。ただインドネシアのアルヤ・ロジスティック・インドタマは2022年11月に、人員輸送用として11機を発注している。

エンジンはプラット＆ホイットニー・カナダPT6A-42で、プロペラはハーツェル製の4枚ブレードで、リバースピッチ可能型である。降着装置は前脚式3脚で、いずれも機内に完全に引き込まれる。

N-219の試作初号機は完成が遅れて、2016年中期のロールアウト予定が2017年初めになり、4月から一連のタクシー試験に入って、2017年8月16日に初飛行した。これより前の2016年8月にはエアバスとの間に証明取得飛行試験でのサポート合意が交わされた。そして作業は順調に進んで、2020年12月18日にインドネシアの航空当局が証明を交付した。

［データ：N-219］

全幅	19.51m
全長	16.49m
全高	6.18m
主翼面積	30.7㎡
空虚重量	4,309kg
最大離陸重量	7,030kg
エンジン×基数	PT6A-42×2
主力	630kW
最大速度	210kt
実用上昇限度	3,048m
航続距離	480nm
客席数	19席

International
(国際共同)

ATR
ATR42

ATR42の最初の発展型となったATR42-500 Photo : ATR

ATR42の開発経緯と機体概要

1980年代に入るとコミューター航空の規制が緩和されてより大型機の使用が可能になると考えられた1970年代後半に、いくつかの航空機メーカーが30～40席級の新型機の研究に乗りだした。フランスではアエロスパシアル(現EADS)がAS35、イタリアではアエリタリア(現レオナルド)がAIT230と名づけた機体案を作っていたが、どちらもほぼ同級でまた同じような市場を狙っていたことから、両社は計画を一本化して共同での作業について話し合いを進めて、1981年11月4日にその計画を正式にスタートさせ、1982年2月5日に50:50の対等出資による国際合弁企業のATRを設立した。

本社は、ジェット旅客機の国際合弁企業として設立されたエアバス・インダストリー(現エアバス)と同様に、フランスのトゥールーズに置かれることとなった。ただしエアバス・インダストリーとATRの間には、メンバーとしてアエロスパシアルは入っているもののそれ以外の関係はいっさいない。

トゥールーズが選ばれた理由の1つは、西ヨーロッパが共同で開発した軍用輸送機トランザールC.160(1963年2月25日初飛行)の生産施設を活用でき、初期の設備投資を減らせるという点にあった。またトゥールーズにはフランス空軍の開発・研究部隊の施設もあって、試験作業などの環境が整っていたし、トゥールーズは土地が悪く農業には向かず、フランス政府がここを航空宇宙産業の拠点にしようとしていたことも影響したのは確かだった。

新旅客機の共同開発での大きな主眼の1つは、優れた経済性に置かれた。少し旧式機ではあるが機体価格はフォッカーF27フレンドシップやホーカー・シドレー748(HS748)と同等にして、200nmを越す飛行区間での燃料消費量をそれらの790kgから430kgへとほぼ半減させることを目指した。

F27やHS748は50席機であったが、共同で開発する新型機は40席級とされて、ATR42と名づけられた。ATRはフランス語でAvions de transport Regional、イタリア語でAerei da Trasporto Regionale(ともに意味は地域航空輸送機)の略号で、「42」は40席級を意味した。

ATR42の初号機は1984年8月16

熊本を本拠とする天草エアラインのATR42-600　*Photo : Yoshitomo Aoki*

モロッコのRAMのATR42-312　*Photo : ATR*

日に初飛行して、1985年9月25日にフランスとイタリアで同時に型式証明が交付された。また同年10月22日にアメリカ、1988年2月12日にドイツ、1989年10月31日にイギリスの型式証明も取得した。また製造メーカーのATRは、1996年1月1日にブリティッシュ・エアロスペースの民間旅客機部門との事業統合を行ってAI(R)に社名を変更したが、1988年7月1日に提携を解消したことでもとのATRに戻った。

ATR42の基本構成は、下側を広げたおむすび形の断面をした胴体を高翼で配置し、それにT字型尾翼を組み合わせている。おむすび断面胴体により円形断面と同様に機内を完全に与圧することを可能にし、上昇限度高度まで上昇しても機内の気圧高度は約2,400mが保たれる。胴体内に設けられる客室は、最大は幅が4.57m最大高が1.91mでスタンダップキャビンであり、2席+2席の横4席配置を可能にしている。この種の旅客機は、大型のジェット旅客機とは異なり客室床下を貨物/手荷物室にはあてず、客室の前方あるいは後方にそのスペースを設けることになるため、円形断面と比較するとおむすび断面のほうが飛行中の空気抵抗が減るのである。

ちなみにATR42では標準仕様で、客室前方に3.0㎥、後方に4.8㎥の貨物/手荷物スペースを設けることができ、前方には左舷に幅1.27m高さ1.53mの貨物扉をつけることも可能だ。さらに貨物輸送を主体とするオペレーター向けには、2.79m×2.95mの大型貨物扉も用意されている。左右の座席列上には、固定棚式のオーバーヘッド・ビンがある。機内の騒音・振動対策では、アクティブ式騒音抑制システムは使われていない。ATRでは、多数のマイクとスピーカーによるシステムは整備や修理に手間がかかり、一方で1つでも壊れればシステム全体が機能していないのと同じになるため、と理由を説明している。その代わりにプロペラ・バルブ・モジュール(PBM)に新しいプロペラ電子制御(PEC)ユニットを取りつけて、左右のプロペラ回転数を正確に管理し同調させることで騒音と振動を減少させている。またあわせて、プロペラ回転面位置にあたる胴体部には、振動吸収機構を取りつけて、外板でダンピングを行うという手法も用いている。

飛行操縦装置は通常の油圧機力方式で、一次飛行操縦翼面はごく一般的な方向舵、昇降舵、補助翼で構成されている。方向舵はホーンバランス型で、昇降舵はトリム・タブつき。主翼後縁には、比較的簡素な単隙間式フラップがついている。胴体最後部は細長く延ばされていて、尾端には大きな衝突防止灯がある。操縦室は、開発段階ではまだ電子飛行計器システムが浸透していなかったので、通常のアナログ計器が使われた。

エンジンはプラット&ホイットニー・カナダPW120で、プロペラはハミルトン・スタンダード14SF定速4枚ブレードである。右エンジンにのみプロペラ・ブレーキがついていて、プロペラを回さずにエンジンを運転することが可能にされている。これがHOTELモードと呼ばれるもので、プロペラが回転する危険性がなく、右エンジンを地上で補助動力装置代わりに使用することができ、駐機中の電気や空調などの提供、左エンジンの始動を行うことができ、地上の支援器材の必要を最小化している。

ATR42各タイプの機体概要

ATR42には、次の各タイプがある。

◇**ATR42-200**:ATR42の基本型で少数機だけが作られておもに開発飛行試験に用いられて、試作機としての役割を果たした。

◇**ATR42-300**:最初の生産型で、エンジン出力が1,300kWから1,500kWに引き上げられた。

◇**ATR42-320**:エンジンをパワーアップ型のPW121としたもので、パワーアップによる性能向上はおもに高温・高地性能の向上に振り向けられた。ATR42-320では、貨客迅速転換型のATR42-320QCも作られていて、のちにこれがATR42-300/-320の基本仕様になった。

◇**ATR42-400**:基本的にATR42-320と同じだが、プロペラを高効率型の6枚ブレードのものに変更した。海洋監視型のサーベイヤー向けに開発されたもので、民間旅客機としては2機しか作られなかった。

◇**ATR42-500**:1993年6月に機体計画が発表されたもので、1994年9月16日に初飛行して1994年9月にイギリスの、1995年7月にフランスの民間航空局から型式証明を取得した。エンジンを出力増加型のPW127Eにするとともに6枚ブレード・プロペラを標準装備するなどの改良を加えて、巡航速度の高速化などの性能向上を実現した。

◇**ATR42-600**:2007年10月にローンチされたATR42の最新シリーズで、ATR42-500をベースにさらに改良を加えたもの。最大の変更点は操縦室に電子飛行計器システムが導入されたことで、正面計器盤には5基の縦長カラー液晶表示装置が並ぶようになった。2023年時点での基本生産型は、このATR42-600になっている。

◇**ATR42-600S**:ATR42-600の短距離離着陸性能強化型で、尾部に大幅な設計変更を加えて、方向舵を含む垂直安定板を大きくするとともに、方向舵の最大舵角を増やす。またフラップの最大下げ角を25度にし、主翼上面のスポイラーを着陸時にエアブレーキとして使用できるようにする。これらにより着陸進入速度をより最小操縦速度が低速化できて、また進入降下角を3度よりもきついスティープ・アプローチへの対応能力をもたせる。これらによって、800mの滑走で着陸を可能にするのが開発の狙いであった。初号機は2022年5月11日に初飛行し、2023年から大面積方向舵をつけての型式証明取得飛行試験に入っている。

◇**ATR42-600/600Sハイライン**:ATR42-600/-600Sをベースにしたエグゼクティブ仕様機。

ATR42は1984年に製造を開始して以来、2023年初めまでに497機を製造した。1980年代前半は、コミューター航空の規制緩和によって30～40席級の新ターボプロップ機が乱立気味ではあったが、ATRはそれを乗り越えてまた新型化も成功させている。30～40席級について記せば、サーブもボンバルディアも旅客機ビジネスから撤退したので、今だけを見ればむしろATRの一人勝ち状態ともいえなくはない。

[データ:ATR42-300、ATR42-320、ATR42-400、ATR42-500、ATR42-600、ATR42-600S]

	ATR42-300	ATR42-320	ATR42-400	ATR42-500	ATR42-600	ATR42-600S
全幅	24.57m	←	←	←	←	←
全長	22.67m	←	←	←	←	←
全高	7.59m	←	←	←	←	←
主翼面積	54.5㎡	←	←	←	←	←
空虚重量	10,285kg	←	11,050kg	11,550kg	11,750kg	←
最大離陸重量	16,900kg	←	18,200kg	18,600kg	←	←
エンジン×基数	PW120×2	PW121×2	PW121A×2	PW127E/M×2	PW127XT-M×2	PW127XT-L×2
出力	1,300kW	1,400kW	1,480kW	1,610kW	1,800kW	2.050kW
燃料重量	4,500kg	←	←	←	←	←
巡航速度	270kt	←	261kt	300kt	289kt	←
実用上昇限度	7,620m	←	←	←	←	←
航続距離	459nm	←	794nm	716nm	726nm	680nm
客席数	42～48席	←	←	←	←	←

International
(国際共同)

ATR ATR72

ATRファミリーの長胴型で70席級のATR72　　Photo：ATR

ATR72の開発経緯と機体概要

40席級ターボプロップ地域旅客機ATR42(P.201参照)を開発するために設立された国際合弁企業のATRは、当初からその大型化版の開発を考えていて、60席級のATR XXストレッチを研究していた。それを具体化したのが1986年1月15日に計画が発表されたATR72で、「72」の数字はATR42のときの40席級同様に、70席級を意味するものであった。

高翼配置の主翼やT字型尾翼といった機体構成はATR42を受け継ぎ、胴体も同じ設計のものを使用して4.57m延長することで70席級にすることにした。エンジンも同じプラット＆ホイットニー・カナダPW120シリーズで、各種のシステムも原則として同一とすることで、高い共通性を確保するとともに新タイプの開発にかかる経費や時間、リスクを最小化することにした。もちろん、大型化により必要となった設計変更は加えられている。たとえば主翼は幅が広げられて面積が増加し、降着装置取りつけ部周辺などの構造は強化されている。

ATR72の初号機は1988年10月27日に初飛行して1989年9月25日にフランスの型式証明を取得し、同年11月15日にはアメリカ連邦航空局の証明も受領した。

ATR72各タイプの機体概要

ATR42が近代化と発展を続けてきたのと同様に、ATR72にもATR42と同じく、サブタイプがある。

◇**ATR72-101**：最初の生産型で胴体の前後に乗降扉があり、PW124Bエンジンを装備。

◇**ATR72-102**：前方扉を貨物扉にしたもの。

◇**ATR72-201**：PW124Bエンジン装備型。

◇**ATR72-202**：PW124Bエンジン装備で総重量引き上げ型。

◇**ATR72-210**：エンジンを定格出力1,800kWのPW124Bにしたタイプの総称。

◇**ATR72-201**：総重量引き上げ型。

◇**ATR72-202**：201の最大離陸重量をさらに増加したタイプ。

◇**ATR72-210**：前方胴体左舷に2.79m×2.95mの大型貨物扉を備えたもので、エンジンはPW127に変更し、高温・高地性能を向上させ、またエンジン出力の自動制御機構が組み入れられた。細かな違いによりATR72-211とATR72-212のサブタイプがある。

◇**ATR72-212A**：エンジンをPW127FあるいはPW127Mにして6枚ブレード・プロペラを装備したタイプ。型式名はそのままだが、のちに製品名をATR72-500に変更した。

◇**ATR72-500**：ATR72-212Aのこと。

ポーランドのユーロLOTのATR72-202　Photo : Wikimedia Commons

カリブ海諸国共同運航のLIATのATR72-600　Photo : Yoshitomo Aoki

◇**ATR72-600：**ATR42-600と同様に多くの近代化改良を取り入れたもので、エンジンはPW127Mになっている。飛行管理用に多目的コンピューターが装備されて航法性能要件(RPN)レベルが高まった。操縦室も、ATR42-600と同じグラス・コクピットである。客室では、座席が軽量タイプになり、オーバーヘッド・ビンの容積が増加している。初号機は2009年7月24日に初飛行した。また欧州航空安全庁は2015年12月に、最大客席数78席に対して安全証明をだした。2021年にはエンジンをPW127XTとするタイプが発表され、ATRはPW127M装備機よりも整備コストが2%、燃料消費が3%低下すると説明した。

◇**ATR72-600ハイライン：**ATR72-600をベースにしたエグゼクティブ仕様機。

◇**ATR72-600F：**2017年11月8日にローンチされたATR72-600の純貨物型。

このほかにもATR72ではいくつかの派生型が考案されていて、たとえば胴体を延長して80席級にし、エンジンをターボファンに変更するATR82TFもその1つだが、具体的には進展していない。軍用の特殊型としては捜索・救難/海洋哨戒型のATR72MP、対潜作戦型のATR72ASWなどがある。

ATR72もATR42と同様に、最新仕様機であるATR72-600を現在の主力製品として販売・製造を行っていて、最近までに1,000機を超す機数を販売している。

[データ：ATR72-600]

全幅	27.05m
全長	27.17m
全高	7.65m
主翼面積	61.0㎡
空虚重量	13,311kg
最大離陸重量	12,300kg
エンジン×基数	PW127XT-M×2
出力	1,846kW
燃料重量	5,000kg
巡航速度	280kt
実用上昇限度	7,620m
航続距離	825nm
客席数	72～78席

International
(国際共同)

CASA/IPTN CN-235

スペインとインドネシアが共同で開発した30席級コミューター機のCN-235

Photo : Wikimedia Commons

CN-235の開発経緯と機体概要

スペインのCASA（現EADS CASA）のC-212アビオカーのライセンス生産で関係が深まったインドネシアのヌルタニオ（のちにIPTN。現インドネシアン・エアロスペース）は、CASAと共同で30席級コミューター機の開発を行うことで合意し、1979年10月にジョイント・ベンチャー企業のエアテックを設立して、CN-235と名づけた機種の開発に入った。

円筒形の与圧式胴体に主翼を高翼で配置したCN-23のエンジンはジェネラル・エレクトリックCT7-9C3で、プロペラは4枚ブレードのハミルトン・スタンダード14RFであった。大きな特徴は、貨物輸送機/軍用輸送機としての使用も考慮して、胴体最後部をランプ兼用の貨物扉としたことで、ほかの同時代の高翼コミューター機よりも軍用機色が強かった。これはインドネシアの強い要望を受けてのものでもあった。

試作機はスペインとインドネシアで1機ずつ作られ、1983年9月10日に両国で同時にロールアウトし、スペイン組み立てが1983年11月11日に、インドネシア組み立てが同年12月30日に初飛行して、1986年6月20日にインドネシアの型式証明が交付された。そののちにヨーロッパやアメリカなどの証明も取得している。

胴体には最前方から最後部まで客室窓が並び、機内には横4席配置で客席を設けられ、仕様によってはオーバーヘッド・ビンも装備できたので、地域旅客機としては十分な設備を有したが、民間機としての評価は振るわず、また軍用輸送機としては小さかったことから、製造機数はスペインで285機、インドネシアで69機の計354機にとどまった。民間型としては基本型のCN-235-10、エンジンをCT7-9Cにしてナセルを複合材料製にしたCN-235-100/-110、構造を強化して各種重量を引き上げたCN-235-200/-220、200/220の電子機器を、CASAハニウェルの統合型にしたCN-235-300が作られている。

CN-235の基本設計を活用してEADS CASAが大型化を行い、本格的な戦術輸送機としたのがC-295で、1997年11月28日に初飛行した。現在では、エアバス・ディフェンス&スペースの製品として販売が行われていて、最近までの製造機数は273機に達している。

[データ：CN-235]

全幅	25.81m
全長	21.40m
全高	8.18m
主翼面積	59.1㎡
空虚重量	9,800kg
最大離陸重量	16,100kg
エンジン×基数	CT7-9C3×2
出力	1,305kW
燃料重量	1,737kg
巡航速度	248kt
実用上昇限度	7,620m
航続距離	2,350nm（フェリー）
客席数	51席（最大）

Iran
(イラン)

HESA シモルー

イランが独自開発し、2022年5月30日に初飛行したシモルー　Photo : HESA

シモルーの開発経緯と機体概要

イランの国営航空機製造企業であるHESA(イラン航空機製造産業社)が独自に開発したターボプロップ双発の中型旅客機で、独自開発とはいっても、ライセンス生産を行っているアントノフAn-140(P.224参照)に独自技術による改良を加えたもので、特にイランの気候環境に適するよう変更が行われ、安全性については最新の国際基準を満たすようにされたという。また独自技術による新しいコンポーネントや推進システムを備えていて、運動性や操縦性などはほかの同級機を凌ぐものになっているともしている。

ただエンジンは、An-140と同じクリモフTV3-117が使われている。主翼は、An-140のテーパー翼が矩形翼に変わり、発生揚力が高められているようだ。また尾翼と胴体にも細かな設計変更が加えられているという。

西側制裁下でシモルーの現状

イランは核開発に関連して西側からさまざまな分野で制裁を受けており、軍用か民間用かを問わず、航空機の輸入がきわめて難しい状態にある。一方でイランは先進ではないもののある程度の航空機製造技術は有していて、コウサル、アザラクシュ、サエゲ、ガヘールなどといった戦闘機や練習機を開発している。

An-140のライセンス生産やこのシモルーの開発は、イランの航空機産業を民間に向かわせる契機になるかとも思われたが、航空機産業を民間向け産業にする余裕がイランにないことは確かで、このシモルーもイラン軍向けの輸送/空挺支援機に使用することがメインに考えられているようだ。軍用輸送機としては、傷病兵護送時に担架24床を収容でき、また軍基準463Lパレットや軽車輛、航空機用エンジンなどを搭載できる。貨物類の機内最大搭載重量は6t。

シモルーの初号機は2022年5月19日に、イラン中央部のイスファハンにあるHESA施設でロールアウトし、公開された。2023年4月29日に高速タクシー試験の写真が公表され、その1カ月後の5月30日に初飛行して、飛行試験に入った。

[データ:シモルー]

項目	値
全幅	25m
全長	23m
全高	8m
エンジン×基数	TV3-117×2
最大速度	270kt
最大航続距離	2,000nm
最大ペイロード	6,000kg

Poland
(ポーランド)

PZLミエレツ M28スカイトラック

An-28を手本にPZLが独自に改良を加えたM28

Photo : Wikimedia Commons

M28の開発経緯と機体概要

アントノフが開発したターボプロップAn-28"キャッシュ"のポーランドによるライセンス生産機で、PZLミエレツの旧社名はWSK PZLミエレツ。ミエレツは会社の所在地の地名なので、今日ではたんにPZLと呼ばれることが多い。また2007年にはアメリカのシコルスキー・エアクラフトに買収され、さらに2015年にはシコルスキーがユナイテッド・テクノロジーズからロッキード・マーチンに売却されたため、現在はロッキード・マーチンの傘下にあるが、PZLの名称は残されている。

ソ連主導の冷戦当時、旧東欧諸国では産業の分担制が採られていて、そのなかで航空機産業を備えていたのはユーゴスラビア、チェコスロバキア、ポーランドであった。ポーランドではPZLが、ミコヤンMiG-15/-17戦闘機のライセンス生産のほかジェット初等練習機のTS-11イスクラや単発複葉ジェット農業機のM15ベルフェゴール、レシプロ単発農業機M18ドロマーダーといった独自開発機を完成させており、なかでもTS-11は旧ソ連も含めて広く使われて、424機を生産した。M18も同様に同盟国に広く輸出されて、製造機数は759機にも達している。

旧ソ連政府によりベリエフBe-30"カフ"との比較審査で軽輸送機の座を獲得し1969年9月に初飛行したAn-28(P.223参照)はその後の開発作業の遅れもあって、1978年に開発と製造など全作業をポーランドに移すことにされた。それでもポーランド製造の量産仕様機が初飛行したのは、1984年7月22日になってのことであった。この機体に対してソ連民間航空局は、1986年4月に型式証明を付与している。

M28は、当然An-28と同じ機体構成で、全金属製の機体フレームに前脚式3脚の固定脚を有する。主翼は高翼配置で、尾翼は水平尾翼両端に垂直安定板のあるH字型。胴体の断面は矩形で、通路を挟んで2席+1席の横3席で19席を配置するのが、旅客型の標準仕様である。機内はもちろん非与圧だ。

エンジンは、グルシェンコフTVD-10B(720kW)をポーランドでライセンス生産したPZL-10Sであった。しかしPZLはこれをプラット&ホイットニー・カナダPT6A-5B(820kW)に変更し、プロペラもハーツエルHC-

Photo : PZL

最新型のM28に導入されたグラス・コクピット

B5MPとした独自改良型を開発した。これがM28スカイトラックで、1993年7月24日に初飛行している。M28では搭載電子機器も西側標準になっていて、西側への販売も強く意識されていた。M28は1996年3月にポーランドの型式証明を取得し、2004年3月19日にはアメリカ連邦航空局の証明も得た。

アメリカの型式証明取得とともに、ラテンアメリカ地域も含めた南北アメリカ大陸の販売権がシコルスキーに与えられて、アメリカをはじめとする国の軍・民双方から受注を獲得している。

ポーランド製An-28各タイプの機体概要

ポーランド製An-28には次のタイプがある。

◇**PZL An-28**:ポーランドによるライセンス生産機。

◇**M28スカイトラック**:PT6エンジンへの変更など西側市場向けにした改良型。

◇**M28Bブリザ**:PZL-10Sエンジン装備のポーランド空・海軍向け軍用型。

◇**M28+スカイトラック・プラス**:胴体を延長する収容力増加型。計画のみで製造されず。

◇**C-145Aコヨーテ**:アメリカ国防総省の特殊作戦コマンド向け部隊輸送支援型。

◇**MC-145Bワイリー・コヨーテ**:アメリカ国防総省の特殊作戦コマンド向けで、C-145Aの空輸/軽攻撃作戦支援機型。

◇**An-28TD**:ポーランド空軍向け軽輸送機型。2機は空挺訓練向けとして製造。

◇**M28B**:PZL-10エンジン装備の改良型で、搭載電子機器の更新、機体フレームのアップグレードなどを実施。要人輸送仕様のサロン型も1機製造。

◇**M28ブリザ1R**:AN/ASR-400 360度監視レーダーを備えた捜索・監視型でリンク11データリンクを装備。海洋監視や国境監視が主用途。

◇**M28Bブリザ1Eスカイダイビング**:排他的経済水域の監視および海洋哨戒型。

◇**M28ブリザ1RM bis**:対潜哨戒能力を備えた偵察型。AN/ARS-800-2レーダー、ソノブイ発射装置、前方監視赤外線装置、磁気異常探知装置、データリンクなどを装備。

◇**M28 05スカイトラック**:海洋監視および捜索・救難型で、ポーランド国境警備隊が使用。

M28はロッキード・マーチンの製品となったことで、南北および中央アメリカ全域でまだ販路を広げられそうで、新しい購入先に対するポーランドの生産活動は今しばらく続きそうだ。65ktというきわめて遅い失速速度と、550mの離陸滑走距離および500mの着陸滑走距離は、優れた短距離離着陸能力を求める軍用も含めた軽輸送機市場に、まだまだアピールできる存在である。

[データ:M28]

項目	値
全幅	22.06m
全長	13.11m
全高	4.90m
主翼面積	39.7㎡
空虚重量	4,354kg
最大離陸重量	7,500kg
エンジン×基数	PT6A-65B×2
出力	820kW
燃料容量	2,278L
巡航速度	132kt
実用上昇限度	7,620m
航続距離	860nm
客席数	19席

Russia
(ロシア)

イリューシン Iℓ-114

各種の新世代システムを備えた60席級ターボプロップ機のIℓ-114　*Photo : Wikimedia Commons*

Iℓ-114の開発経緯と機体概要

1986年に開発に着手され、1990年3月29日に初飛行した60席級ターボプロップ双発機で、円形断面の胴体に低翼配置の主翼などきわめてオーソドックスな形状をしているが、非構造部材に複合材料を多用するなど多くの先進性も見られる。エンジンはクリモフTV7-117Sで、複合材料製で幅広の高効率形状をした6枚ブレード・プロペラを駆動する。完全与圧式の客室は横4席配置で、固定棚式で上開き扉のオーバーヘッド・ビンがある。こうした形式の旅客機は、客室床下を手荷物スペースにするが、基本型では空き区画になっていて、手荷物の搭載場所は客室の前後に設けられている。おそらくは、床下に多くの貨物を積んでの貨客混載を考えての措置だろう。

コクピットは、正方形の表示で装置5基を使ったグラス・コクピットで、基本飛行情報を示すバックアップの通常計器も備えられている。操縦室乗員は、機長と副操縦士の2人。

イリューシン設計局が資金難に陥ったことから飛行試験期間が延びて、型式証明の取得は1997年4月26日になった。そして量産に入ったが、20機を製造したところで2017年7月に一時的な製造停止となり、今も復活していない。

民間向け型としては、次のタイプがある。

◇**Iℓ-114**：TV7-117S装備の64席機。
◇**Iℓ-114-100**：プラット＆ホイットニー・カナダPW127H装備の64席機。1999年1月26日に初飛行。
◇**Iℓ-114-300**：胴体短縮型でTV117-7Sエンジンを使用する52～68席機。
◇**Iℓ-114T**：純貨物型で1996年9月14日に初飛行(P.256参照)

Iℓ-114は、ロシア国内各地を結ぶ支線路線に使われているアントノフAn-24“コーク”(P.222参照)の後継機と位置づけて開発が始められたが、開発の遅れから予定されたスケジュールでの就航ができなかった。加えてロシアの地方空港では、設備が整っていないところもまだ多くあり、胴体が高い位置にくる低翼機よりも低い位置の高翼機のほうが扱いやすいという事情もあって、本機種の受注の伸び悩み、そして生産の中断につながった。この中断は“一時的”とされているが、復活する見込みはほとんどないと見られる。

[データ：Iℓ-114]

項目	値
全幅	30.00m
全長	26.88m
全高	9.19m
主翼面積	81.9㎡
空虚重量	15,000kg
最大離陸重量	23,500kg
エンジン×基数	TV7-117S×2
出力	1,839kW
巡航速度	250kt
航続距離	540nm
客席数	64席(最大)

Sweden
（スウェーデン）

サーブ 340

サーブとフェアチャイルドが共同で開発に着手し、のちのサーブの単独事業となったサーブ340　Photo : Wikimedia Commons

340の開発経緯と機体概要

きたるべき30席コミューター機の時代に向けて、スウェーデンのサーブとアメリカのフェアチャイルドが1980年7月に共同開発を発表した34席機のSF340が計画のスタートで、プログラム・シェアはサーブが65%、フェアチャイルドが35%であった。しかし1987年にフェアチャイルドが計画から離脱したことで、サーブの単独事業となった。2席+1席で横3席の客席を収める細身の円筒形胴体に主翼を低翼で配置し、尾翼も水平尾翼を胴体に取りつける一般的な機体構成を採っているが、水平尾翼には大きな上反角がついている。

機内は完全与圧式で、客室には小さいながらもオーバーヘッド・ビンがある。ただ胴体を細くしたため、通路を座席よりも一段低くしても客室高は1.83mにしかならず、機内は窮屈ではあった。エンジンはジェネラル・エレクトリックCT7で、4枚ブレードのハミルトン14RF19 4枚ブレードが標準だが、ダウティの同等製品を選ぶことも可能であった。

サーブ340の初号機は1983年1月26日に初飛行して、1984年5月30日にスウェーデンの、そして6月29日にはヨーロッパの型式証明を取得して実運航に入った。主要なタイプには、次のものがある。

◇**340A**：最初の生産型で、CT7-5A2（1,215kW）装備の30～36席機。

◇**340AF**：340Aの貨物機転換型。

◇**340B**：エンジンをCT7-9B（1,394kW）にした性能向上型。水平尾翼の弦長を増やして効きを強化した。

◇**340Bプラス**：主翼端をわずかに延長して巡航能力を高めるとともに、アクティブ騒音制御装置を備えるなどして340Bの機内居住性を改善するなどしたもの。

◇**Tp100**：340B/Bプラスのスウェーデン空軍向け。

◇**Tp100A**：340Bプラスのスウェーデン空軍の要人輸送機型。

◇**340Bプラス SAR**：200Bプラスの日本の海上保安庁向け。

◇**340A QC**：340Aの貨客迅速転換型。

サーブは340に続いて、50席強のサーブ2000（P.212参照）の開発に乗りだしたがその作業がうまく進まず、また340については後発のボンバルディアやATRの機種に押されるようになったため、サーブは1997年12月24日に340の生産終了を発表した。生産総数は、軍用型なども含めて459機であった。また1999年には、2005年に最後の旅客機を完成させて、旅客機ビジネスから完全に撤退することも明らかにした。

［データ：340B］

項目	値
全幅	21.44m
全長	19.73m
全高	6.97m
主翼面積	41.8㎡
空虚重量	8,618kg
最大離陸重量	13,154kg
エンジン×基数	CT7-9B
出力	1,394kW
燃料重量	2,580kg
巡航速度	283kt
実用上昇限度	7,620m
航続距離	470nm
客席数	34席

Sweden
(スウェーデン)

サーブ 2000

Photo : Wikimedia Commons

サーブ340の胴体を延長するとともに多くの新技術を導入したサーブ2000

サーブ2000の開発経緯と機体概要

サーブは1988年12月に、サーブ340(P.211参照)をベースに、機体を大型化した50席級機の開発を決めた。同じ断面の胴体を使って客席数を増やすため、全長は7.55m長くされ、また主翼や尾翼、一部構造は大型化にともないまったくの新設計のものに改められた。さらにサーブは巡航速度の高速化によりほかのターボプロップ旅客機との差別化をはかり、また高速化に加えて高い巡航高度まで短時間で上昇できる、大出力かつ高効率の推進システムを使用することにした。選ばれたエンジンはアリソン(現ロールスロイス)GMA2100(のちにAE2100の名称変更)とダウティの新設計高効率ブレード6枚によるプロペラの組み合わせで、これにより毎分68m強の上昇率とマッハ0.62の巡航速度性能を獲得し、また巡航飛行時のプロペラ回転数はわずか950rpmで、良好な経済性を有するものになった。加えて操縦室には、サーブ340より一世代新しいグラス・コクピットが実装されている。

設計作業は順調に進んで、試作機は1992年3月26日に初飛行した。しかし、新しい推進システムをはじめとして飛行試験中にいくつかの問題が発生し、1年間を予定していた型式証明取得作業は2年あまりを要して、ヨーロッパ合同の証明が交付されたのは1994年4月のことであった。こうした遅れの結果、サーブ2000の受注は伸び悩むことになった。さらにはエンブラエルからERJシリーズ(P.24参照)、ボンバルディアからCRJシリーズ(P.34参照)といった50席強の地域ジェット旅客機が出現すると、高速ターボプロップ機は航空会社にとって魅力的なものには映らなくなった。特にプロペラ機特有の機内の振動や騒音は快適性を低下させたし、またサーブ340の細い胴体を受け継いだことから機内は相変わらず窮屈であった。

こうしたことからサーブ2000は、1992年から1999年までのわずか7年間で62機を製造するだけという、大きな失敗作になってしまった。そしてこれを契機にサーブは、1999年に以後の航空機部門のビジネスを軍用機だけとする決定を下したのである。製造機数が少ないため民間機としてのサブタイプはなく、軍用型で空中早期警戒型などが作られた。日本では、運輸省(現国土交通省)が飛行点検機として2機を導入し、サーブでは2000FIと呼んでいる。またスウェーデンのTAMでは貨物型サーブ2000Fへの改造を請け負っていて、その初号機は2023年3月6日に初飛行した。

[データ:サーブ2000]

項目	値
全幅	24.76m
全長	27.28m
全高	7.73m
主翼面積	55.7㎡
空虚重量	13,800kg
最大離陸重量	22,800kg
エンジン×基数	AE2100P×2
出力	3,096kW
燃料重量	4,250kg
巡航速度	359kt
実用上昇限度	9,450m
航続距離	1,549nm
客席数	50～58席

Sweden
（スウェーデン）

ハート・エアロスペース ES-30

世界初の電動推進実用旅客機を目指すES-30の想像図

Image : Heart Aerospace

ES-30の開発経緯と機体概要

ハート・エアロスペースは電動モーター推進の旅客機の開発・製造を目的に、2021年にスウェーデンのイエテボリに設立された新興企業で、まず19席のES-19を発表した。この機体に対してアメリカのユナイテッド航空などが関心を示して発注内示を行い、2026年の就航開始を目標に開発を開始した。ES-19は、機体名称が示すように19席の旅客機であったが、客席数の増加の要望があったことからハートは30席級に大型化するES-30に変更し、こちらはエア・カナダと購入趣意書が交わされている。

飛行諸元や機体寸法などはまだほとんど発表されていないが、基本的な機体構成はES-19と同じで、ほぼ円形の断面をもつ胴体に高翼配置の主翼が組み合わされる。客室は、通路を挟んで左右1列ずつの配置。尾翼は、大型化はされるが、ES-19を受け継いだT字型である。主翼は後退角のない直線翼で、主翼端に向けて先細りになるテーパー翼であり、主翼端にはウイングレットがつく。大きな違いは推進装置の数で、ES-19は双発であったが、ES-30は大型化により4発になっている。プロペラは7枚ブレードになる模様だが、まだはっきりとはしていない。また主翼ほぼ中央の下面からは胴体下部側方にある主脚収納スポンソンに向けて支柱が伸びていて、主翼付け根部にかかる荷重を分散化していて、この部分の構造重量軽減を行っていることがうかがえる。もう1つES-19になかった特徴が胴体下面で、パニエ状の大きな張りだしが設けられて、手荷物/貨物の収納スペースにあてられる。

肝心の電気モーターシステムについても出力は不明だが、電動推進システムの主要コンポーネントをスウェーデンのクレーン・エアロスペース&エレクトロニクスが供給することが決まっている。この電気推進システムは、着陸後に急速充電を行えば30分でのターンアラウンドが可能とされる。またES-30は、バイオ燃料を使用する通常エンジンとのハイブリッド推進機になるとされていて、ハイブリッド飛行での航続距離は216nmの計画だが、乗客を25人に制限すれば1,482nmにまで延ばすことが可能だという。就航開始目標は、2028年に設定されている。

［データ：ES-30計画値］

項目	値
全幅	未公表
全長	未公表
全高	未公表
最高飛行高度	未公表
最大離陸重量	未公表
航続距離	108nm（電動）/21nm（ハイブリッド）
客席数	未公表

The Netherlands
（オランダ）

フォッカー
フォッカー50

フレンドシップの血筋を引き継ぎつつ新世代化を行ったフォッカー50

Photo : Wikimedia Commons

フォッカー50の開発経緯と機体概要

50席級のターボプロップ旅客機の傑作F27フレンドシップを生みだしたフォッカーが1980年代前半に開発を決定したもので、F27と同じ機体構成を採り、胴体はF27-500を延長したものを用いて50席級にしている（機種名の「50」はこれに由来する）。尾部も基本設計は同じだが、複合材料製になった。これに代表されるように、外形的なイメージはフレンドシップであるが、中身は当時の最新のものにアップデートされていて、新世代機に生まれ変わった。エンジンは出力の大きなプラット＆ホイットニー・カナダPW125Bになり、プロペラも新設計ブレードを用いたダウティ製6枚ブレードに変わっている。操縦室には電子飛行計器システムが導入されてグラス・コクピットとなり、胴体の断面はフレンドシップと変わらないものの客室の設計は一新されて、オーバーヘッド・ビンのあるワイドボディルックになった。客席の配置は、通路を挟んで2席＋2席の横4席が標準である。

こうしたフォッカー50は1985年12月28日に初飛行して1987年にオランダ民間航空局の型式証明を取得し、実用就航を開始した。なお主翼端がわずかに反り上がっていて「フォクレット」と呼ばれるが、ウイングレットのような航続距離延伸などの目的のものではなく、方向安定性を高めるためにつけられたものだ。フォッカー50は標準型のほかに、内装を改良したMk502も作られている。

フォッカー50/60の受注結果

フォッカーはこれに続いて、胴体を主翼の前で1.02m、後ろで0.80m延長して60席級としたフォッカー60を製造して1995年11月6日に初飛行させた。ただこのタイプはオランダ空軍が軍用輸送機として発注したことで開発されたもので、まず胴体右舷に大型貨物扉をもつ貨物型が作られ、製造された4機はいずれもオランダ空軍に引き渡されていて、本タイプの民間型は作られなかった。

フォッカー50は熟成した機体設計に多くの新機軸を組み合わせた旅客機であったが、実用化当時としては少し大きすぎて、多くの航空会社は30〜40席の地域旅客機に関心を示し、その結果受注は伸びずに213機に終わっている。前作のフレンドシップが586機だったことを考えると、寂しい機数だったといえよう。

［データ：フォッカー50］

項目	値
全幅	29.01m
全長	25.25m
全高	8.32m
主翼面積	69.7㎡
空虚重量	13,400kg
最大離陸重量	20,820kg
エンジン×基数	PW125B×2
出力	1,864kW
巡航速度	270kt
実用上昇限度	7,620m
航続距離	900nm
客席数	46〜56席

U.S.A.
(アメリカ)

ビーチクラフト 1900

Photo : Wikimedia Commons

19席級のターボプロップコミューター機のビーチ1900。写真は1900D

1900の開発経緯と機体概要

ビーチクラフトが1970年代後半に開発した19席のターボプロップ双発地域旅客機で、機種名の「1900」の初めの2文字は客席数にちなんでいる。矩形断面の胴体に主翼を低翼で配置し、そこにプラット&ホイットニー・カナダPT6エンジンを取りつけて、ハーツエル製4枚ブレードを駆動した。主翼端にはウイングレットがある。機内は非与圧で、通路を挟んで左右に1列ずつ座席が設けられ、オーバーヘッド・ビンなどはない。試作機は1982年9月3日に初飛行し、1983年11月22日にアメリカの型式証明を取得したのちに量産に入ってモデル1900と1900Cが作られた。1900と1900Cに機能や性能面での大きな違いはなく、乗降扉の設計が変わった程度である。

1991年には改良型の1900Dが登場したが、このタイプではいくつかの設計変更が加えられていた。なかでもユニークなのは尾翼の設計で、T字型配置であるが水平尾翼の左右翼端部に比較的面積の大きな下向きのフィンがついている。加えて尾部下面にも大きなベントラルフィンがつけられていて、方向安定性の改善に苦労したあとがうかがえる。もう1つの重要な変更は電子飛行計器システムの導入で、機長席と副操縦士席にそれぞれ2基の画面式計器が縦に並んだグラス・コクピットになった。ただエンジン関連計器は、在来型のアナログ式のままであった。しかし2012年にはガーミンG950への変更改修の受けつけが始まり、大画面3基の完全なグラス・コクピットにすることが可能になっている。

矩形断面の胴体は、このクラスの機種であれば乗客各人の周辺スペースを広くできるという利点がある。また貨物機として使用する場合には機内スペースを有効に活用できる。このためビーチクラフトは1900Dを純貨物機にした「スーパーフレイター」を開発し、25.5㎥の機内収容力を提供して、軽貨物機として好評を博した。他方、旅客機としては同級ライバル機で円形断面胴体をもつ機種に比べての客室高が低いなどの点が指摘されていた。それでも経済性に優れた機種であったことに間違いはなく、1982年から2002年の20年間で、軍用型も含めて695機が生産された。

[データ:1900D]

項目	値
全幅	17.64m
全長	17.62m
全高	4.72m
主翼面積	28.8㎡
空虚重量	4,932kg
最大離陸重量	7,764kg
エンジン×基数	PT6A-67D×2
出力	955kW
燃料重量	2,022kg
巡航速度	280kt
実用上昇限度	7,260m
航続距離	1,245nm
客席数	19席(最大)

U.S.A.
（アメリカ）

セスナ 208キャラバン

Photo：Wikimedia Commons

胴体下に貨物用パニエをつけたセスナ208B

208キャラバンと各タイプの機体概要

1981年11月20日にプログラムの推進が決定されたターボプロップ単発の汎用軽輸送機で、矩形断面の胴体に主翼を高翼で配置し、降着装置は前脚式の固定3脚で、垂直尾翼は胴体最後部の上面に立ち、水平尾翼は後方胴体中央部から左右に延びている。方向安定性を高めるために、垂直尾翼付け根前にはドーサルフィンがついている。エンジンはプラット&ホイットニー・カナダPT6A-114Aで、マッカウレイの定速3枚ブレードと組み合わされている。

本機種の大きな特徴は単発機でありながら大きなキャビンを有する点で、幅1.63m、高さ1.37m、長さ5.28mの機内には10～14席を設けられるほか、1.4tの貨物類の搭載も可能である。いわゆる一般的な旅客機とは比べものにならないが、人員輸送としては観光地の遊覧飛行などに広く使われている。初飛行は1982年12月9日で、1984年10月にアメリカ連邦航空局の型式証明を取得した。

主要な生産型は次のものがある。

◇**208キャラバン**：最初の生産型。

◇**208キャラバン675**：エンジンにパワーアップ改修を加えたもの。

◇**208Aカーゴマスター**：貨物輸送専用型。

◇**208Bグランドキャラバン**：胴体を1.22m延長したもの。乗客11人型が1989年12月13日に型式証明を取得した。

◇**208BグランドキャラバンEX**：エンジンをPT6A-140にし、巡航速度の高速化と離陸距離の短縮を行ったもの。一方で、航続距離は短くなった。

また2008年には搭載電子機器の変更とガーミンG1000電子飛行形式システムの装備が標準仕様となって、グラス・コクピット化が行われた。また、標準エンジンがPT6A-140になっている。

2012年5月には、中国国内で使用する機体について、中国国内で組み立てを行う取り決めが交わされた。作業を行うのは珠海にある中航通用飛機有限責任公司（CAIGA）で、2013年12月にキットから組み立てた初号機を完成させている。2016年4月の時点で60機を組み立てたとされているが、今も作業が続いているかは不明だ。アメリカでの製造は今も継続されていて、総引き渡し機数が3,000機を超えている。

［データ：208Bグランドキャラバン］

項目	値
全幅	15.88m
全長	12.67m
全高	4.70m
主翼面積	26.0㎡
運航自重	2,390kg
最大離陸重量	3,970kg
エンジン×基数	PT6A-140×1
出力	647kW
燃料重量	1,009kg
巡航速度	182kt
実用上昇限度	7,620m
航続距離	789nm
客席数	9～13席

U.S.A.
(アメリカ)

フェアチャイルド・スウェリンジェン メトロライナー

細長い胴体が特徴のメトロライナー　　Photo : Wikimedia Commons

メトロライナーの開発経緯と機体概要

スウェリンジェン(のちにフェアチャイルドに吸収)が開発した9席のビジネス・ターボプロップ機マーリンから発展した19席の地域航空旅客機で、1969年8月26日に初飛行した。マーリンの円形断面胴体(設計は機首部を除いて改められた)を受け継いで機内は与圧され、幅の広い直線の主翼を低翼で配置した。胴体が長くなったので、垂直尾翼は完全に設計変更されている。

最初の生産型がSA226TCメトロで、SA226-ATマーリンIIIを、最大22席配置にできる基準に合致させて型式証明を取得した。当初のエンジンはプラット&ホイットニー・カナダPT6だったが、のちにギャレット(現ハニウェル)TPE331に変更された。1974年に登場したのがSA226-TCメトロIIで、キャビン窓の大型化などが行われた。その総重量を5,700kgから5,900kgに引き上げたのがメトロIIAで、そのパワーアップ改良型がメトロIIIである。またPT6エンジン装備のメトロIIIAも提示されたが、購入者はなかった。さらに1980年からは5,900kg型の販売も始まった。その後も細かな改良型が各種作られているが、最終生産仕様となったのがSA227-DCメトロIVで、エンジン出力の増加と各種重量の引き上げが行われている。このタイプはメトロ23とも呼ばれ、胴体下面に貨物ポッドの装着を可能にしたメトロ23EFも製造された。

フェアチャイルド・スウェリンジェンは1980年代中期以降に、メトロIVのターボファン型や、胴体を延長するメトロV、客室の最大高を1.80mにするスタンダップ・キャビン型などのいくつかの発展機計画も明らかにしたが、カナダやブラジル、ヨーロッパから新設計の30席強コミューター機が相次いで登場しており、1960年代の基本設計を引きずる本機種では太刀打ちできないとして、新しい発展型の計画は諦めた。しかしアメリカ国内には需要の薄い支線路線が多数あることも事実で、機体価格が安価で19席のメトロは思いのほか人気があり、生産は2001年まで続けられて、少数の軍用型も含めて約600機が作られている。

[データ:メトロIII]

項目	値
全幅	17.37m
全長	18.08m
全高	5.08m
主翼面積	28.8㎡
空虚重量	3,963kg
最大離陸重量	7,257kg
エンジン×基数	TPE331-11U×2
出力	820kW(水噴射時)
燃料重量	1,970kg
巡航速度	278kt
実用上昇限度	7,620m
航続距離	594nm
客席数	19～22席

U.K.
(イギリス)

BAEシステムズ ジェットストリーム31/41

Photo : Wikimedia Commons

エンジンをギャレット製に変えて成功を収めたジェットストリーム31

ジェットストリーム31/41の開発経緯と機体概要

イギリスのハンドレページが設計したターボプロップ小型双発機をスコティッシュ・エビエーションが受け継いだもので、同社の社名はその後ブリティッシュ・エアロペース(BAe)を経て、今日ではBAEシステムズになっている。

もとになったジェットストリームは、与圧キャビンをもつ16席機で、1967年8月18日に初飛行して、1975年までの間に66機が製造された。1980年代にはコミューター航空の規制緩和が見込まれたことでBAeは1978年に、ジェットストリームをわずかに大型化することを決めて18席(2席+1席で6列)の客席を配置できるようにした。これがジェットストリーム31で、エンジンもチュルボメカ・アスタズーからギャレット(現ハニウェル)TPE331に換装した。これは定格出力の増加が目的であったが、アスタズーの整備性が悪いことも一因し、さらにもっとも大きな需要が見込めるアメリカ市場での販売には、アメリカ製エンジンのほうがアピールできると考えた結果であった。

ジェットストリーム31は1980年3月28日に初飛行して、1982年6月29日にイギリスの型式証明を取得した。1985年にはエンジンに改良を加えたタイプが誕生し、ジェットストリーム32と呼ばれている。また両タイプの性能向上型がジェットストリーム31EP/32EPである。加えて、貨客迅速転換型のジェットストリーム31QCも作られている。

ジェットストリーム31と32は、1980年から1993年にかけて386機が作られて、思惑どおりアメリカやギャレット・エンジンになじみのある国に多数販売された。

BAeが1980年代中期に、ジェットストリーム31を大型化して、多くの新型コミューター機と同等の30席級機にしたのがジェットストリーム41で、同じ断面の胴体を用いて主翼の前で2.51m、後ろで2.31mの延長を行った。ただ構造設計などはまったく新しくされたので、共通性はない。

機体の大型化により主翼も幅、面積ともに拡大され、補助翼とフラップの設計変更も行われた。主翼が低翼配置である点は同じだが、主翼付け根部フェアリングの形状変更により収納できる貨物類の量が増加した。また主翼主桁が完全に胴体の下を通るようにされたので、ジェットストリーム31の客室通路にあった小さな段差がなくなっている。なお大量の手荷物/貨物の搭載のためには、胴体下面に専用のパニエ(本来の意味はかご。フェアリングで覆われた収納スペースのこと)を取りつけられるようにされている(これはジェットストリーム31も同様)。エンジンはTPE331のままだが、もちろん大出力型になっている。

ジェットストリーム41の初号機は1991年9月25日に初飛行して、1992

Photo : Wikimedia Commons

ジェットストリーム31の胴体を延長したジェットストリーム41

ジェットストリーム41のコクピット。完全なグラス・コクピットに一新された

Photo : Wikimedia Commons

年11月23日にイギリスとヨーロッパ合同の、1993年4月9日にアメリカの型式証明を取得した。

ジェットストリーム31のコクピットは、開発経費の節減や共通性の確保から、オリジナルのジェットストリームを受け継いだアナログ式計器によるものだったが、これは開発時期を考えると当然のことであった。ジェットストリーム41になると、電子飛行計器システムが一般化したことでグラス・コクピットになって、設計が一新された。

ただ、大型化とこのコクピットに代表される近代化による多くの設計変更が、ジェットストリーム31との共通性をほとんどなくしていて、機内名称や外形の印象とは異なり、2機種をファミリー機種と呼べるものではなくした。このことはジェットストリーム41を、ジェットストリーム31のオペレーターに手をだしにくくしたのは確かである。

加えてデハビランド・カナダ、エンブラエル、ATR、サーブといった多くのメーカーが新設計の30～50席をカバーする新コミューター機の販売を始めたことで、ジェットストリーム41は販売に苦戦することとなった。そしてBAEシステムズは1997年5月に、本機種の生産停止を発表したのである。製造は1992年から1997年までの5年間で、製造機数はジェットストリーム31にはるかにおよばない100機にとどまった。

[データ：ジェットストリーム31、ジェットストリーム41]

	ジェットストリーム31	ジェットストリーム41
全幅	15.85m	18.29m
全長	14.37m	19.25m
全高	5.32m	5.74m
主翼面積	25.2㎡	32.6㎡
空虚重量	4,360kg	6,474kg
最大離陸重量	6,954kg	10,886kg
エンジン×基数	TPE331-10UG×2	TPE331-14GR/HR×2
出力	700kW	1,230kW
燃料量	3,270L	3,305L
巡航速度	230kt	295kt
実用上昇限度	7,620m	7,925m
航続距離	680nm	774nm
客席数	19席	29席

U.K.
(イギリス)

ブリティッシュ・エアロスペース ATP/J61

HS748の大幅改良発展型はATPの名称で開発されあとにJ61に改称された　Photo : Wikimedia Commons

ATP/J61の開発経緯と機体概要

ホーカー・シドレーが開発し1960年6月24日に初飛行した50席級旅客機HS748に大幅な近代化改良を加えるとしてブリティッシュ・エアロスペース（現BAEシステムズ）が1984年に発表したのがATPで、ATPはAdvanced Turbo-Prop（先進ターボプロップ機）の頭文字である。

エンジンをロールスロイス・ダートからプラット＆ホイットニー・カナダPW126に変更し、プロペラもハミルトン・スタンダードの6枚ブレード高効率型に変更している。胴体も延長されて全長が20.42mから26.00mになって、標準仕様で客席64席を設けられるようになった。主翼も大型化されているが、スーパー748では巡航効率向上のため主翼端を篦（へら）型にして広げて全幅が31.23mになっており、こちらに比べると狭い。標準仕様のコクピットは在来型の計器のみによるアナログ設計でのちに電子飛行計器システムによるグラス・コクピット化も提示されたが、改修した航空会社はほとんどなかった。ATPは1986年8月6日に初飛行して、1988年に実用就航した。

ブリティッシュ・エアロスペースと仏・伊の国際合弁企業ATRは1996年に、ターボプロップ旅客機のビジネス統合を行うこととしてAI(R)を設立し、ジェットストリーム31をJ31、ジェットストリーム41をJ41と名づけ、ATPも客席数にちなんでジェットストリーム61（J61）に名称を変更した。J61では内装設計を一新して、新世代型客室が備わるようになった。

しかしこのAI(R)への統合事業は、新型機開発に向けてのいざこざもあって1988年に解散し、ATRとブリティッシュ・エアロスペースはそれぞれもとの単独企業に戻っている。そして1997年にブリティッシュ・エアロスペースは、今後の受注の見込みがないとしてATPの生産終了を発表した。ただこのクラスの航空機を貨物機として運用したいという要望があったことから200年7月に、ATPの貨物機転換事業を始めている。これはもちろん新規製造ではなく、既存機の貨物型ATPFへの改造である。

ATPの製造機数はわずか65機にとどまり、前作のHS748の380機には大きくおよばなかった。

[データ：ATP]

項目	値
全幅	30.63m
全長	26.00m
全高	7.14m
主翼面積	78.3㎡
空虚重量	13,595kg
最大離陸重量	22,930kg
エンジン×基数	PW126×2
出力	1,978kW
燃料容量	6,364L
巡航速度	268kt
実用上昇限度	7,620m
航続距離	985nm
客席数	64席

U.K.
(イギリス)

ショート360

矩形断面の胴体に非与圧キャビンを有したショート360

360の開発経緯と機体概要

北アイルランドで設立されたショート・ブラザーズ社は、そのときによって、ショートあるいはショーツに社名を変えたが、水上機や飛行艇の設計・製造を航空機事業の主体にしていた。1960年代初めに開発したSC.7スカイバンと名づけた双発貨物軽輸送機は、矩形断面による使い勝手の良さや優れた短距離離着陸性能が好評を博し、150機近くを製造できた。そこでショートはその設計を活用するとともに大型化して30席機とするショート330を開発して1974年8月24日に初飛行させた。

この機体にさらに改良を加えたのがショート360で、外形面でもっとも大きな違いは、水平尾翼の両端にあった安定版を廃止して、尾翼を1枚の水平尾翼と垂直尾翼の組み合わせにしたことである。主翼が直線翼であることや、主翼下面と主脚収納スポンソンが支柱で結ばれていることは変わらず、胴体も同じ寸法の矩形断面になっている。ただ、客席数を増やすために91cmの延長が行われている。これにより客席数は、2列分増加できている。

エンジンはプラット＆ホイットニー・カナダPT6Aで同じだが、出力を増加したPT6A-67Rになっている。エンジンの出力増加に加えて、機体の細かな部分の設計に空力的な改良を加えたことで巡航速度が上昇し、また高温・高地性能が向上した。ショート360の初号機は1981年6月1日に初飛行して、同年9月3日に型式証明を受領した。

1980年代に入るとコミューター航空の規制緩和が行われて30席級の新型機が登場し、本機種もその1つであった。しかし矩形断面の非与圧客室は居住性に劣り、巡航高度も空気密度の濃い低高度になるため経済性にも問題を抱えることになった。

ショートは1984年に株式の公開を行って一般の株式会社になったが、1980年代後半には同社の買収を企図する企業が現れて、1989年10月4日にボンバルディアが取得することで決着した。一方でボンバルディアはデハビランド・カナダも買収していて、ショート360はDHC-8(P.184参照)と重複するカテゴリーの旅客機となり、当然のことながら販売の見込めないショート360は製品群から外されることとなった。これによりショート360の製造期間は1981年から1991年までとなり、製造機数は165機であった。

基本型の360-100のほかに、エンジンをパワーアップ型にするとともにプロペラを6枚ブレードのものにした360-300、その純貨物型360-300Fも作られている。

[データ:360-300]

項目	値
全幅	22.81m
全長	21.58m
全高	7.21m
主翼面積	42.1㎡
空虚重量	7,870kg
最大離陸重量	12,292kg
エンジン×基数	PT6A-65AR×2
出力	1,062kW
燃料容量	2,182L
巡航速度	180kt
実用上昇限度	6,100m
航続距離	861nm
客席数	36席

Ukraine
(ウクライナ)

アントノフ An-24"コーク"

ターボプロップ双発でフレンドシップと同様の50席級を狙って開発されたAn-24　Photo : Wikimedia Commons

An-24の開発経緯と機体概要

旧ソ連当時のアントノフ設計局が開発した44席のターボプロップ双発旅客機で、1959年10月29日に初飛行した。円形断面の胴体に主翼を高翼で配置し、尾翼は通常の垂直尾翼と水平尾翼である。降着装置は前脚式3脚で、前脚は機首下側内部に、主脚はエンジン・ナセル内に引き込まれる。機内は、与圧式キャビンになっている。エンジンにはイフチェンコAI-24が使われ、VA-72 4枚ブレード定速プロペラと組み合わされた。機体自体は頑丈な設計で、支援設備の少ない地方の飛行場などからも十分に運用可能で、ロシア国内の中・短距離路線などに使用されている。きわめて多用途性に富み、軍・民双方で多くの派生型が作られている。ここでは、民間向けの重要なタイプのみを記しておく。

◇**An-24**:試作機(4機製造)。

◇**An-24A**:50席の初期量産型。

◇**An-24ALK**:自動航法設備点検型。

◇**An-24B**:50席型でキャビン窓を左右1個ずつ増設。単隙間式フラップを二重隙間式に変更。

◇**An-24D**:計画された長距離型で、右エンジン・ナセル内にRU-19ブースター・ジェットを装備。胴体を延長して60席機にすることも考えられたが、製造はされず。

◇**An-24LP**:火災消火型。

◇**An-24RV**:右エンジン・ナセル内に推力8.8kNのブースター用ターボジェット・エンジンを装備したもの。

◇**An-24T**:貨物輸送型で、前脚周囲にハッチを追加(An-24Tの名称は採用されなかった戦術輸送型でも使用)。

◇**AN-24V-I**:An-24Bの輸出型。二重隙間式フラップを装備。

◇**AN-24V-II**:貨客混載型で、主翼内翼部の弦長を延ばし、フラップは単隙間型に戻した。

このほかに中国では、An-24に範を採って西安飛機工業が運輸7を開発し、国内で使用されている(P.190参照)。

An-24ではいくつかの軍用輸送型も開発されたが、離着陸性能が悪いなどの理由で採用されなかった。一方で基本設計を活用し、胴体最後部にランプ兼用貨物扉をつけるなどしたAn-26"カール"(1969年5月21日初飛行)が作られて、輸出も含めて1,403機が生産された。これはAn-24の約1,300機を上回る数である。

[データ:An-24B]

項目	値
全幅	29.90m
全長	23.53m
全高	8.32m
主翼面積	75.0㎡
空虚重量	13,300kg
最大離陸重量	21,000kg
エンジン×基数	AI-24A×2
出力	1,900kW
燃料容量	5,550L
巡行速度	240kt
実用上昇限度	24,000m
航続距離	1,300nm
客席数	50席

Ukraine
(ウクライナ)

アントノフAn-28 "キャッシュ"

固定脚のシンプルな25席級軽輸送機An-28　*Photo : Wikimedia Commons*

An-28の開発経緯と機体概要

An-14"コールド"の基本設計を活用して作られた軽双発機で、1958年3月15日に試作機が初飛行した。ただ量産向けの旅客型初号機の初飛行は、1975年になってのことであった。An-28はポーランドでも、PZL M28スカイトラックとしてライセンス生産されている(P.208参照)。支柱つき高翼の主翼にグルシェンコフTVD-10エンジンを取りつけ、3枚ブレードのAW-24ANプロペラを駆動している。尾翼は、胴体上面につけた水平尾翼の左右翼端に垂直安定板を配したH字型で、胴体最後部は貨物扉になっている。胴体は矩形断面で、機内は非与圧式である。降着装置は、前脚式の固定3脚。

An-28の胴体を延長して客席数を増加し、各種重量を引き上げた発展型がAn-38(P.259参照)で、1994年6月23日に初飛行した。エンジンはハニウェルTPE331-14GRになり、プロペラも5枚ブレードのハーツエルHC-B5MAに変更された。ただロシアや東欧諸国など、ロシア製になじみのある国向けに、オムスクTVD-20エンジンとVA-36プロペラの組み合わせも可能とされた。

An-28は頑丈な機体設計、失速速度の遅い良好な低速飛行特性、未舗装や凍結した滑走路からの運用能力などで高い評価を得ていたが、一方でアントノフ設計局は常に多くの量産機と新型機の開発事業を抱えていて、小型機である本機の生産には力を注げなかった。このため、An-28はポーランドに生産を移したこともあってアントノフでの製造期間は1975年から1993年までと比較的短く191機の生産機数にとどまった。An-28では旅客型のほかに、救急輸送型のAn-28RM、貨物輸送型An-28TDが作られ、またポーランド向けにエンジンをプラット&ホイットニー・カナダPT6にしたAn-28PT(1993年7月22日初飛行)も作られているが、このタイプは量産されなかった。

[データ:An-28]

	An-28
全幅	22.06m
全長	13.10m
全高	4.90m
主翼面積	39.7㎡
空虚重量	3,900kg
最大離陸重量	6,500kg
エンジン×基数	TVD-10B×2
出力	720kW
燃料容量	1,960L
巡航速度	181kt
実用上昇限度	6,096m
航続距離	737nm
客席数	17席

Ukraine
(ウクライナ)

アントノフ An-140

アントノフがAn-24の後継機種として開発したAn-140 Photo : ikimedia Commons

An-140と各タイプの開発経緯と機体概要

1997年9月17日に初号機が初飛行したウクライナのアントノフによる新世代のターボプロップ双発旅客機で、An-24"コーク"(P.222参照)の後継機を目的としたものである。円形断面の胴体と高翼配置の主翼、前縁に長いドーサルフィンをもつ垂直尾翼ときつい上反角をつけた水平尾翼の組み合わせという機体構成である。降着装置は前脚式3脚で、すべてが胴体内に完全に引き込まれる。エンジンはモートルシーチAI-3シリーズだが、代替選択エンジンとしてプラット&ホイットニー・カナダPW127Aも用意されている。プロペラは、6枚ブレード定速のアエロシラSV-14。与圧式の機内は、通路を挟んで2席+2席の横4席が標準配置で、両列の頭上には最前部から最後部まで、固定棚式のオーバーヘッド・ビンがある。コクピットは在来機の計器を使ったアナログ式設計で、旧ソ連/ロシアの輸送機ではおなじみの機長および副操縦士用の扇風機も残された、古式ゆかしいものになっている。飛行操縦装置は従来の油圧機力システムで、舵面類にも新機軸はない。

主要なタイプには、次のものがある。

◇**An-140**:基本の旅客輸送型。

◇**An-140T**:標準型をもとにした軍用の軽戦術輸送機型。胴体最後部を大型物資搭載用扉とする。

◇**An-140S**:An-140Tの改良型で、後部扉を大型化する。

◇**An-140TK**:貨客転換コンバーチブル型。

◇**An-140VIP**:座席数を30席程度にする要人輸送型。

◇**An-140-100**:主翼幅を拡大する改良型。

◇**IrAn-140**:イランのHESAでのライセンス生産機の名称。

◇**HESAシモルー**:イランでライセンス生産するIrAn-140のイラン独自改良型(P.207参照)。

An-140は2000年4月25日に独立国家共同体(CIS)の合同型式証明を取得して、実用運航に入った。ロシアやウクライナなどの航空会社、さらにはロシア政府や軍からの発注も得ていたが、ロシア・ウクライナ紛争の勃発により本機種の将来は不透明である。

[データ:An-140(性能はAI-30装備型)]

項目	値
全幅	24.51m
全長	22.61m
全高	8.23m
主翼面積	51.1㎡
空虚重量	17,800kg
最大離陸重量	19,150kg
エンジン×基数	AI-30またはPW127A ×2
出力	1,838kW
燃料重量	4,370kg
巡航速度	310kt
実用上昇限度	7,600m
航続距離	490nm
客席数	52席

特殊貨物機

SPECIAL PURPOSE CARGO PLANES

China
(中国)

中航通用飛機 AG600鯤竜

中国が独自開発したAG600水陸両用飛行艇

Photo : Chinese Internet

AG600の開発経緯と機体概要

中国の珠海市に本拠を置く中航通用飛機(AVIC：Aviation Industry Corporation of China)が開発しているターボプロップ4発の大型の多用途水陸両用飛行艇で、2009年に開発に着手されて2017年7月23日に試作初号機が初公開された。この年の12月24日には陸上の飛行場から初飛行し、2018年10月20日に初の水上試験に成功して、2020年7月26日には青島周辺で離着水試験に成功している。2023年2月25日には試作4号機(AG600Mと呼ばれている)も初飛行して、型式証明取得に向けた飛行試験に入った。型式証明の取得目標は2024年で、AVICでは2025年に引き渡しを開始したいとしている。

計画されている飛行艇としての能力は、水深2.5mで幅200m×長さ1,500mの水路から発着水ができ、また洋上では波高2mのシーステート3状況での運用も可能にするものとされている。エンジンはイフチェンコAI-20をコピー生産したと思われる株洲渦奨6で、高効率設計で複合材料製の6枚ブレード・プロペラが組み合わされている。コクピットは、主計器盤に縦長のカラー液晶表示装置5基が並ぶ完全なグラス・コクピットである。

中国はこれまで飛行艇には「水轟(Shuishang Hongzhaj-ji＝水爆撃機)」の名称をつけていたが、これは軍用の名称でAG600は民間向けの機種であることから型式名のあとに「鯤竜」の愛称をつけた。鯤竜は日本にはない想像上の動物で、大型の翼龍といったところか。

中国がAG600の用途としてもっとも開発に力を入れているのが空中消火の消防型で、大量の消火用水の投下機能を有するほか、水面を滑水しながら12tの水を20秒以内に機内のタンクに吸い上げることが可能とされている。そして2022年5月31日には、機体構造を変更して最大離陸重量を60,000kgにした消火・救難型が初飛行している。そのほかの用途としては捜索・救難や対潜作戦/海洋哨戒があるが、特に後者については飛行艇の使用は無駄が多く時代遅れと考えられている。

中国の航空機開発は圧倒的に軍用機が優先であり、本機種の位置づけもはっきりしていないことから量産に進むかは不明で、また飛行艇自体が特殊な機種なので輸出顧客を獲得できるかも定かではない。

[データ：AG600]

全幅	38.81m
全長	36.91m
全高	12.09m
最大離陸重量	53,500kg
エンジン×基数	渦奨6×4
出力	3,805kW
最大巡航速度	270kt
実用上昇限度	6,100m
航続距離	2,400nm

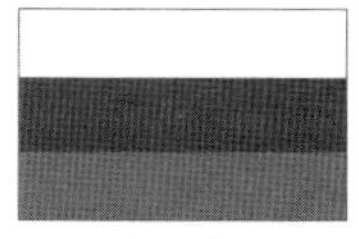

Russia
(ロシア)

ベリエフ Be-200

ロシアの大型ジェット飛行艇Be-200

Photo : Wikimedia Commons

Be-200の開発経緯と機体概要

旧ソ連で多くの飛行艇を開発・実用化させてきたベリエフ設計局は、1980年代中期に軍用のジェット4発(ターボジェット×2+ターボファン×2)の大型飛行艇A-40アルバトロス("マーメイド")を設計して、1986年12月8日に初飛行させた。ソ連海軍向けの対潜作戦および捜索・救難がおもな用途であったが、1988年から1991年にかけてのソ連の崩壊とそれに続いたロシアの経済的困難により、A-40は2機の試作機を製造しただけでプロジェクトを終えた。

このA-40の基本機体構成を活用して新たに設計されたのがBe-200で、エンジンをプログレスD-436TPターボファンにするなどの小型・軽量化を行い、機体重量はA-40のほぼ半分になった。胴体はもちろん水密艇体型で、高翼配置の主翼には浅い後退角がつけられている。エンジンは、主翼と胴体の付け根上面にプログレスD-436TPターボファンが、短いパイロンを介して乗せるかたちで取りつけられている。主翼の前縁にはほぼ全翼幅にわたってスラットがあり、後縁は外側に補助翼、内側には2分割された単隙間式フラップがある。尾翼はT字型。操縦室は電子飛行計器システムを用いたグラス・コクピットで、操縦室を含む機内は完全与圧式である。胴体側面には客室窓が並んでいて、旅客輸送仕様にした場合は最大で44席を設けることができる。また高密度配置の旅客輸送専用型の計画もあり、こちらは最大で72席を設けられるとされている。

Be-200の初号機は1998年9月に初飛行し、2002年8月27日に初飛行した2号機はローンチ・カスタマーであるロシア非常事態省向け仕様で完成していた。この非常事態省向けがBE-200ChS、輸出向けに計器表記を英語にしたのがBe-200ESである。2008年5月にはEADSと了解覚書が交わされて、エンジンをロールスロイスBR715とするタイプの試作が行われることとなってBe-200RRと名づけられたが、計画は棚上げとなったのち消滅した。

こうした飛行艇が活用される場の1つが消火で、Be-200は2012年と2013年にはシベリアの森林火災、2015年10月にはインドネシアでの森林火災、2016年8月にはポルトガルでの森林火災に、各国政府からの要請によりロシア非常事態省から貸しだされて、消火活動を行った。

このようにBe-200の有効性が認められるぶんは確実にあるが、かといって保有するには現実的に無駄が多いことも事実である。このためBe-200の最近までの製造機数は19機にとどまっている。

[データ:Be-200]

項目	値
全幅	23.79m
全長	32.00m
全高	8.89m
主翼面積	117.4㎡
空虚重量	27,600kg
最大離陸重量	41,000kg
エンジン×基数	D-436TP×2
推力	73.6kN
巡航速度	300kt
実用上昇限度	7,925m
航続距離	1,100nm
客席数	44席

International
(国際共同)

エアバス A300-600STベルーガ

Photo : Yoshitomo Aoki

機首のバイザー扉を開けて貨物を積み込むA300-600ST

A300-600STの開発経緯と機体概要

各地で作られたエアバス旅客機用大型コンポーネントを最終組み立て施設まで空輸するためにA300-600を大幅に改造した特殊輸送機。胴体は、大型コンポーネントの収納を可能にするよう設計された、きわめて太いものに変わり、床下貨物室上の客室部を大きな円筒形としたもので、上側は円筒形になっているが、下側2/3はそのまま円形ですぼませるのではなく直線にして幅をだしている。円形部は中心から内壁までの半径が3.52mなので、直径は7.04mということになる。この円の中心部は、貨物室床面から高さ3.85mのところに位置する。

貨物室の全長は37.70mで、前部と後部はそれぞれのラインにあわせて円筒形がしぼまれているが、完全な円筒部だけでも21.34mの長さを有する。床面幅は5.11mで、床面から最高部までの貨物室最大項は7.10mである。貨物の積み降ろしは、貨物室最前部の上開き式バイザー扉により行われる。この扉は上方に67.25度もち上がるので、貨物室断面が完全に開口され、貨物室の寸法をフルに使用することができる。

乗員の乗降は胴体床面下につけられている梯子内蔵式の扉から行われ、加えて操縦室後方胴体右側面に非常口がある。操縦室の設計やレイアウト、装備品などは、A300-600Rのものを踏襲している。

胴体以外の外形上の特徴は、水平安定板両翼端に垂直安定板が加えられたことである。また水平安定板と垂直安定板は、機体重量の増加にともない、構造が強化されている。エンジンは、ジェネラル・エレクトリックCF6-80C2A8である。A300-600STの初号機は、1993年9月13日にトゥールーズで初飛行した。飛行試験のあと1995年5月に型式証明を取得し、10月25日にエアバス・インダストリー(現エアバス)に納入されて、1996年1月15日に最初の実用飛行を行った。A300-600STは5機が製造されて、全機がエアバスにより運航されたが、本機による輸送業務を請け負うための専門会社「エアバス・トランスポート・インターナショナル」が設立されて9月20日に正式に登記を行い、1996年11月24日に最初の請負輸送業務を実施している。

A300-600STは、「ベルーガ(シロイルカ)」の愛称でも呼ばれている。

[データ:A300-600ST]

項目	値
全幅	44.84m
全長	56.15m
全高	17.24m
主翼面積	260.0㎡
空虚重量	86,500kg
最大離陸重量	155,000kg
エンジン×基数	CF6-80C2A8×2
燃料容量	23,860L
推力	262.4kN
巡航速度	M=0.7
実用上昇限度	10,668m
航続距離	1,500nm
標準ペイロード	47,000kg

International
(国際共同)

エアバス ベルーガXL

A330を改造して作られたベルーガXL

Photo : Airbus

ベルーガXLの開発経緯と機体概要

エアバスは、機体のコンポーネント製造を分担している各地から最終組み立て施設(主としてフランスのトゥールーズ)に完成部を空輸するために、A300-600を改造してA300-600STベルーガ(P.228参照)を開発し、1995年から5機を使用してきた。しかし2010年代中期にはその運用期間の限界が見え始めたことから、後継機の検討を始めた。胴体や主翼などの大型コンポーネントを搭載できる機種として、アントノAn-124やボーイングC-17などの評価も行われたが、ベルーガと同様に自前の改造機を作るのが最良とされて、2014年にプログラムがローンチされた。

ベースとする機体はA330-200で、初代のベルーガと同様に操縦室を前方胴体の下部に移し、太い円筒形の貨物室を胴体の中央部に乗せている。操縦室の上部で貨物室の最前部には上ヒンジ式のバイザー貨物扉があって、完全に開くと胴体貨物室のほぼ全体の開口部が得られ、大型貨物や長尺貨物の積み卸しが可能にされている。尾翼にも設計変更が加えられて、水平尾翼にはベルーガと同様に左右端に垂直の安定板がある。これは実質的に垂直尾翼の増積に等しく、方向安定を高めるための措置である。

操縦室を含む機首部はエアバスの子会社であるステリア・エアロスペースが製造して2017年5月に納入された。その上部につくバイザー貨物扉もステリア・エアロスペースが製造を受けもち、同年7月に引き渡されている。そのほかの主要コンポーネントもほぼ同時期にトゥールーズに運び込まれて、2018年12月に最終組み立てが開始された。

ベルーガXLの貨物室断面は幅8.08m、高さ7.84mあって、これはボーイングの747改造LCFドリームリフター(P.233参照)の幅6.35m、高さ6.65mよりもひと回り太いものである。また初代のベルーガと比べると、貨物室長は6.9m長くまた1.7m幅広になり、容積ペイロード重量も6t引き上げられている。この大きさは、A350XWBの主翼2つを同時に積み込めるもので、従って1機分の主翼を一度に空輸できることになる。

A330はエンジンに選択制が採ら

ベルーガXLの最終機となる6号機

Photo : Airbus

Photo : Airbus

ベルーガXLのバイザー扉の開口部はベルーガよりも大きい

れているが、エアバスはロールスロイス・トレント700を選択した。エンジンの装着部の構造も含めて、主翼はA330のものをそのまま使用していて、飛行操縦翼面などにも変更はない。飛行操縦システムはフライ・バイ・ワイヤだが、飛行制御則は当然ベルーガXL用に改めたものが使われている。操縦室は、位置は変わったもののこちらにも設計変更はなく、A330と同じグラス・コクピットでサイドスティック操縦桿が備わっている。

ベルーガXLの初号機は2018年1月4日にロールアウトして同年7月19日に初飛行した。2号機も2019年4月15日に初飛行し、この2機により証明取得飛行試験が行われて、2019年11月11日に欧州航空安全庁の型式証明を取得した。その後エアバスに引き渡された機体は、2020年1月9日から実運用を開始した。エアバスはベルーガXLを6機態勢で運用することにしていて、2023年末までに全機の受領を終える計画である。また5号機と6号機は、完成後はまず双発機の拡張運航(ETOPS)関連の飛行試験に使われることになっていて、180分ETOPSの認定を得る計画だ。

[データ:ベルーガXL]

胴体最大径	8.84m
貨物室容積	2,208.7m³
全幅	60.30m
全長	63.10m
全高	18.90m
主翼面積	361.6m²
空虚重量	127,500kg
最大離陸重量	227,000kg
エンジン×基数	トレント700×2
推力	315.9kN
巡航速度	M=0.69
実用上昇限度	10,668m
航続距離	2,300nm
最大ペイロード	50,500kg

Ukraine
(ウクライナ)

アントノフAn-124 ルスラン("コンドル")

アメリカの超大型輸送機C-5ギャラクシーよりも大きいAn-124

Photo : Wikimedia Commons

An-124の開発経緯と機体概要

旧ソ連は1970年代に、空軍が使用していたターボプロップ4発の超大型輸送機であるアントノフAn-22アンティ("コック")の後継機に関する研究を開始した。An-22は1965年2月27日に初飛行して1967年に就役したもので、最大ペイロード80,000kg、最大離陸重量250,000kgという超大型機であった。ちなみにロッキードC-130Hはそれぞれ19,000kgと70,307kgだから、ペイロードは4.2倍、最大離陸重量は3.5倍強となり、その大型機ぶりがよくわかる。

時代はすでにジェット輸送機が常識になっていたから、この巨大輸送機の後継も当然ファンジェット機が計画され、アメリカでは1968年6月30日に、超大型ジェット輸送機ロッキードC-5ギャラクシー(最大離陸重量348,813kg。初期型のC-5A)となる機種の試作機が初飛行していたため、手本となるものはあった。ただ当時のソ連が抱えていた大きな問題の1つが、高バイパス比ターボファン・エンジンを開発できていないことで、まずこれを実現させせなければC-5並みの機種の開発も不可能であった。これに挑んだのがロタレフ設計局(現プログレス)で、1970年代に開発に着手してバイパス比5.7、最大推力229.8NのD-18Tを完成させて1980年に初運転を行った。これで超大型ファンジェット輸送機の開発作業に弾みがつき、実績豊富なアントノフ設計局が作業を受けもつことになった。こうして完成したのがAn-124で、1982年12月24日に初飛行した。エンジンの初運転からわずか2年後のことであり、それだけ事前の設計作業がかなり進んでいたことと、試作機の製造作業が順調に進んだことをうかがわせる。

操縦室を胴体最前部の高い位置に配置した機体の外観はC-5によく似ているし、機首に上開き式の大型バイザー扉がある点なども同様だが、超アウトサイズ貨物の収容力など求められたことが同様であれば特徴が似てしまうのは避けられない。また軍用輸送機の基本的な機体構成を採り入れるのも当然であり、An-124は決してC-5の模倣ではない。操縦室は、その開発時期から当然在来計器類を使ったアナログ・コクピットで、機長席の後方に航法士席が、副操縦士席の後方に航空機関士席がある。また操縦室の後方には長時間飛行時に使用する、搭乗員の休息スペースを設けることが可能である。

機体規模でいえば、寸法、重量とも

機首の完全開口貨物扉から大型貨物を積み込むAn-124　Photo : Wikimedia Commons

にC-5をひと回り上回っていて、世界最大の実用軍用輸送機になっている。また総2階建て客席の超大型旅客機エアバス A380(P.78参照)と比較すると、A380の最大離陸重量は575,000kgなので、An-124のほうが3割ほど軽い。

An-124で特徴的なのが降着装置で、胴体中央左右下部に取りつけられた主脚は二重車輪が5列のタンデムで並ぶ片側10輪であり、また前脚は二重車輪のものが2本横並びで取りつけられている。この2本式前脚を同調させて操向するには、特殊な技術が必要だったはずだ。

An-124 各タイプの機体概要

An-124には、次の各タイプがある。

◇**An-124ルスラン**:基本型で軍用の戦略輸送機。

◇**An-124-100**:民間輸送機型。

◇**An-124M-150**:最大ペイロードを150tに、最大離陸重量を420tに引き上げたタイプ。D-18Tエンジンもパワーアップ型のシリーズ4になった。

◇**An-124-102サロン**:電子飛行計器システムを備えた開発機。

◇**An-125-115M**:ロックウェル・コリンズの電子飛行計器システムを備えるもの。計画のみ。

◇**An-124-200**:ジェネラル・エレクトリックCF6-80C2エンジン装備型(提案のみ)。

◇**An-124-210**:ロールスロイスRB2211-524H/T装備型(実現せず)。

◇**An-124-300**:ロシア航空宇宙軍向けの推力増加および各種重量引き上げ型(2020年に発注されたが現状は不明)。

An-124は民間企業や各国政府などがチャーターできる超大型輸送機であり、国際緊急援助などの人道支援目的で多用されていて、日本もチャーター運航の実績を有している。製造機数はわずかに55機だけだが、これからも重要な役割を果たすものになるであろう。

旧ソ連では、宇宙往還機ブランの空輸用に、An-124を改造した、さらに大型の輸送機を開発した。D-18Tエンジン6発のこの機種はAn-225ムリヤ(“コサック”)と名づけられて1988年12月21日に初飛行したが、ブラン計画が中止となったことで1機しか作られなかった。それでも民間のチャーター輸送に用いられることもあったのだが、2022年2月24日に始まったロシアによるウクライナ侵攻の初期の時点で、アントノフ施設への攻撃により破壊されて失われてしまった。

またAn-225の発展型としては、空中で宇宙機を発射する母機のAn-325が計画されたが、プログラムはキャンセルとなった。

[データ:An-124-150]

項目	値
全幅	73.30m
全長	69.01m
全高	21.08m
主翼面積	628.0㎡
空虚重量	181,000kg
最大離陸重量	420,000kg
エンジン×基数	D-18T×4
推力	226.9kN
燃料容量	262,715L
巡航速度	430～460kt
実用上昇限度	11,872m
航続距離	4,500～6,200nm
最大ペイロード	150,000kg (An-124M)

U.S.A.
(アメリカ)

ボーイング747-400 LCFドリームリフター

ボーイングのエバレット工場を離陸する747-400LCF

Photo : Wikimedia Commons

747-400 LCFの開発経緯と機体概要

ボーイングは新旅客機787(P.114参照)の製造に際して、海外を含む各地で製造されたコンポーネントを最終組み立て施設(当初はワシントン州エバレット。現在はサウスカロライナ州チャールストン)に空輸する方針を2003年10月13日に発表し、そのために開発したのがドリームリフターである。747-400を大幅に改造したもので、747-400大型貨物輸送機(LCF:Large Cargo Freighter)とも呼ばれている。

747-400LCFではまず、787の胴体を余裕をもって収容することができる新しく特別に太い胴体が装備されることになった。ボーイングでは寸法の詳細は発表していないが、最大径は5.79mで、この新しい貨物室部は非与圧区画になっており、その容積は1,841㎥もある。このためセクション41の最後部に大型の圧力隔壁をつけることになった。この圧力隔壁はアルミ合金製だが、機体自体が尾部に重量が偏るテイルヘビーになってしまうため、できるだけ圧力隔壁の重量を重くして前後の重量バランスをとる必要があった。このため圧力隔壁は、アルミ合金を幾重にも重ねて作られることになり、これが747-400LCF開発でもっとも苦労したことの1つとなった。床面には、左右のほぼ両脇にカード・ガイド・トラックと呼ぶレールがあって、搭載する787の各コンポーネントを載せる積載具はどれもこのレールにあわせて設計されている。また取り扱いシステムとしては、パワー駆動ユニット(PDU)が装備されている。

後部胴体は左ヒンジで横に開くスウィング・テイル型になっていて、開くと貨物室断面部が完全に解放された状態になり、貨物室の断面寸法をフルに活用した大型物資の搭載が可能になる。なお後部胴体は、垂直安定板付け根部付近のテーパー部を3.05m延長している。また垂直安定板も、方向安定性を確保するために前端部を60インチ(1.52m)延長しており、これらにより機体の寸法は747-400とは異なっている。後部胴体のスウィング・テイル式扉には、自動のラッチ/ロック機構がついていて、閉じた位置になるとラッチがかかり、さらに完全にロックされる。

また747では、キャビンの天井部と床下に、操縦用のケーブルや電線といったワイヤ類を通していた。しかし747LCFでは後部胴体を完全な開口式にしたため、これらの再配置が必要となった。これらのワイヤ類は、胴体内左舷中央部に上下2つにまとめられ、後部胴体が開いてもつながっているように設計変更された。前記したように、747改造機では機首部をスウィング式扉にするなど、機首部側に大型扉を設ける案が検討されたが、このワイヤリングの処理が最大の問題となって、採用されなかったのである。

設計がまとまった747-400LCFの実際の改造作業は、台湾の長榮航太科技股份有限公司(EGAT)が受けもつこととなり、桃園国際空港にある同社施設で作業が行われている。その改造用初号機は2005年6月に到着

MTSにより開かれた747-400LCFの後方スウィングテイル扉 Photo : Yoshitomo Aoki

し、2006年8月17日にすべての作業を終えてロールアウトした。初飛行は9月9日で、16日にはアメリカ連邦航空局(FAA)の型式証明取得の飛行試験のため、ボーイング・フィールドにフェリーされた。

747-400LCFは4機が作られていて、各機の詳細は次のとおりである。なお、エンジンを統一するため、プラット＆ホイットニーPW4056装備機が選ばれた。

◇**1号機**：製造番号25879。1992年2月1日に747-4J6として完成して初飛行し、1992年3月30日に中国国際航空に引き渡された(登録記号はB-2464)。2006年9月9日にLCFとしての初飛行を行い、現在の登録記号はN747BC。

◇**2号機**：製造番号24310。1990年3月6日に747-409として完成して初飛行し、1990年3月27日に中華航空に引き渡された(登録記号はB-162で、のちにB-18272に変更)。2007年2月にLCFとしての初飛行を行い、現在の登録記号はN780BA。

◇**3号機**：製造番号24309。1990年1月6日に747-409として完成して初飛行し、1990年2月8日に中華航空に引き渡された(登録記号はB-161で、のちにB-18271に変更)。2008年7月にLCFとしての初飛行を行い、現在の登録記号はN249BA。

◇**4号機**：製造番号27042。1992年8月11日に747-4H6として完成して初飛行し、1992年8月27日マレーシア航空に引き渡された(登録記号は9M-MHPが用意されていたが割り当て未使用で実際の登録記号は9M-MHA)。現在LCFの改造作業中で、LCFとして完成したのちの登録記号はN718BA。

747-400LCFは2009年6月2日にFAAの型式証明を取得したが、飛行試験中に、きわめて太い上部胴体を取りつけたことなどから主翼周辺での飛行中の抗力が増加し、また翼端で渦を発生させるウイングレットが主翼に振動(フラッター)を引き起こすことが判明した。ボーイングでは、ウイングレットを外して通常型翼端にすることで、この問題を解消している。ただこれにより飛行試験が追加されて、型式証明の取得が当初の予定よりも半年弱遅れることになってしまった。

ボーイングは747 LCFにあわせて、地上の支援車輛も開発した。1つはカーゴ・ローダーで、大型のコンポーネントをLCFの貨物室に積み込み、また積み降ろすための車輛だ。全長35.99m、最大幅8.38mもある32輪の大型車で、ローダー部は最大で68tの物資を運搬できる。

もう1つが移動尾部支援車輛(MTS)で、車体上部に後部胴体のスウィング式扉との結合部があり、結合したあとはコンピューター誘導システムにより扉の開閉軌道にあわせて自動的に走行し、重量約44,000ポンド(約19,960kg)の尾部全体を支えながら扉の開閉を行うという、ハイテク車輛だ。前記したラッチ/ロック機構用の電源も、このMTSが供給する。

[データ:747-400LCF]

全幅	64.44m
全長	71.63m
全高	21.54m
運航自重	180,530kg
最大離陸重量	約364,241kg
エンジン×基数	プラット&ホイットニーPW4056×4
最大推力	281.7kN
燃料容量	199,510L
巡航速度	M=0.82
航続距離	4,200nm(満載時)
最大ペイロード	113,400kg

貨物機
CARGO PLANES

International
(国際共同)

エアバス A330-200F

A330の純貨物型であるA330-200F Photo : Wikimedia Commons

A330-200Fの開発経緯と機体概要

エアバスは2000年ごろになると、DC-10/MD-11やL-1011で貨物専用機として使われているものの後継機の研究を開始し、2001年6月にA330を活用する計画を発表し、その後さらに細かな調査や機体仕様の確定を行って、2007年1月17日に、A330-200をベースとした純貨物型の開発を正式にローンチした。これがA330-200Fで、基本的な機体フレームはA330-200と同じだが、主デッキ床面を強化するとともに前部胴体左舷に大型の貨物扉を取りつけ、客室窓をはじめとする旅客用装備はすべて取り除いている。

前部胴体左舷には、主デッキへの貨物搭載用に3.58m×2.57mの大型貨物扉がつけられているが、これはA300-600Fで用いられていたものと同じで、A330もA300-600も胴体寸法が同じであることから、そのまま使用したものだ。

そのほかの外形上の大きな相違点は、機首下面に張りだしがつけられていることで、これは前脚を収納するスペースを得るための措置である。

別項で記したようにA330/A340の開発では、前脚はA300/A310のものをそのまま使っているため、機体規模に比べて相対的に短く、A330/A340は地上姿勢がわずかな機首下がりになった。しかし貨物機では、主デッキへの貨物搭載などのために地上姿勢で主デッキを水平にする必要があった。機首下がりの地上姿勢を直すためには前脚を長くすればよいが、新たに前脚を設計し製造するとコストや時間がかかり、合理的ではない。そこでエアバスは、これまでと同じ前脚を使うことにし、その取りつけ位置を下げることにした。その結果、胴体内に車輪や脚柱の一部が収まらなくなることとなり、そのスペースを新たに設ける必要がでた。それが機首部下面の膨らみとなったのである。

A330-200Fの貨物搭載能力

A330-200Fの貨物搭載能力は、主デッキには96インチ×125インチ

機首部下面の前輪収納用の張りだしが特徴的なA330-200F Photo : Wikimedia Commons

(2.44m×3.18m)パレットならば22枚を、88インチ×125インチ(2.24m×3.18m)パレットとの組み合わせならば88インチ×125インチパレット20枚と96インチ×125インチパレット3枚の計23枚を収容できる。またどの場合もパレットの最大高は96インチ(2.24m)で、貨物の総容積は前者の場合で336㎥、後者の場合で325㎥になる。またパレットの重重量貨物を搭載した場合、96インチ×125インチ(2.44×3.18m)パレットでは機内に1列搭載として、16枚を並べることができ、この場合の容積は269㎥になる。さらには同サイズのAMAコンテナを使用することもでき、この場合はコンテナ9個とパレット4枚(貨物総容積222㎥)の収容になる。

床下貨物室についても、旅客型とまったく同じ使い方により、追加の貨物を搭載することができる。この場合、96インチ×125インチ×64インチ(2.44m×3.18m×1.63m)パレットを前方と後方の床下貨物室に4枚ずつ搭載し、前方貨物室にはさらにLD-3コンテナを2個収めることが可能だ。すべてをLD-3コンテナにすれば、前方に14個、後方に12個を搭載できる。またいずれの場合でも、さらに容積19.7㎥のバルク貨物室が個別に用意されている。

こうしたA330-200Fの構造制限ペイロードは、標準仕様で64t、オプション仕様では69tとされている。標準航続距離は、ペイロード64tで4,000nm以上、69tならば3,200nmになるとされる。

A330-200Fと搭載エンジン

A330-200Fのエンジンは、旅客型と異なり、今のところトレント700とPW4000しか使われないことになっている。初号機となったのはA330/A340通算1004号機で、2009年11月5日に初飛行し、約180時間の飛行試験を開始していて、2010年に型式証明を取得した。

この初号機はトレント722B-60A(316kN)装備型で、最初の3機(ほかの2機は通算1032号機と1051号機)が同じエンジンを装備して完成され、A330-200Fの4号機(通算1062号機)がPW4168A(302.6kN)を装備した初号機になっている。

[データ:A330-200F]

項目	値
全幅	60.30m
全長	58.82m
全高	16.88m
主翼面積	361.6㎡
最大零燃料重量	173,000kg
最大離陸重量	233,00kg
エンジン×基数	トレント700/PW4000×2
推力	305kN
燃料容量	139,090L
巡航速度	M=0.82
実用上昇限度	12,500m
最大航続距離	3,213nm
最大ペイロード	68,600kg

International
(国際共同)

エアバス A350F

キャセイ・グループ向けA350Fの想像図　Image : Airbus

A350Fの開発経緯と機体概要

エアバスは新しい大型双発旅客機についていくつかの検討の末、2004年12月10日に完全な新設計機とすることを決めて、2005年10月6日にA350XWB(P.82参照)の産業ローンチを決めた。そして2007年にはA350XWBでの純貨物型を開発する計画を明らかにし、その後は潜在的な顧客への説明を行って、ローンチ・オーダーを待っていた。そこにまずリース会社のエアリースが2021年11月16日に7機を発注して、ローンチ・カスタマーになった。そしてそれにエールフランスKLM、シンガポール航空が続き、2023年12月8日にはキャセイ・グループが6機の購入でエアバスと合意している。2023年12月時点での受注機数は39機になっている。

旅客型のA350XWBは基本型のA350XWB-900と胴体延長大型化版のA350XWB-1000のタイプがあるが、A350FはA350XWB-900の機体フレームをベースに最大離陸重量はA350XWB-1000の319,000kgにすることにされている。これにより胴体はライバルとなる777Xよりも7.01m長く維持できて機内収容能力は大きくなり、一方で最大で4,700nmの航続距離が確保できるという。貨物は主デッキと床下に搭載し、主デッキ左舷前方には主デッキへの搭載用の3.81m×3.72mの上開き式大型貨物扉がつけられ、最大開度は65度あって、トレントをはじめとする大型高バイパス比ターボファン・エンジンをそのまま通すことを可能にする。貨物室の総容積は695㎥あって、2.44×3.18mの標準パレット主デッキに30枚、床下に12枚を積み込むことができるとされている。

A350Fの就航開始目標

前作のA330Fでは、機体価格を抑えるために主デッキへの動力式貨物取り扱いシステムの装着を行っていなかったが、これについてはA350Fでどうするかはまだ説明されていない。ただ機体の基本設計や構造などはA350XWBと高い共通性がもたされるので、たとえば約50%は炭素繊維複合材料製となって機体重量の軽量化ができて、結果として総重量が競合機種よりも30t軽くなり、同じペイロード重量ならば300nm航続距離が長くなるとエアバスではしている。A350Fのくわしい開発スケジュールはまだ示されていないが、就航開始目標は2025年に設定されている。

[データ:A350F]

項目	値
全幅	64.75m
全長	70.82m
全高	17.08m
主翼面積	464.3㎡
運航自重	124,400kg
最大離陸重量	319,000kg
エンジン×基数	トレントXWB×2
推力	431.5kN
燃料重量	124,650kg
巡航速度	M=0.85
航続距離	4,700nm
最大ペイロード	109,000kg

U.S.A.
(アメリカ)

ボーイング 767-300F

全日本空輸の767-300Fへの貨物の搭載作業 Photo : Yoshitomo Aoki

SASCOで改造作業を終えた全日本空輸向け767-300BCFの初号機 Photo : Yoshitomo Aoki

767-300Fの開発経緯と機体概要

双発のセミワイドボディ旅客機767(P.143参照)の長胴型長距離仕様機である767-300ERをベースにした純貨物型で、アメリカの大手パッケージ貨物輸送会社のユナイテッド・パーセル・サービセズ(UPS)の発注により1993年1月15日にプログラムがローンチした。初号機は、1995年5月8日にロールアウトして6月20日に初飛行した。同年10月12日にアメリカ連邦航空局の型式証明を取得し、その日にUPSに初引き渡しが開始されている。

旅客型767-300ERからのおもな変更点は、次のとおりである。

・前方胴体左舷のタイプA乗降扉の簡素化
・前方胴体左舷に2.67m×3.40mの大型貨物扉を設置
・主脚位置の変更
・床下貨物取り扱いシステムの電動化
・主デッキ床面の強化と貨物取り扱いシステムの装備(電動システムでジョイスティックにより操作を行える)
・客室窓と乗降/緊急脱出扉の廃止
・生物/動物および生鮮貨物の搭載機能の追加
・主デッキへのリジッド式貨物バリアの設置

操縦室は旅客型とまったく同じで手は加えられておらず、旅客型の操縦資格限定と共通化されている。ただ操縦室内後部に横並びで座席3席が設けられて交代乗員の搭乗が可能となり、また左後方部を延長する形でスペースが拡張されギャレーが設置されている。旅客型にあった乗降扉が使用できなくなったため、パイロットは胴体左舷の簡素化されたタイプA扉から直接操縦室に乗り込むことになった。その脇には扉があって、そこから主デッキへのアクセスができる。

貨物の搭載スペースは主デッキが428.7m³、床下貨物室が87.2m³の計525.9m³で、各種のコンテナやパレットの積載が可能である。たとえばLD-2コンテナは床下に30個を搭載でき、また2.23m×3.17mパレットは主デッキに24枚が収納可能だ。ボーイングでは767の旅客型からの貨物型転換改造も事業の1つとしていて、ボーイング転換貨物機(BCF)を販売している。実際の改造作業は、シンガポールのSTエアロの子会社であるエビエーション・サービセズ社(SASCO)が行っていて、改造初号機は2008年6月16日に全日本空輸に引き渡されている。また767BCFでは、767-200も改造対象になっている。

[データ:767-300F]

項目	値
全幅	47.57m
全長	54.94m
全高	15.86m
主翼面積	283.3m²
運航自重	90,000kg
最大離陸重量	185,060kg
エンジン×基数	ジェネラル・エレクトリックCF6-80C2B7F×2
最大推力	276.3kN
燃料容量	90,770L
巡航速度	M=0.80
実用上昇限度	13,100m
航続距離	3,225nm (最大ペイロード時)
最大ペイロード	52,700kg

U.S.A.
(アメリカ)

ボーイング 747-200F/C/M

クラシック747の純貨物型747-200Fa

Photo : Wikimedia Commons

747-200Fの開発経緯と機体概要

試作機が1969年2月9日に初飛行した超大型旅客機ボーイング747(P.132参照)は、早い段階から性能向上や運航目的への対応などのために、多くのサブタイプが作られることになった。そして航続距離延伸のために燃料搭載量を増加するとともに必要な構造強化を行い、またエンジンを推力増加型のプラット&ホイットニーJT9D-7とした747-200Bで1つの完成形をみたといってよい。747-200Bが誕生したときにはエンジン選択制が始まっており、ほかにジェネラル・エレクトリックCF6とロールスロイスRB211を装備することが可能であった。

そしてこの747-200では、旅客型747-200Bに加えて純貨物型747-200F、貨客転換型747-200C、貨客混載型747-200Mの、貨物輸送に重きを置いたタイプも開発されている。機体の基本設計はいずれのタイプも同じだが、747-200Fは機首部が、操縦室風防の下にヒンジをもつ上開き式のバイザー貨物扉を備えるようになった。これにより貨物室とほぼ同じ寸法の開口部が得られるため貨物室の幅と高さを有効に使っての貨物の収容が可能になっている。

また、専用の搭載用装備と機体前方に長いスペースは必要になるが、理屈上は貨物室の長さと同じだけの長尺貨物の搭載も可能であり、たとえばF1レーシングカーの空輸などにも使われた。ちなみにこのバイザー扉の開口部寸法は、幅3.15m、高さ1.98mである。747-200Fの貨物室は最大幅3.81m、床面幅3.56m最大高2.49m、主翼取りつけ部高さ1.96mである。

747-200F/Mの貨物搭載能力

747-200Fと-200Mはまた、後方胴体左舷にオプションで上開き式貨物扉を装着できる。その開口部は最大幅が3.40m、最大高が3.12mあるので、高さ3mの貨物の積み卸しが可能である。貨物の搭載容積は主デッキが610.1㎥、床下が130.3㎥の計740.4㎥で、加えて床下最後部に14.7㎥のバルク積みスペースがある。床下搭載用の貨物扉は747-200Bと同一のものだ。

具体的な貨物の積み込み例は、2.43m×3.17mのパレットならば主

747貨物型のバイザー扉は長尺貨物の積み卸しを可能にした　Photo：Wikimedia Commons

デッキに最大で29枚を収めることができ、加えて床下に同じ寸法のパレット5枚＋2.24m×3.17mパレット8枚を積むことができる。もちろん主デッキにも床下貨物室にもLD-1やLD-3といった国際標準コンテナを搭載できるシステムが備わっているため、柔軟な組み合わせ搭載が行える。ただ747-200Fは、ワイドボディ旅客機初の貨物型であり、機体がこれまでのほかの機種よりもかなり大きくて主デッキ床面が高いことから、専用の搭載車輛などが必要となった。特に前記したように機首のバイザー扉から長尺貨物を出し入れするには、そのための場所と機材が欠かせない。このため運用開始初期には、これらの地上支援機材の整備も必要になっている。

ボーイング747-200Fの初号機は1971年11月23日にロールアウトし、同年11月30日に初飛行して1972年3月7日に型式証明を取得したあと、3月10日にルフトハンザに初納入された。747-200Cはロールアウトが1973年2月28日、初飛行が同年3月23日で、4月24日に型式証明を取得し、4月30日にワールド・エアウェイズに引き渡された。747-200Mは1974年10月30日にロールアウトして11月18日に初飛行、1975年3月5日に型式証明を受領し、1975年3月7日にエアカナダに初引き渡しされている。

747の改造貨物機
747SFの概要

ボーイング747では、747-400以前のいわゆる747クラシックは退役が進んでいて、用途廃止などになっている機体も少なくない。ジェット旅客機は一般的に経済寿命が20年程度といわれていて、大手航空会社は引き渡しから20年を経過すると機材の更新に着手する。ただ貨物機に改造すると、構造の強化などが行われるので15年程度の運航継続が可能になる。そこで多くの航空会社が、20年以上経過したものを貨物機に転換したり、あるいは中古機で別の会社に売却して購入先が改造してさらに使い続けるなどのケースがある。そのなかでも747-100/-200は搭載量が大きく貨物輸送でもたらす利益が大きいため、貨物機改造の人気が高い。ただ747クラシックでの改造はすべてボーイング以外の企業が行っている。このような改造貨物機は、747SF（SFはSpecial Freighterの略）と呼ばれている。なおこうした改造機には、機首のバイザー貨物扉はない。

［データ：747-200F］

項目	値
全幅	64.40m
全長	70.70m
全高	9.40m
主翼面積	511.0㎡
最大離陸重量	396,900kg
エンジン×基数	JT9D/CF6/RB211×4
推力	193.6～253.2kN
燃料容量	196,970～198,390L
巡航速度	M＝0.85
航続距離	7,022nm
最大ペイロード	100,000kg

U.S.A.
(アメリカ)

ボーイング 747-8F

747の最終生産型747-8で量産の主体となった747-8F Photo : Yoshitomo Aoki

747-8Fの開発経緯と機体概要

ボーイングは2000年代前半に新しい大型機に関する研究を行ったが、あまり大きな需要が見込めないことと、747-400というもとになる機種があることから、エアバスのようなまったくの新型機の開発はせず、747の基本設計を活用して大型化を図ることとして、いくつかの設計案を作った。そして2003年7月12日には最終的な案として「747アドバンスド」をまとめあげて、顧客などへの説明作業を開始した。

747アドバンスドは、基本的には747-400の胴体延長型で、最初から旅客型と貨物型の双方を開発することとされたが、ユニークだったのは旅客型と貨物型で延長幅を変えていたことであった。旅客型は主翼の前方で80インチ(2.03m)、後方で60インチ(1.52m)の計140インチ(3.57m。換算誤差0.1m)延長するのに対し、貨物型は前方で160インチ(4.06m)、後方で60インチ(1.52m)の計220インチ(5.59m。換算誤差0.1m)の延長とされていた。貨物型のほうが延長幅が長いことについては、貨物機ではより大きな収容力が求められる一方で、旅客型では客席数よりも航続距離が重視されているというのがボーイングの説明であった。ただこれは、エアバスが計画している超大型機は550席級になり、747の派生型ではどうやってもそれには対抗できないという一面はあった。そしてもちろん、8,000nm級の長距離飛行能力が求められるため、あまり客席数を増やしたくなかったのである。

こうした747アドバンスドに対して2005年11月14日に、カーゴルクスと日本貨物航空が確定発注を行ったことでまず貨物型のプログラム・ローンチが決まった。ボーイングのジェット旅客機史上、貨物型が先にローンチしたのはこれが初めてであった。この貨物型は「747-8F」と命名されて、旅客型は「747-8I」となった(P.139参照)。

747-8Fの初号機は、747-8の初号機でもあり、2009年11月12日に完成して2010年2月8日に初飛行した。アメリカ連邦航空局の型式証明の取得は2011年8月19日で、10月12日にカーゴルクスに初納入されている。

747-8Fの貨物機としての特徴は

エバレット工場の747-8Fの生産ライン

Photo : Boeing

747-8Fの最終受領者となったアトラス航空向けの生産最終機

Photo : Boeing

747-200F/-400Fを受け継いでいて、機首に上ヒンジ式で開くバイザー貨物扉があり、後方胴体左舷に主デッキ用の大型貨物扉がある。上部デッキは、747-400F（次項）と同じ理由で延長されず、747-200の設計のものを使用している。貨物扉などの寸法は、従来のものと変わっていない。他方胴体が延長されたことで、貨物収容容積は当然増えていて、主デッキが692.7m³、床下が150.9m³の計843.6m³になり、これに床下最後部の14.5m³のバルク積みスペースが加わる。

貨物の搭載は、各種の国際基準パレットおよびコンテナに対応しているので、それらをある程度自由に組み合わせて行うことができる。ここに、ほぼ最大搭載に近い一例を記しておく。

◇**主デッキ：**2.44m × 3.18mパレット27枚＋2.44m × 3.81mパレット5枚＋2.44m × 3.81m特殊形状パレット2枚

◇**床下貨物室：**2.44m × 3.18mパレット12枚＋1.52m × 2.34mパレット2枚＋バルク積み

ボーイングは2023年1月31日に最後の新規製造747の引き渡しで、50年以上にわたった747の製造に幕を閉じた。この最終引き渡し機となったのはアトラス・エア向けの747-8Fで、747-8だけの製造機数は747-8Iが107機、747-8Iが48機の計155機で、747-8Fはほかのタイプと比べてまだ遜色はないが、747-8全体の製造機数はかなり寂しいものとなってしまった。

［データ：747-8F］

全幅	68.45m
全長	76.25m
全高	19.40m
主翼面積	553.7m²
運航自重	197,100kg
最大離陸重量量	448,000kg
エンジン×基数	GEnx-2B67×4
推力	295.9kN
燃料容量	226,1210L
巡航速度	M=0.845
実用上昇限度	143,137m
航続距離	4,980nm
最大ペイロード	134,000kg

U.S.A.
(アメリカ)

ボーイング 747-400F

シンガポール航空の747-400F。上部デッキは747-200と同様に短い　Photo : Yoshitomo Aoki

機首から積み込みを行うカーゴルクスの747-400F　Photo : Wikimedia Commons

747-400Fの開発経緯と機体概要

ボーイングは大型旅客機747について、1970年の就役後に実用化された多くの新技術を取り入れて完全に新世代化したハイテク・ジャンボ747-400(P.134参照)を開発した。そしてそれを貨物機とする747-400Fの開発にも着手して、1993年3月8日に初号機をロールアウトさせ、1993年5月4日初飛行して1993年10月23日に型式証明を取得、11月17日にカーゴルクスに初引き渡しを行った。

747-400Fは、グラス・コクピットによる操縦室乗員の2人化、主翼端へのウイングレットの装着、翼胴フェアリングの設計変更など、747-400の

日本航空が運用した747-400BCF。上部デッキは長いままで機首のバイザー扉もない　*Photo : Yoshitomo Aoki*

特徴のすべてを盛り込んでいるが、上部デッキの延長だけは行われていない。これは、上部デッキを延長しても専用の貨物扉を増設しなければならず、さらに上部デッキの天井高が相対的に低いため貨物の搭載スペースとして活用できず、この部分は747-100/-200の設計を用いている。

747-400Fの貨物機としての特徴

貨物機の特徴としては747-200F(P.240参照)に準じていて、機首に上開き式のバイザー貨物扉があり、後方胴体左舷に大型貨物扉を有する。貨物の搭載能力も、基本的には747-200Fと同じである。また、貨客混載型の747-400Mも作られた。

747-400Fでは、旅客型の航続距離延伸型747-400ERをベースにした純貨物型747-400ERFも作られている。このタイプは最大離陸重量は412,769 kg、最大ペイロードは112,760 kgで、最大搭載時でも5,700nmの航続力を有する大型長距離輸送機となっている。

この747-400ERFは、2001年9月13日に初受注を得て、2002年9月に初飛行し、10月16日にアメリカ連邦航空局の型式証明を取得した。初引き渡しは、2002年10月17日にインターナショナル・リース・ファイナンス(ILFC)を介してエールフランス(現エールフランスKLM)に対して行われた。

747-400BCFの機体概要と特徴

ボーイングは、自社で貨物機への転換改造を設計し、作業は他社に任せるものの、引き渡し後の顧客サービスや支援などを行う事業を実施している。これがボーイング転換貨物機(BCF：Boeing Converted Freighter)と呼ばれるもので、キャセイ・パシフィック航空の発注によりプログラムがローンチした。747-400BCFは、中国の厦門にある太古飛機工程有限公司(TAECO)で改造作業が行われている。BCFでは、前方胴体の上部デッキは長いまま残されていて、荷主席などに使用されている。また、機首のバイザー貨物扉はついていない。

747-400でもBCF以外に第3者企業による貨物機転換改造機(747-400SF)が作られているが、こちらも上部デッキは長いままで、バイザー貨物扉はついていない。

[データ:747-400F]

項目	値
全幅	64.40m
全長	70.70m
全高	19.40m
主翼面積	541. 2㎡
最大離陸重量	396,900kg
最大ペイロード	113,000kg
エンジン×基数	PW4000/CF6/RB211×4
推力	254.3～275.8kN
燃料容量	204,360L
巡航速度	M=0.85
実用上昇限度	13,747m
航続距離	4,455nm

U.S.A.
(アメリカ)

ボーイング 777F

777-200LRをベースにして純貨物機とした777F Photo : Yoshitomo Aoki

777Fの開発経緯と機体概要

ボーイングは超大型貨物機の747-400F(P.244参照)よりも経済性に優れる大型の貨物機として、777-200の長距離型である777-200LR(P.128参照)を活用した純貨物機の開発を計画し、これに対してエールフランスが発注を行ったことで2005年5月23日にプログラムをローンチした。機体の基本設計などに違いはなく、操縦室も旅客型777と変わりはないが、貨物機とするために、次の変更点が採り入れられている。

- 客室窓の廃止
- 最前方左右(L1/R1)扉を除き乗降扉を廃止
- 後方胴体左舷に3.71m×3.15mの上開き式大型貨物扉を設置
- 主翼ボックス、主翼前縁および補助翼の構造強化
- 胴体構造の強化
- 主デッキの床面を強化アルミニウムに変更し、支持構造を強化するとともに動力式貨物取り扱いシステムの装備
- 主デッキへの9Gのリジッド式貨物バリアの装着
- 操縦室後方に荷主や貨物管理者用のスペースを確保(ビジネスクラス座席3席または4席と寝台2床、ギャレー、トイレを装備)
- 水平尾翼の構造強化
- 飛行機動荷重軽減装置の追加
- 水タンクをバルク貨物スペースから前方床下部に移設
- 環境制御システムの改修
- 貨物室専用の消火システムの装備

777Fの貨物搭載能力

貨物の積載容積は主デッキが518.2㎥、床下前方が70.5㎥、床下後方が47.0㎥で計653.7㎥あり、これにより2.43m×3.17mのパレットならば主デッキに最大で27枚を搭載でき、床下も前方に6枚、後方に4枚を収容することが可能である。加えて床下最後部には、容積17.0㎥のバルク貨物スペースがある。床下への貨物の積み卸しは、旅客型と同じ貨物扉を使用する。

777Fの強化された床面は、1㎡あたり163kgの貨物を積むことが可能で、これは747-200/-400/-800の貨物型と同じ積載密度である。これにより大型輸送機の747-400Fなどで運んできた物資を、別のパレットやコンテナに積み替えることなく777F

エールフランス・カーゴの777F Photo : Wikimedia Commons

Photo : Yoshitomo Aoki

貨物取り扱いシステムを備えた777Fの主デッキ床面

に移して空輸することが可能となり、航空会社にとっては貨物ネットワークの構築や柔軟性のある空輸サービスを提供することができる。

777Fは長距離機である777-200LRをベースにしているから、航続距離も当然長く、ペイロード103tの状態でニューヨークからデリー、サンティアゴ、ホノルル、北京、東京などへノンストップで飛行することができ、さらに双発機であるから優れた経済性を提供し、また排気物質の低減も可能になるとボーイングでは説明している。

777Fは2008年7月14日に初飛行して、2009年2月19日にローンチ・カスタマーのエールフランスに引き渡された。747-200FやDC-10の貨物型といった1970年代に登場したワイドボディ貨物機の後継機として注文を集めている。このため旅客型から貨物型への転換改造も行われていて、胴体の長い777-300の長距離型である777-300ERをもとにする777-300ERSFが2019年10月にローンチされている。この事業についてはボーイングは直接関与せずに、GEキャピタル・エビエーションとイスラエル・エアロスペース・インダストリーズ(IAI)が事業主体となっている。

貨物型への改造箇所は、基本的には777Fと同じだが、胴体が長い分貨物の搭載量は増える。ただ構造上の問題もあって、ペイロード重量に変わりはない。機体の改造作業を受けもっているIAIは777-300ERSFについて、就航開始は2023年第4四半期が目標としている。

[データ:777F]

項目	値
全幅	64.80m
全長	63.73m
全高	18.99m
主翼面積	427.8㎡
空虚重量	144,379kg
最大離陸重量	347,815kg
エンジン×基数	GE90-110B1×2
推力	492.7kN
燃料容量	181,283L
巡航速度	484kt
実用上昇限度	13,137m
航続距離	4,855nm
最大ペイロード	105,233kg

U.S.A.
(アメリカ)

ボーイング 777-8F

777-8を発注しているルフトハンザ・カーゴの777-8Fの想像図 *Image : Lufthansa*

777-8Fはほかの機種同様に主デッキ搭載用の大型貨物扉を有する。
主翼端の折りたたみ機構は777-8/-9もそのままの予定だ *Image : Boeing*

777-8Fの開発経緯と機体概要

ボーイングは2011年に、エアバスが787よりもひと回り大型の新世代双発機A350XWB(P.82参照)の開発を決めたことから、777の発展型でそれに対抗するものとして777X(P.122参照)計画をスタートさせた。

777Xは、それまでの777と高い共通性をもたせる一方で、炭素繊維複合材料の使用部位の増加、より新しい電子機器の導入、新世代の高効率エンジンの使用などを改良の主眼に置き、全長を777-300ERよりも2.87m延長し標準客席数を426席とする一方で航続力をほとんど同じ7,285nmとする777-9を基本型とし、その胴体

ボーイングは777Xでも純貨物型を計画し、777-8F(下)を開発している。上の777-9は客室窓のある旅客型

Image : Boeing

を短縮して最大航続距離を9,460nmにまで延伸する超長距離機777-8をあわせて開発することとした。

さらにボーイングは2019年6月に、カタール航空から受注を得たことで、777-8ベースの純貨物型である777-8Fもローンチした。777-8Fは777-8の機体フレームを活用し、構造や各種システムなどにきわめて高い共通性がもたされる予定だ。

777-8Fの貨物搭載能力

ボーイングは777で、777-200LRをベースにした純貨物型777F(P.246参照)を開発・販売しているが、777-8Fの全長は777-200よりも6.34m長く、そのぶん貨物室容積も大きくなって積載能力が高まっている。主デッキと下部デッキをあわせた貨物室の総容積は766.1㎥あって、標準パレットなら主デッキに31枚、床下に13枚を搭載でき、加えて最後部に169.8㎥のバルク貨物スペースがある。貨物機としての装備などの詳細はまだ示されていないが、主デッキ貨物室の床面や貨物の取り扱いシステム、主デッキ用大型貨物扉などは777Fのものがほぼそのまま用いられることになるだろう。

777-8Fに対しては最近までにキャセイ・パシフィック、カーゴルクス、ルフトハンザ、全日本空輸などからも受注を得ており、最初の引き渡しはローンチ・カスタマーのカタール航空に対して2027年に行われる予定である。

このクラスの双発貨物機にはこれからある程度の需要が見込まれているのでメーカーも開発に力を入れているが、ボーイングは先発の777Fと777-300ERの貨物機転換機(ボーイングの製品ではないが)、そしてこの777-8Fをどうすみ分けさせていくかが、これからの1つの課題となるだろう。

[データ:777-8F]

全幅	71.75m
全長	70.87m
全高	19.51m
主翼面積	516.7㎡
エンジン×基数	GE9X-105B1A×2
推力	489.5kN
運航自重	180,000kg
最大離陸重量	365,100kg
燃料容量	197,360L
巡航速度	486kt
最大運用高度	13,000m
航続距離	5,070nm
最大ペイロード	118,300kg

U.S.A.
(アメリカ)

ボーイング MD-10

DC-10の貨物型にMD-11の操縦室を組み合わせたMD-10　　Photo : Wikimedia Commons

MD-10の開発経緯と機体概要

1997年8月にボーイングに吸収されたマクダネル・ダグラスは、1970年代の大量輸送時代に向けて3発のワイドボディ旅客機を開発した。そして航空機用の各種電子機器類が発展すると、それをDC-10に取り入れて新世代化したMD-11を開発して、1990年1月10日に初飛行させた。

MD-11の大きな特徴の1つが、カラー表示装置6基による電子飛行計器システムを使ったグラス・コクピットとコンピューターによる各種システム管理の導入で、これによりMD-11も、ボーイング747-400などと同様に、操縦室乗員2人による運航を可能にした。

このMD-11では貨客混載型のMD-11C、貨客転換型のMD-11CF、そして純貨物型のMD-11F(P.251参照)も作られたが、747-400の輸送力の前にはMD-11はまったく歯が立たず、1988年から2000年の間に200機を製造してプログラムを終了してしまった。ただDC-10やMD-11は、747ほどではないにしても貨物機として使うには十分な容積があり、退役した中古機を貨物機に改造して使用するオペレーターも多かった。そしてそれらのなかには、近代的なシステムを求める会社もあり、それに対応するために開発されたのがMD-10である。

具体的には、DC-10の純貨物型であるDC-10-10AFと貨客転換型のDC-10-10CF/-30CFにMD-11のグラス・コクピットを組み込むというもの。このプロジェクト自体はボーイングとの合併前の1996年9月にローンチされたが、合併後にボーイングがそのまま受け継いで作業を進めた。そして改造初号機は、1999年4月14日に初飛行した。操縦室の設計はMD-11と同一と認定され、アメリカ連邦航空局はパイロットの型式限定でMD-11とMD-10の共通化を認めていて、両機種をもつ航空会社は運航の柔軟性を高めることができた。

MD-10Fの最大のオペレーターはフェデックスで、2021年6月19日にMD-10-10Fの最後の飛行を行って退役させた。この時点ではまだMD-10-30Fが13機残っていたが、いずれも機齢が40年近くに達していることから、これらも2023年末ごろに退役させる計画とした。

[データ：MD-10F-30F(重量はDC-10-30)]

項目	値
全幅	50.39m
全長	55.35m
全高	17.55m
主翼面積	329.8㎡
運航自重	108,940kg
最大離陸重量	251,744kg
エンジン×基数	CF6-50C×3
推力	226.9kN
燃料容量	137,509L
巡航速度	M=0.82
実用上昇限度	12,800m
航続距離	5,200nm
最大ペイロード	62,000kg

U.S.A.
(アメリカ)

ボーイング(マクダネル・ダグラス)MD-11F

DC-10同様に新世代型でも作られた貨物型のMD-11F

Photo : Wikimedia Commons

MD-11Fの開発経緯と機体概要

マクダネル・ダグラス(現ボーイング)が開発した3発ワイドボディ旅客機DC-10の基本設計を活用し、電子機器などをアップグレードしたいわゆるハイテク型のMD-11(P.168参照)をベースにした貨物型として作られたもので、貨客混載型のMD-11コンビ、貨客転換型のMD-11CF、純貨物型のMD-11Fが計画され、MD-11Fは前部胴体左舷に4.06×3.05mの大型貨物扉をつけ、主デッキに大型貨物の搭載を可能にした。この貨物扉はMD-11コンビにも用いられている。

MD-11Fの主デッキスペースは434.1㎥で、2.24×3.18mパレットを最大で26枚、あるいは2.44×3.18mパレットならば最大で24枚が搭載可能で、90,788kgの最大ペイロード能力を有している。床下の貨物搭載量は旅客型と同じで、貨物扉の寸法も変わっていない。

MD-11コンビは、主デッキに仕切り板を設けることで、その後方に客席を取りつけ、前方を貨物スペースとするもの。搭載量は仕切り板の位置によって変わるが、標準的な仕様で客席を150〜250席程度と貨物スペース122〜130㎡などとすることができる。このコンビ型は1992年4月に、アメリカ連邦航空局の追加型式証明を取得した。MD-11CFは、純貨物仕様にした場合の搭載能力などはMD-11Fと同じで、仕様転換に要する作業日数は2日間とされている。

DC-10の貨物型の主要オペレーターであったフェデックスは、運航していたDC-10-30FにMD-11のコクピットなどを導入する改修を発注し、改修後の機体はMD-10Fと呼ばれている(P.250参照)。またボーイングでは、747-400や767と同様に、旅客型の純貨物機への転換改造も請け負っており、改造後の機体はMD-11BCFと呼ばれている。実際の改造作業は、767BCFと同様にシンガポールのSASCOが実施している。

[データ:MD-11F]

項目	値
全幅	51.97m
全長	61.62m
全高	17.65m
主翼面積	338.9㎡
運航自重	125,872kg
最大離陸重量	285,988kg
エンジン×基数	プラット&ホイットニーPW4460/ジェネラル・エレクトリックCF6-80C2D1F×3
最大推力	275.9kN (PW4460)/273.7kN(CF6)
燃料容量	146,173L
巡航速度	M=0.83〜0.88
実用上昇限度	13,100m
航続距離	3,592nm
最大ペイロード	90,788kg

U.S.A.
（アメリカ）

ロッキード L-100ハーキュリーズ

Photo : Wikimedia Commons

軍用戦術輸送機C-130の民間型L-100

L-100の機体概要と各タイプ

原型試作機が1954年8月23日に初飛行し、軍用輸送機の形態を確立するとともに軍の航空輸送のシステムを作り上げた名機であるC-130ハーキュリーズの民間型。機体の基本構成は変わらず、円筒形の与圧式胴体に直線の主翼を高翼で配置している。胴体最後部のランプ兼用貨物扉も残されていて、水平尾翼は低翼配置である。エンジンはアリソン（現ロールスロイス）T56A-15の民間仕様である501-D33 4基で、プロペラはC-130B以降で標準装備になった4枚ブレードのハミルトン・スタンダード54H60が使われている。主翼下増槽は装備しない。

民間型のL-100は1964年4月20日に初飛行し、1965年2月16日にアメリカ連邦航空局の型式証明を取得して、9月30日にコンチネンタル・エア・サービセズにより実用就航を開始した。この最初のL-100は、軍用型のC-130Bよりも胴体が7.11m長かった。また開発作業中には、エンジンをロールスロイス・タインに変更したり、主翼下にJT3D-11ターボファンを補助エンジンとして装備したりしたものもあったが、実用には至らなかった。

L-100には次のタイプがある。

◇**L-100（モデル382）**：民間仕様の試作機。

◇**L-100（モデル382B）**：L-100の量産型。

◇**L-100-20（モデル382E/F）**：胴体を主翼の前方で1.52m、後方で1.02m長したタイプ。

◇**L-100-30（モデル382G）**：胴体をさらに2.03m延長したタイプ。

また双発機とするL-400ツイン・ハーキューリーズも計画され、C-130と90%以上の共通性をもたせるとされたが、製造されることはなかった。

C-130は現在も次世代型C-130Jスーパー・ハーキュリーズが作られていて、その民間型LM-100J（P.253参照）も開発されているが、軍用型が2,500機以上作られているのに対し民間型の需要はきわめて少なく、LM-100Jを除いた民間型ハーキュリーズの生産は1992年に終了していて、民間オペレーターに引き渡されたのは114機にすぎなかった。また、アメリカ政府が政治的な理由から軍用機であるC-130の販売を認めなかったことなどから、L-100を軍用輸送機として購入した国もある。

［データ：L-100-30］

項目	値
全幅	40.41m
全長	34.35m
全高	11.66m
主翼面積	162.1㎡
空虚重量	35,260kg
最大離陸重量	70,300kg
エンジン×基数	501-D22A×4
出力	3,360kW
巡航速度	292kt
実用上昇限度	7,010m
航続距離	1,334nm
最大ペイロード	23,150kg

U.S.A.
(アメリカ)

ロッキード・マーチン LM-100J

新世代ハーキュリーズの民間型LM-100J　Photo : Lockheed Martin

LM-100Jの機体概要と各タイプ

ロッキード・マーチンは1990年代初めに、初飛行からその時点で40年近くを経過していた傑作軍用戦術輸送機C-130ハーキュリーズの新世代型の検討に着手し、1994年12月にイギリス空軍からの発注により、C-130Jスーパーハーキュリーズの開発に着手した。機体の基本構成はC-130を受け継ぐが、推進装置や電子機器は一新されて完全な新世代機に生まれ変わるものであった。エンジンはロールスロイスAE2100D3で、プロペラは複合材料製で偃月形をした6枚ブレードのダウティR391となって、巡航速度、上昇力、航続距離などの各種性能が高められた。コクピットは完全なグラス・コクピットになり、パイロットの前にはヘッド・アップ・ディスプレーがある。飛行の安全性を高めるために、地上衝突回避システム(GCAS)を標準で装備し、またコクピットの画面にはカラーデジタル地図を映しだす機能もある。

C-130Jの初号機は1996年4月5日に初飛行して、アメリカ空軍や海兵隊も含めて、初代C-130ハーキュリーズと同様に多くの国の空軍や、沿岸警備隊などの政府機関で採用されている。軍用機としては特殊作戦型やガンシップ/対地攻撃型、空中給油型など多くのタイプが作られていて、胴体を5.57m延長したC-130J-30もある。

C-130Jを民間向けとしたのがLM-100Jで、2017年5月25日に初飛行した。ロッキード・マーチンではLM-100Jの用途にオーバーサイズ貨物の空輸、石油および天然ガス発掘支援、鉱物探査、捜索・救難、医療・救急空輸、人道支援などを挙げていて、戦術軍用輸送機としての特徴である未舗装滑走路からの運用力がこれらの活動により役立つとしている。また要望があれば、空中消火を行う消防型の開発も可能とされていて、そのための空中散水システムのついた胴体内に搭載する専用タンク(容量約19,000L)の開発も行われている。なおL-100と同じく、主翼下増槽は装備しない。

2023年の時点では、LM-100Jで前記した胴体延長型が作られる予定はない。ロッキード・マーチンはこれまでに、本機種について5機の受注を明らかにしているが、引き渡しなどのくわしいスケジュールはまだ示されていない。

[データ:LM-100J]

項目	値
全幅	40.41m
全長	34.37m
全高	11.84m
主翼面積	162.1㎡
運航自重	36,446kg
最大離陸重量	74,389kg
エンジン×基数	AE2100D3×4
出力	3,458kW
最大巡航速度	355kt
航続距離	2,390nm
最大ペイロード	20,775kg

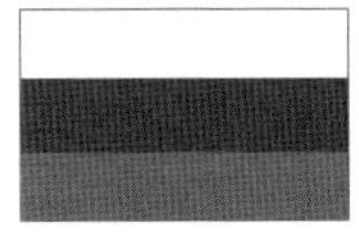

Russia
(ロシア)

イリューシン Iℓ-76"キャンディッド"

改良が続けられて長寿機になっているIℓ-76MD　Photo : Wikimedia Commons

Iℓ-76の開発経緯と機体概要

1971年3月25日に試作機が初飛行したターボファン4発の大型輸送機で、主としてソ連空軍(現ロシア航空宇宙軍)で使用され、空中給油機Iℓ-78"マイダス"や空中指揮所/通信中継機Iℓ-82、空中早期警戒機ベリエフA-50"メインステイ"の母機になっている。さらに中国でもA-50同様の改造機である空警2000(KJ-2000)を開発した。

機体構成は軍用輸送機の標準である高翼配置の主翼を有して尾翼はT字型にして胴体を低くし、最後部にはランプ兼用の貨物扉を有する。エンジンはパイロンを介して主翼下に吊り下げているが、西側では一般的なこの装着方式を旧ソ連で初めて使用したジェット機でもある。40tのペイロードを搭載して2,700nmという航続力という要求を満たすことに成功し、さらには乗客250人乗りの旅客型も計画されたが、これはキャンセルとなった。

最初の生産型がソロビエフD-30エンジンを装備したIℓ-76M/Tでしばらくはこのタイプが製造されたが、アビアドビガテルPS-90高バイパス比ターボファンが完成するとそれをエンジンとしたIℓ-76-90MDが作られ、さらに胴体を6.6m延長して最大ペイロードを60tにしたIℓ-76MFが1995年に初飛行した。また電子機器を近代化するなどし操縦室をグラス・コクピット化したIℓ-76MD-90AやIℓ-76TD-90など、各種の近代化型が製造されている。Iℓ-76MD-90Aの初号機は、2014年6月14日にロールアウトした。

なおIℓ-76は軍用輸送機として開発されたので、当初は機体最後部に防御用の23㎜機関砲ターレットを備えて専任の搭乗員が乗り組んだが、のちに廃止されている。また民間向け特殊型としては消火水49,000Lを搭載できる消防型のIℓ-76P/TP/TDP/MDPがあり、標準の輸送仕様から1時間半で仕様転換が可能とされている。

Iℓ-76はロシアにとって今も貴重な大型貨物輸送機であり、改良や近代化改修が続けやすいこともあって誕生から半世紀以上が経過しているものの生産が続いている。軍・民あわせて1,000機近くが製造されているが、輸送型も含めてオペレーターのほとんどは軍で、民間の輸送業者による購入は少ない。

[データ:Iℓ-76MD]

項目	値
全幅	50.50m
全長	46.59m
全高	14.76m
主翼面積	297.3㎡
空虚重量	97,243kg
最大離陸重量	190,500kg
エンジン×基数	PS-90A×4
推力	145.2kN
燃料容量	109,500L
巡航速度	459kt
実用上昇限度	10,600m
航続距離	4,300nm
最大ペイロード	6,000kg

Russia
(ロシア)

イリューシン Iℓ-112

イリューシンの新中型ターボプロップ輸送機Iℓ-112

Photo : Wikimedia Commons

Iℓ-112の開発経緯と機体概要

1994年に開発作業が着手されたターボプロップ4発の貨物輸送機で、軍・民双方での使用を前提として、軍用型はIℓ-112V、民間型はIℓ-112Tと名づけられた。ただ機体の設計は軍用型を優先した形で、円筒形の胴体に主翼を高翼で配置し、尾翼はT字型にして胴体最後部にランプ兼用の貨物扉を有している。旅客輸送仕様にした場合には、44席を設けられる。

エンジンはクリモフTV7-117STで、6枚ブレードの高効率定速プロペラが組み合わされ、高速巡航速度と長距離飛行能力を実現している。電子機器はデジタル統合型になっていて高い運航信頼性を確保することを目指しており、また操縦室はカラー液晶表示装置6基を使った完全なグラス・コクピットになっている。開発はイリューシン航空機複合体(JSC IL)が単体で行っているが、製造はボロネズのボロネズ航空機製造協会で実施されることになっている。

Iℓ-112の初号機は2018年11月7日にロールアウトして、12月にタクシー試験を開始し、2019年3月30日に初飛行した。ただそれまでの地上での評価作業で重量の超過が判明し、軽減策が採られた。しかしそれでも、そののちに完成した試作3号機では、さらに2,000kgの自重削減が必要と指摘された。また試作2号機が2021年8月17日に右エンジンに火災を発生して墜落し、乗っていた試験クルー3人が死亡する事故を起こした。このため開発作業は一時中断し、再開されているかは不明である。また現在は、エンジンをアビアドビガテルPD-14高バイパス比ターボファンに変更するIℓ-212計画も検討されている。エンジンをファンジェットにすれば速度やペイロード性能は大きく向上するが、一方で多くのシステムの設計変更などが必用となるため、実現は容易ではないだろう。

Iℓ-112はロシアの軍・民で中型物資空輸機として不可欠な機種になると位置づけられてきた。特に北方のシベリアなど、各種の航空手段が存在せず、一方で地方飛行場の整備がまだ不十分で、さらに冬期には悪天候が重なるといった環境では、頑丈で短距離離着陸能力に優れ、効率的な積載能力をもつこの種の輸送機の存在意義は大きい。加えて現在は、旧ソ連屈指の輸送機設計局であったアントノフが、ウクライナの航空機メーカーとなっていてそこからロシアが航空機を入手することは不可能になっている。それだけにIℓ-112あるいはIℓ-212の開発を1日でも早く再開して、実用化にこぎつけたいところではある。

[データ:Iℓ-112T]

項目	値
全幅	27.61m
全長	24.15m
全高	8.89m
主翼面積	65.0㎡
最大離陸重量	21,000kg
エンジン×基数	TV7-117ST×2
出力	2,610kW
燃料容量	7,200L
巡航速度	270kt
実用上昇限度	7,600m
航続距離	1,300nm
客席数	44席

Russia
(ロシア)

イリューシン Iℓ-114T

60席級ターボプロップ機の潤貨物型Iℓ-114T

Photo : Wikimedia Commons

Iℓ-114Tの開発経緯と機体概要

イリューシンが1986年6月に開発作業に着手した60席級ターボプロップ旅客機Iℓ-114(P.210参照)の純貨物型がIℓ-114Tで、ウズベキスタン航空の要求に応じて開発されたもの。基本機体フレームの設計やクリモフTV117Sエンジンの使用、きわめて弦長の大きな幅広ブレード5枚によるプロペラとの組み合わせなど旅客型との共通性はきわめて高い。操縦室も基本的に同一のグラス・コクピットだ。

機内も客室と床貨物室の2層構造になっていて、床上部は全体が貨物室である。この貨物室に国際基準コンテナやパレット化貨物を収容できるようにするため、後方胴体左舷には3.31m×1.78mの大型貨物扉がついている。一方で床下にはコンテナを収納できる寸法がないため、バルク積みが基本になっている。

Iℓ-114ではエンジンをプラット&ホイットニー・カナダPW127Hにする Iℓ-114-100が開発されることになって1977年6月16日にジョイント・ベンチャー合意が交わされて、1999年1月26日に初飛行した。また、Iℓ-114Tでも同様にIℓ-114-100Tが作られることになっていたが、2023年時点でまだ完成はしていない。ちなみにIℓ-114Tの初号機は、1996年9月14日に初飛行している。

Iℓ-114Tの製造はこれまでのところ開発試験機のみで、8機の完成が確認されているが、旅客型も含めてプログラムには進捗がなく、現状は不明である。旅客型では胴体を切り詰めて客席数を52～68席にするIℓ-114-300の開発が行われていて、これが順調に進めばこのタイプでも貨物型の開発が行われる可能性はある。また2020年12月16日にはTV7-117ST-01エンジン(2,300kW)と新設計のAV-112-114プロペラを組み合わせた革新型Iℓ-114が初飛行し、2021年1月19日には二度目の飛行も行ったが、これが今後の生産型仕様になるかは不明である。

[データ:Iℓ-114T]

項目	値
全幅	30.00m
全長	26.31m
全高	9.32m
主翼面積	81.9㎡
最大離陸重量	23,500kg
エンジン×基数	TV7-117S×2
燃料容量	8,780L
巡航速度	250kt
航続距離	540nm
最大ペイロード	7,200kg

Russia
(ロシア)

ツポレフ Tu-204C

アビアスター・カーゴのTu-204C

Photo : Wikimedia Commons

小口貨物輸送機としての役割

初号機が1989年1月20日に初飛行したロシアの単通路ターボファン双発の200席級機ツポレフTu-204(P.103参照)はロシア版ボーイング757ともいわれることがあるが、やはり757と同じく貨物型も開発されている。これがTu-204Cシリーズ機であり、最後のCは貨物(Cargo)を示している。単通路のナローボディ機であるから本格的な貨物機にはならないが、小口貨物輸送機、いわゆる「パッケージ・フレイター」としては、低運航経費で小回りのきく存在になっていることは間違いない。

Tu-204C各タイプの機体概要

Tu-204Cには、次のタイプがある。

◇**Tu-204-100C:**アビアドビガテルPS-90Aエンジンを使った標準仕様機の貨物型。前方胴体左舷に、主デッキへの大型貨物搭載用に3.41×2.19mの大型貨物扉を有する(以下の貨物型はすべてこの扉を有する)。この貨物扉を備えたことで、パレット積載で幅2.24m、奥行き3.17m、高さ1.98mの貨物を主デッキに収めることができる。

Tu-204各タイプの機体概要

Tu-204-120C/Tu-124Cには、次の各タイプがある。

◇**Tu-204-100C:**基本型でアビアドビガテルPS-90エンジンを装備。

◇**Tu-204-120C:**重量増加型。ロールスロイスRB211-535E4エンジンと西側製電子機器類を装備した貨物型。

◇**Tu-204-220C:**Tu-204-120Cの各種重量増加型。

Tu-204はシリーズ300以後Tu-204-300、Tu-204-500、Tu-204SMといった発展型へと進んでいるが、これらのタイプではまだ貨物型は作られていない。ウリヤノスクのアビアスター(カザン・エアクラフト)で製造されているTu-214についても同様に、貨物型はない。

[データ:Tu-204-100C]

項目	値
全幅	41.81m
全長	46.10m
全高	13.89m
主翼面積	184.㎡
最大離陸重量	102,966kg
エンジン×基数	PS-90A×2
推力	157.0kN
燃料容量	40,356L
巡航速度	459kt
航続距離	1,782nm
最大ペイロード	27,000kg

Russia
(ロシア)

アントノフAn-26"カール"/An-32"クライン"

An-24を純貨物型にしたAn-26
Photo : Wikimedia Commons

Photo : Wikimedia Commons
An-26の発展型でエンジンを主翼の上に移したAn-32

An-26/36の機体概要

An-24"コーク"(P.222参照)の機体フレームを活用して作られた貨物/軍用輸送機で、1969年5月21日に初飛行した。エンジンや各種システムなどはAn-24とほぼ共通で、大きな違いとしては胴体最後部がランプ兼用の貨物扉になり、その左右にベントラルフィンがあることである。中型戦術輸送機としては使い勝手がよく、旧ソ連やその同盟国で多数導入されて、少数の特殊型も含めて1,400機が製造された。

An-26の発展型として開発された軍用輸送機がAn-32"クライン"で、エンジンを出力3,812kWのイフチェンコAI-20DMにするとともに、プロペラ直径も大きくした。エンジン出力は約2倍になり、離陸性能や上昇力が向上している。一方でプロペラが大型化したため、エンジンを主翼の上に乗せてプロペラの下側先端と地上のクリアランスを確保した。また良好な離着陸性能を保つため、主翼後縁のフラップは三重隙間式になっている。

An-32も重量増加型やユーザーの要望に応じた特殊型や近代化型が作られているが、旧ソ連空軍はAn-26で十分としたため、373機の製造機はほとんどが軍用の輸出向けとなった。

[データ：An-26、An-32]

	An-26	An-32
全幅	29.36m	29.21m
全長	23.80m	23.78m
全高	8.58m	8.75m
主翼面積	75.0㎡	75.3㎡
空虚重量	15,020kg	16,800kg
最大離陸重量	24,000kg	27,000kg
エンジン×基数	AI-24VT×2	AI-20DM×2
出力	2,103kW	3,812kW
燃料重量		5,445kg
巡航速度	240kt	290kt
実用上昇限度	7,500m	9,500m
航続距離	1,300nm	1,300nm
最大ペイロード	5,500kg	6,700kg

アントノフ An-38

Ukraine
(ウクライナ)

An-28の改良型だが生産機数は少なかったAn-38

Photo : Antonov

An-38の機体概要と今後

アントノフAn-28"キャッシュ"(P.258参照)の改良型として1990年11月13日に当時のソ連中央委員会が開発を承認したもので、1991年初めに設計作業が開始された。基本的にはAn-28の胴体延長型で、機体の基本構成が同じであることなどから、NATOはこの機種独自のコードネームを付与しなかった。支柱支持による直線の主翼もAn-28と同じだが、構造が強化され、前縁に全翼幅にわたるスラット、後縁には二重隙間式フラップという強力な高揚力装置が装備され離着陸性能が向上していて、最良条件では離陸滑走距離350m、着陸滑走距離270mという数値が示されており、また均衡滑走路長は900mとされている。主翼後縁外翼部の補助翼はドループ型になり、補助翼外側前方にはスポイラーが追加された。

1991年末には製造図面が工場に渡されて試作機の製造が始まり、1994年6月23日に試作機が初飛行した。この機体のエンジンはオムスクTVD-20(1,029kW)で、試作2号機にはギャレット(現ハニウェル)TPE331-14GR-801E(1,118kW)が用いられて、1995年11月3日に初飛行した。これが量産型An-38-100となって、プロペラにはハーツェルHC-B5MA定速プロペラが組み合わされた。TVD-20の改良型であるTVD-20-03Bと旧ソ連製AV-36プロペラを組み合わせた生産型がAn-38-200で、2001年12月11日に初飛行している。

胴体はAn-28同様の矩形断面で与圧システムはなく、純旅客輸送仕様で横1+2席の3席配置で8～9列を設けることができるので、最大で27席配置になる。

An-38は、その優れた離着陸性能を活かせる、旧ソ連国内の地方にある未整備飛行場や、極寒の凍結地方の路線での使用をメインに考えて開発された。低速・高迎え角飛行時の安定性や、低圧タイヤの使用による滑走路面を選ばない運用能力は高く評価されたようだ。ただ実際にはそのような路線は多くはなく、1958年に初飛行したAn-14"クロッド"の基本設計を受け継いだ古い設計思想の機種であったこともあって11機しか製造されなかった。しかし、今も少数が運用中といわれている。

[データ:An-38-100]

全幅	22.06m
全長	15.54m
全高	4.30m
主翼面積	39.7㎡
空虚重量	5,300kg
最大離陸重量	8,800kg
エンジン×基数	TPE331-14GR-801E×2
燃料重量	2,210kg
巡航速度	210kt
実用上昇限度	3,000m
航続距離	320nm(満席時)
客席数	26～27席

Russia
(ロシア)

アントノフ An-132

An-26をベースに大幅な近代化を行ったAn-132

Photo : Antonov

An-132の開発経緯と機体概要

ウクライナのアントノフがAn-32"クライン"(P.258参照)の近代化発展型として開発した貨物輸送機で、計画発表直後の2015年にはサウジアラビアが80機の発注を行い、同国のタンキア社での生産で合意されたが、サウジアラビアが導入をC-130Jに切り替えたため、このプロジェクトはキャンセルとなった。ただ機体の開発は続けられて、An-132の初号機は、2016年12月20日にロールアウトして2017年3月31日に初飛行した。

機体の基本設計はAn-26を踏襲しているが、随所に近代化が盛り込まれている。エンジンはプラット&ホイットニー・カナダPW150Aになり、プロペラには6枚ブレードのダウティ408が組み合わされて、直径が4.11mとAn-26の3.9m並みに小さくなったことで、An-32のようにエンジンを主翼の上に乗せる必要がなくなった。またこのプロペラのブレードの先端には18度の後退角がついていて、高い推進効率が得られている。機内の貨物室も設計が一新されて、貨物の取り扱い性が高められた。操縦室は、横長の液晶表示装置を主計器盤に横一列に並べたグラス・コクピットである。

アントノフはAn-132を多用途機に対応できるよう設計し、次のタイプを例示している。

◇**An-132D**:基本の貨物・兵員輸送型。
◇**An-132ISR**:電子戦型。
◇**An-132MPA**:海洋哨戒型。
◇**An-132ME**:医療護送型。
◇**An-132SAR**:沿岸警備型。
◇**An-132FF**:消防用空中消火型。

ただ、An-132はこれまでに試作機1機しか完成しておらず、ロシアによるウクライナ侵攻とそれに続いたロシア・ウクライナ紛争により今後も開発が続けられるかはまったく不透明である。ちなみにこの1機も、ロシアによる侵攻直後のアントノフ施設への攻撃により破壊された。

もっとも、この紛争が起きなくてもサウジアラビアの発注がキャンセルになった時点でプロジェクトは資金難に陥って作業の取りやめがささやかれていたから、その時点で終わりを迎えていたといってもよいかもしれない。ロシアにしてもウクライナ以外でAn-24/-26を導入した多く国にとっては、このクラスの輸送機は今日、西側からの取得が容易になっていることも、本機種の魅力を失わせた要因になっている。

[データ:An-132]

項目	値
全幅	29.20m
全長	24.53m
全高	8.80m
最大離陸重量	31,500kg
エンジン×基数	PW150A×2
出力	3,781kW
巡航速度	297kt
最大巡航高度	8,230m
航続距離	1,900nm
最大ペイロード	6,000kg

エンジン

ENGINES

Canada
(カナダ)

プラット&ホイットニー・カナダ PW300

Photo : Pratt&Whitney Canada

プラット＆ホイットニーのカナダ法人子会社が開発した小型ターボファンで、1988年に初運転を行ったもの。2005年3月にPW307がカナダ運輸省の型式証明を取得し、ダッソー・ファルコン7Xにより実用化された。

PW300ファミリーの推力範囲は20.0～31.1kNと広く、おもな使用機はビジネスジェット機だが、Do328 Jetのような小型旅客機にも使われている。1段のファンに続いて3段の低圧圧縮機と4段の高圧圧縮器を有し、タービンは高圧が2段、低圧が3段である。エンジンの制御は機種によって異なるが、基本は完全デジタル式で二重のFADECだ。開発と製造はドイツのMTUとのパートナーシップにより行われていて、MTUは低圧タービンを受けもっている。

おもなタイプには20.81kNのPW305A、30.7kNのPW308A、31.14kNのPW308Cがあり、Do328 Jetに使われているのは26.9kNのPW306Bである。

[データ:PW306B]

項目	値
ファン直径	0.97m
全長	2.06m
乾重量	450kg
推力	26.9kN
バイパス比	4.5
全体圧縮比	15:1

CFM International CFM56

International
(国際共同)

CFMインターナショナル CFM56

Photo : CFM International

アメリカのジェネラル・エレクトリックの呼びかけにフランスのSNECMA(現サフラン)が応じて1974年に50:50の対等出資で設立された国際合弁企業がCFMインターナショナル(CFMI)で、新型の150席級旅客機向けの高バイパス比ターボファンを開発することを目的とした。おもな分担はジェネラル・エレクトリックが高圧圧縮機と高圧タービン、燃焼室で、SNECMAがファンと低圧縮機および低圧タービンとなった。

初号エンジンは1974年6月に初運転して開発試験に入り、1979年11月にヨーロッパの民間型式証明を取得した。この間に広範な試験が行われ、なかでもアメリカ空軍の発達型中型輸送機(AMST)計画では、マクダネル・ダグラスYC-15に搭載しての試験が続けられた。またアメリカ空軍では、KC-135A空中給油機の換装エンジンに選定し、KC-135A全機をこのエンジン装備のKC-135Rに改装している。

[データ:CFM56-7B]

項目	値
ファン直径	2.12m
全長	2.51m
乾重量	2,386～2,431kg
離陸推力範囲	91.6～121.4kN
バイパス比	5.1～5.5
全体圧縮比	32.8:1

主目的の新型旅客機ではボーイング737-300に採用されてその派生型の737-400/-500、さらに改良型が次世代737ファミリーに用いられている。エアバスも、完全な新規開発単通路機のA320ファミリーの選択エンジンの1つにリストアップした。さらには、厳しくなった騒音規制に対応するために考案されたダグラスDC-8の換装エンジンにも用いられることになって、DC-8シリーズ70が誕生している。

推力範囲や適応機種により多くのタイプが作られていて、コアエンジンの構成も若干異なるが、最新型のCFM56-7Bではファン1段、低圧圧縮機3段、高圧圧縮機9段、高圧タービン1段、低圧タービン4段となっている。

International
(国際共同)

CFMインターナショナル LEAP-1

Photo : CFM International

CFMIがCFM56に代わる同級の新世代エンジンとして開発したのがLEAP(リープ)で、LEAPは"Leading Edge Aviation Propulsion(先端航空推進装置)の頭文字。エンジンの製造の分担などは、基本的にCFM56を受け継いでいる。

LEAP-1はエアバスA320neoファミリーの新選択エンジンの1つに採用されたほか、ボーイング737 MAXと、中国のCOMAC C919にも装備されている。2013年9月4日に初運転を行い、2016年8月にペガサス航空のA230neoにより実用就航を開始した。基本名称はLEAP-1で、エアバス向けがLEAP-1A、ボーイング向けがLEAP-1B、COMAC向けがLEAP-1Cである。さらにそのあとに推力を示す2桁の数字が続き、たとえばLEAP-1B 28はボーイング737 MAX用で推力が28,000ポンド(124.6kN)級であることを意味している。

[データ:LEAP-1A 26]

ファン直径	1.98m
全長	3.24m
乾重量	2,990～3,153kg
推力	120.6kN
バイパス比	11
全体圧縮比	40:1

コアエンジンの基本構成はどのタイプも同じで、1段のファンのあとに3段の低圧圧縮機と10段の高圧圧縮機があり、タービンは高圧が7段、低圧が5段である。推力範囲は、現時点では141.0～104.6kNとされている。特徴の1つは燃焼室などに新素材のセラミック複合材料を使用していることで、これによりエンジン自体の軽量化や運転効率の向上、耐久性の向上を可能にするという。CFMIでは標準的な運転での燃費率は、CFM56に比べて16%向上するとしている。また一部の部品/コンポーネントは3Dプリンターで製造されていて、3Dプリンターによる製造部を含んだエンジンで型式認定を受けた初の製品となった。

International Aero Engines:IAE V2500

International
(国際共同)

インターナショナル・エアロ・エンジンズ V2500

Photo : International Aero Engines

ジェネラル・エレクトリックが新150席級機用エンジンでSNECMAと国際合弁事業を始めたのと同様に、アメリカのプラット&ホイットニー(P&W)も外国にエンジンの共同開発を提案した。呼びかけを受けたのはイギリス、ドイツ、日本で、イギリスはロールスロイス(RR)、ドイツはMTU、日本は日本航空機エンジン協会(JAEC)が参加し、日本の参加者は一般財団法人あるが、実際の設計・製造作業などの主体はIHI(旧石川島播磨重工業)、川崎重工業、三菱重工業である。出資比率は4社がそれぞれ25%と等分(現在は若干変わっている)となっている。これがインターナショナル・エアロ・エンジンズ(IAE)で、エンジンのおもな担当部位は、JAECがファン・モジュールと低圧圧縮機、P&Wが高圧タービンと低圧タービン(1)および燃焼室、RRが高圧圧縮機と補機ギアボックス、MTUが低圧タービン(2)となっている。

[データ:V2528-D5]

ファン直径	1.61m
全長	1.26m
乾重量	1,591kg
離陸推力範囲	124.6kN
バイパス比	4.7
全体圧縮比	35.1:1

初号エンジンの初運転は1987年で、1988年6月に最初の量産型であるV2500A-1が型式証明を取得した。V2500は、エアバスA320ファミリーの選択エンジンの1つ(V2500A)となったほか、マクダネル・ダグラスMD-90(V2500D)にも採用され、さらにエンブラエルが開発した軍用輸送機KC-390(V2500E)にも装備されている。コア・エンジンの構成はいずれも同じで、ファン1段、低圧圧縮機4段、高圧圧縮機10段、高圧タービン2段、低圧タービン5段である。推力範囲は110～140kN級で、もっとも大きいのはA321用のV2530-A51の140.6kNである。また多くの生産型で、エンジンの耐用命数の延長を可能にする減格型が作られている。

U.K.
(イギリス)

ロールスロイス AE3700

Photo : Rolls-Royce

地域ジェット旅客機の先駆者といえるエンブラエルEMB-145(のちのERJ145)用にアメリカのアリソンが開発したGMA3700をベースにしたターボファン・エンジンで、アリソンがロールスロイスに吸収されたことで現在の名称になった。1991年に地上での試運転を開始し、1992年8月にセスナ・サイテーションVIIに搭載されて飛行試験を開始した。1995年2月には、アメリカ連邦航空局の型式証明を取得している。小型のターボファンなのでおもな使用機種は中型のビジネス・ジェット機だが、大型の高高度長距離無人機(HALE UAV)であるノースロップ・グラマンRQ-4グローバルホークにも使用されている。

コアエンジンの構成はファン1段、圧縮機(高圧/低圧兼用)14段(うち6段は可変ベーン式)、高圧タービン2段、低圧タービン3段となっている。製造は旧アリソンのロールスロイス・ノースアメリカ(インディアナ州)で行われていて、装備航空機の種類が多岐にわたっていることもあって最大推力範囲は28.7kNから42.3kNと、このクラスのエンジンとしては広い。

[データ:AE3700A]

ファン直径	0.98m
全長	2.92m
乾重量	752～762kg
離陸推力	33.7～42.3kN
バイパス比	5
全体圧縮比	23:1

ロールスロイスでは80～130席級の旅客機に向けた62～89kN級のパワーアップ発展型AE3014/3014アドバンスドの開発も研究しているが、肝心のこのクラスの旅客機計画がまだないため、作業は具体化していない。

Rolls-Royce RB211-524

U.K.
(イギリス)

ロールスロイス RB211-524

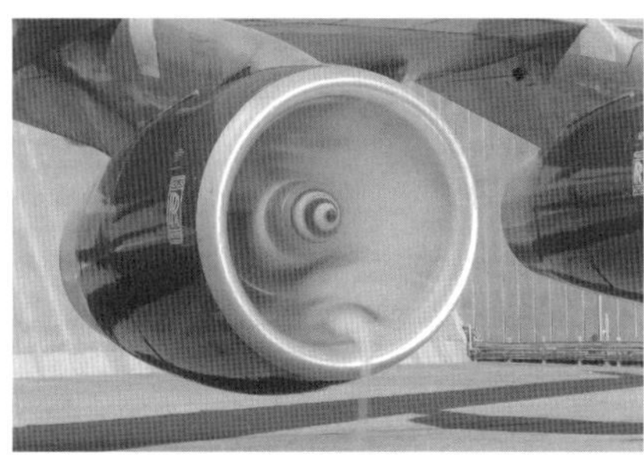
Photo : Rolls-Royce

RB211はイギリス初の高バイパス比大推力ターボファン・エンジンで、ロッキードL-1011トライスター3発ワイドボディ機に採用され、1969年に初運転し、1972年に実用就航を開始した。ファンを独立した低圧圧縮機として扱い、従来の低圧段を中圧段として独自の軸で駆動させる3軸構成を採った。これによりエンジンの運転効率は高まって低燃費を実現したが、機構は複雑になり、実用化初期にはトラブルも多かった。しかし徐々に3軸構成技術が熟成されるとその利点が広く認識され、ロールスロイスは今日に至るまで、大型ターボファン・エンジンはすべて3軸にしている。

最初の量産型であるトライスター向けはRB211-22と名づけられて最大推力は182.5～189.8kNであったが、のちにダグラスDC-10やボーイング747、さらにはボーイング767でエンジン選択制が採られるようになるとそれらにあわせた大推力型が開発された。その頂点となったのはRB211-524G/Hで、最大推力範囲は253.0～264.4kNになり、ボーイング747-400にも搭載された。コアエンジンの構成はRB211-22も524も同じで、ファンが1段、低圧圧縮機がなし、中圧圧縮機が7段、高圧圧縮機が6段で、タービンは高圧が1段、中圧が1段、低圧が3段である。

[データ:RB211-524G/H]

ファン直径	2.19m
全長	4.77m
乾重量	5,688～5,890kg
最大推力	253.0～264.4kN
バイパス比	4.3
全体圧縮比	32.9:1

DC-10や747でのエンジン選定競争ではジェネラル・エレクトリックとプラット&ホイットニーといったアメリカ製の後塵を拝したが、イギリスの航空会社はもちろん、オーストラリアなどイギリスの影響が強い国の航空会社では採用が多かった。

Rolls-Royce RB211-535

U.K.
(イギリス)

ロールスロイス RB211-535

Photo : Rolls-Royce

1970年代中期にボーイングが研究していた新単通路旅客機向けの高バイパス比ターボファンとしてロールスロイスが、大型のRB211の技術術を用いて小型化した派生型が-535である。エンジンは同様の3軸構成で、ファン1段、中圧圧縮機6段、高圧圧縮機6段、高圧タービン1段、中圧タービン1段、低圧タービンとなっている。

ボーイングの新単通路旅客機は紆余曲折の末、757として開発されることとなり、ローンチ・カスタマーのイースタン航空がRB211-535Cの装備を決めた。ボーイングは757でも当時主流となっていたエンジンの選択制を採用し、その選定はプラット＆ホイットニーPW2000との一騎打ちとなった。PW2000の低燃費改良型であるPW2037への対抗品としてロールスロイスが開発したのがRB211-535E/E4で、このエンジンはロシアのツポレフTu-204にも使われた。

[データ：RB211-535]

FA案直径	1.88m
全長	5.03m
乾重量	3,805kg
最大推力	189.2kN
バイパス比	4.4
全体圧縮比	25:1

Rolls-Royce RB183Tay

U.K.
(イギリス)

ロールスロイス RB183Tay

Photo : Wikimedia Commons

Tay(テイ)は、RB183Mk555スペイ・ターボファンのコアエンジンにRB211-535E4のファン技術を組み合わせた小型の民間向けターボファンで、1984年に運転試験が開始された。主要なアプリケーションは大型ビジネスジェット機のガルフストリームIVと、フォッカーが開発した小型双発旅客機のフォッカー100とフォッカー70だったが、BAC 1-11やボーイング727の換装用エンジンにも提案されていた。ただ実際に換装されたのはBAC1-11で2機、ボーイング727では1機で、UPSでは727のエンジン換装型をパッケージ貨物機として導入する計画も立てていたが、実現はしなかった。

基本型でフォッカー70/100に使用されたテイ620-15のコアエンジンは、低圧圧縮機3段、高圧圧縮機12段、高圧タービン2段、低圧タービン3段という構成であった。

[データ：テイ620-15]

ファン直径	1.18m
全長	2.41m
乾重量	1,501k
最大推力	61.6kN
バイパス比	3.04
全体圧縮比	25:1

Rolls-Royce Trent 700

U.K.
(イギリス)

ロールスロイス トレント700

Photo : Rolls-Royce

ロールスロイスTrent(トレント)は、RB211に続いて開発された同社の3軸高バイパス比大型ターボファンで、まずマクダネル・ダグラスMD-11にトレント600が提案された。このエンジンは1990年8月27日に初運転を行ったが、ビジネス面で成功を収めることはできず、本格的な成功作となったのはエアバスA330向けに提示されたトレント700である。トレント700は、1987年6月にエアバスがA330をローンチしたことでそのエンジンとして開発に着手されて、1989年にキャセイ・パシフィックから初受注を得て製造に入り、1992年に初運転を行った。

RB211-524Lをベースとして、ファン直径を大きくするとともにファン自体を幅広のワイドコード・ブレード26枚にして、推力範囲を300～320kNにした。RB211の3軸構成はそのまま受け継ぎ、コアエンジンの構成はファン1段、中圧圧縮機8段、高圧圧縮機6段、高圧タービン1段、中圧タービン1段、低圧タービン1段となっている。A330-200/-300とその大幅改造派生型のベルーガXL、そして軍用の給油輸送機A330 MRTTに使用されていて、離陸推力300.3kNのトレント768-60、316.4kNのトレント772-60、高地(標高2,400m)でも同推力をだせるトレント772B/C-60の各タイプがある。西側の航空会社だけでなく、ロシアのアエロフロートもA330-300用に選定して、運用している。

[データ:トレント772-60]

ファン直径	2.47m
全長	5.64m
乾重量	6,160kg
離陸推力	316.4kN
バイパス比	5.0
全体圧縮比	36:1

Rolls-Royce Trent 800

U.K.
(イギリス)

ロールスロイス トレント800

Photo : Rolls-Royce

ロールスロイスがボーイング777向けとして1991年9月に開発に着手したのがトレント800で、1993年9月に初運転を行い、1995年1月にヨーロッパの型式証明を取得して、1996年に実用就役を開始した。RB211以来の3軸構成は受け継いでいるが、A330よりも大型の777向けとするため最大推力を400kN級とすることとなり、コアエンジンの構成に変化がでている。

ファン直径は2.80mに広げられ、バイパス比が増加している。このファン1段に続いて8段の中圧圧縮機、6段の高圧圧縮機、1段の高圧タービン、1段の中圧タービン、5段の低圧タービンがコアエンジンを構成するようになった。ファンがワイドコード型で26枚である点は、トレント700と変わりはない。中圧タービンと低圧タービンには、設計変更が加えられた。細かなタイプとしては離陸推力340.6kNのトレント875-17、351.0kNのトレント877-17、380.0kNのトレント884-17、406.8kNのトレント892-17、413.4kNのトレント895-17がある。

トレント800は当初、本国のブリティッシュ・エアウェイズへの売り込みでジェネラル・エレクトリックGE90に敗れるという異例のスタートとなったが、のちに777の重重量型で挽回し、そのほかの国の航空会社でも広く採用されるようになった。

[データ:トレント892-17]

ファン直径	2.80m
全長	4.57m
乾重量	6,078kg
最大推力	406.8kN
バイパス比	6.4
全体圧縮比	33.9～40.7:1

U.K.
(イギリス)

ロールスロイス トレント900

Photo : Rolls-Royce

エアバスの超大型4発機A380向けエンジンとして開発されたのがトレント900で、もともとはボーイングが計画していた747の発展型747-500X/-600Xでの使用を目指していたもの。しかしボーイングが747発展型計画を中止し、他方エアバスがA380のもととなったA3XXの作業を進めたことで、そのエンジンに提案された。このエンジンの初運転は2003年3月18日で、2004年10月29日にヨーロッパの型式証明を取得した。

エンジン自体はこれまでのトレント・ファミリーを受け継いだ3軸構成で、1段のファン、8段の中圧圧縮機、6段の高圧圧縮機、1段の高圧タービン、1段の中圧タービン、5段の低圧タービンというコアエンジンの構成だが、RB211以来の3軸エンジンで初めて、中圧軸と高圧軸を同軸反転回転方式にした。また後退角つきのファンブレードは、これまでのものに比べて15%程度軽量化されていて、これらによりエンジンの運転効率が高められている。

[データ:トレント980-84]

ファン直径	2.95m
全長	4.78m
乾重量	6,246kg
最大推力	384.1kN
バイパス比	8.5～8.7
全体圧縮比	37～39:1

装備機種はA380のみで、離陸時最大推力334.3kNのトレント970-84、341.4kNのトレント972-84、348.31kNのトレント970B-84、356.8kNのトレント972B-84、359.3kNのトレント977-84、384.1kNのトレント980-84、341.4kNのトレント973E-84の各タイプがある。いずれのタイプも連続運転時の最大推力は、319.6kNに制限されている。

Rolls-Royce Trent 500/1500

U.K.
(イギリス)

ロールスロイス トレント500/1500

Photo : Wikimedia Commons

エアバス初の4発機A340の大型/長距離型発展タイプであるA340-500/-600向けに開発されたのがトレント500で、1999年5月に初運転を行った。もとのA340自体は、A320との共通性を考慮してエンジンをCFM56一種としており、発展型のA340-500/-600でも同様の非選択方式が維持されて、トレント500のみの装備になっている。エンジンはほかのトレントと同様の3軸構成だが、推力は減らされていて、コアエンジンも1段のファン、8段の中圧圧縮機、6段の高圧圧縮機、1段の高圧タービン、1段の中圧タービン、5段の低圧タービンになった。ファン直径は2.47mで、バイパス比は巡行時最大で8.5になっている。A340-600の重重量型向けに研究されたのがトレント1500で、エンジン各部の基本設計はトレント500を受け継いでいるが、低圧タービンの設計変更などにより最適条件時でのバイパス比が9.5に達するようになった。このエンジンの技術が、のちのトレントXWBに活かされている。

[データ:トレント500]

ファン直径	2.47m
全長	4.69m
乾重量	4,990kg
最大推力	248.1～275.3kN
バイパス比	8.5(最適巡行時)
全体圧縮比	35:1

2000年にボーイングが開発を始めた767の大型・長距離型である767-400ER向けに提示されたトレントの派生型で、289.2～302.6kNの推力範囲をもつもので、ファン直径を2.59mにするとともに、後退角つきファンブレードの使用が考えられていた。しかし767-400ERの販売は期待を大きく下回り、このエンジンが開発されることはなかった。

Rolls-Royce Trent 1000

U.K.
（イギリス）

ロールスロイス トレント1000

Photo : Rolls-Royce

［データ：トレント1000G］

ファン直径	2.85m
全長	4.74m
乾重量	6M120kg
離陸最大推力	320.7kN
バイパス比	10
全体圧縮比	50:1

トレント・ファミリーとしてボーイング787ドリームライナー向けに開発されたもので、ボーイングは2004年4月6日に787の選択エンジンの1つとすることを発表し、初号エンジンは2006年2月14日に初運転を行った。2007年4月6日にはボーイング747改造テストベッド機により飛行試験に入り、2007年8月7日にヨーロッパとアメリカの型式証明を同時に取得した。実用化後にもロールスロイスは、燃費の2%改善などを実現するパッケージCを提示し、これを導入したトレント1000が2017年からオプション製品として販売されている。

このトレント1000は、トレントXWB-84の圧縮機技術とアドバンスドコア技術を用いることで燃費を低下させている。エンジンはこれまでどおりの3軸構成であるが、高圧・中圧・低圧の3本の軸はすべて同軸反転方式となった。また中央ハブを小さくして、空気流量の増加を図っている。

エンジン本体は1段のファン、8段の中圧圧縮機、6段の高圧圧縮機、1段の高圧タービン、1段の中圧タービン、6段の低圧タービンというコアエンジンを有する。787が基本型の787-8から大型発展型の787-10まで作られていることもあって、トレント1000の離陸最大推力範囲も277.0～360.4kNまでと広くなっている。

Rolls-Royce Trent XWB

U.K.
（イギリス）

ロールスロイス トレントXWB

Photo : Rolls-Royce

［データ：トレントXWB-84］

ファン直径	3.00m
全長	5.81m
乾重量	7,277kg
離陸時最大視力	374.7kN
バイパス比	9.6
全体圧縮比	50:1

エアバスが開発した新大型双発機A350XWB用のエンジンで、エアバスはA350XWBでA340を除けば初めてエンジンの選択制を廃止し、ロールスロイス・エンジンの一択にした。開発は、A350XWBのエンジンに選定された2006年7月に始まり、2010年6月14日に初号エンジンが初運転を行って、2012年2月28日にはA380飛行テストベッド機による飛行試験を開始した。またA350XWBの開発作業中に機体重量が計画よりも2.2t増加することが判明したため、エンジン推力もわずかに増加されることとなった。2013年2月7日にヨーロッパの型式証明を取得し、この年の6月14日にA350XWBに搭載されての初飛行を行っている。

ファンは従来よりも大きな直径3.00mになり、三次元形状をしたブレードが22枚ついている。このファン1段に続くコアエンジンは中圧圧縮機8段、高圧圧縮機6段、高圧タービン1段、中圧タービン2段、低圧タービン6段という構成だ。離陸時最大推力の範囲は330.2～431.6kNで、330.2kN型がトレントXWB-75、351.2kN型がトレントXWB-79/79B、374.7kN型がトレントXWB-84、431.6kN型がトレントXWB-97と呼ばれている。ファン直径を大型化したことで回転数を6%引き上げることになったため、ブレードとケーシングの強化が図られて、ブレードはチタニウム製になり、また厚みを増している。加えて、欧州環境適合エンジン（EFE）を満たす技術も採り入れられて、コアエンジンの運転温度能力が高められている。

U.K.
(イギリス)

ロールスロイス BR700/パール

ロールスロイスのドイツ法人であるロールスロイス・ドイッチェラントが大型ビジネスジェット機用に開発したターボファン・エンジンで、1995年に初号エンジンが初運転した。旅客機としてはボーイング717が採用していて、1999年中期に実用化された。これがBR700-715と呼ばれるもので、直径1.47mのファンをもつ2軸エンジンで、2段の低圧圧縮機と10段の高圧圧縮機、2段の高圧タービンと1段の低圧タービンを有する。推力は95.3kN。それを75.2kNに減格するとともにコアエンジンに設計変更を加えた改良型がBR700-725で、2009年6月に型式証明を取得した。このエンジンは2021年9月24日に、B-52H爆撃機の換装用エンジンに選ばれている。

BR700シリーズの近代化改良型がパールで、まずパール15が2015年2月にヨーロッパの型式証明を取得した。チタニウム製で24枚のブレードをもつ直径1.23mのファンを有し、67.3kNの最大推力をだす。より新しい発展型がパール700で、1段のファンと10段の高圧圧縮機、2段の高圧タービンと4段の低圧タービンを使って、81.2kN最大推力能力を有する。またダッソー・ファルコン10X用に最大推力を80kN級にするパール10Xの開発も進められていて、このエンジンの技術を用いればこれまでの大型ビジネスジェット機用エンジンの燃費率を5%以上下げることが可能になるという。

Photo : Rolls-Royce

[データ:BR700-715]

ファン直径	1.47m
全長	3.74m
乾重量	2,085kg
最大推力	95.3kN
バイパス比	4.55～4.68
全体圧縮比	43:1

e Ivchenko Progress D-36

Ukraine
(ウクライナ)

イフチェンコ・プログレス D-36

1960年代末に当時の旧ソ連のロタレフが開発に着手した中推力の高バイパス比ターボファン・エンジンで、イギリスのロールスロイスのものと同様に中圧軸を用いた3軸構成にしたのが大きな特徴である。初運転は1971年で1974年には飛行試験も開始されて、1977年には量産が始まっている。

主要な装備機種はアントノフAn-72/-74"コーラー"で、この両機種はエンジンの上面にそのまま取りつける機体構成を採っている。これはアメリカ空軍の中型短距離離着陸(STOL)輸送機計画でボーイングが提案したYC-14で採用した技術で、コアンダ効果を活用した排気の上面吹きだし(USB)方式により良好な短距離離着陸(STOL)性能を得るのが目的であった。しかしアントノフはエンジンを主翼上に配置したことについて、優れたSTOL性能の獲得よりも、エンジンを高い位置にすることで離着陸時の異物吸入による損傷を回避できる利点が大きいため、とその採用した理由を説明している。

ほかには、ヤコブレフYak-42"クロッバー"にも使われていて、これら3機種用に基本的には大きな違いはなく、このエンジンはファン1段、低圧圧縮機6段、高圧圧縮機7段、高圧タービン1段、低圧タービン1段、フリータービン3段という構成だ。ファンはブレード数が29枚で、ブレードはチタニウム製、外側シェルはケブラー製である。ソ連が崩壊したのちには製造はウクライナのモートル・シーチで続けられたが、現在の工場の状態は不明である。

Photo : Wikimedia Commons

[データ:D-36シリーズ3A]

ファン直径	1.33m
全長	3.47m
乾重量	1,109kg
最大推力	63.8kN
バイパス比	6.3
全体圧縮比	18.7:1

Progress D-18T

Ukraine
（ウクライナ）

プログレス D-18T

Photo : Wikimedia Commons

［データ：D-18T］

ファン直径	2.33m
全長	5.40m
乾重量	4,100kg
最大推力	229.8kN
バイパス比	5.7
全体圧縮比	27.5:1

旧ソ連でアメリカのC-5ギャラクシーに匹敵する超大型輸送機を開発するのにあわせて、その機種用に開発された大推力高バイパス比ターボファンである。機体はアントノフによりAn-124“コンドル”(ルスラン)として完成し、1982年12月24日に初飛行した。エンジンについては、当初の開発はロタレフにより行われ、その後の事業はプログレスに受け継がれた。そしてウクライナのモートル・シーチが運用支援などを行っているが、ロシアによるウクライナ侵攻後の事業の状況は不明である。An-124は、C-5をも凌ぐ規模の機体規模となり、このためD-18Tも旧ソ連で初めて、196kN以上の推力をだすエンジンとなった。

エンジン構成はD-36で経験と実績を積んだ3軸構成エンジンになっていて、高バイパス比とあわせて低燃費率を実現している。コアエンジンは1段のファン、7段の中圧圧縮機、7段の高圧圧縮機、2段の高圧タービン、1段の中圧タービン、4段の低圧タービンで構成されている。旧ソ連ではアメリカ同様のスペースシャトル・オービター「ブラン」を開発しその空輸用にAn-124を大幅に改造してさらに大型化するアントノフAn-225“コサック”(ムリヤ)を開発した。総重量640tとAn-124の1.5倍のこの機種にはD-18Tが6基装着され、1988年12月21日に初飛行して世界最大のジェット機となった。世界に1機だけだったこの機体は、2022年2月にロシア軍による攻撃で失われた。

Progress D-436

Ukraine
（ウクライナ）

プログレス D-436

Photo : Wikimedia Commons

［データ：D-436T1］

ファン直径	1.37m
全長	3.03m
乾重量	1,450kg
最大推力	75.0kN
バイパス比	4.95
全体圧縮比	15.2:1

プログレスが設計しモートル・シーチが製造している、D-36を受け継いだ3軸の高バイパス比ターボファン・エンジンで、1985年に運転試験が開始された。ロールスロイスの3軸エンジンと同様に中圧軸を設けて、ファンを低圧圧縮機にし、そのあとに中圧圧縮機と高圧圧縮機を設けて、それぞれを低圧タービン、中圧タービン、高圧タービンにより独立した回転軸で駆動することで、エンジンの運転効率を高めている。

おもなタイプとしては初期型でバイパス比6.2のD-436K、Yak-42M用のD-436M、Tu-334用のD-436T1、Tu-134の代替エンジンとして提示されたD-436T1-134、Tu-334-100/200Dに使われた推力80.0kNのD436T2、Be-200飛行艇で腐食改善策を盛り込んだDT-436TP、TPにファンを1段追加して推力を73.6kNから93.4kNに引き上げたD-436T3があり、さらにギアード・ターボファン形式を用いて最大推力を115.7〜133.5kNにパワーアップするD-436TXも計画されている。またMC-21の代替エンジンとして推力を137.9kNにするAI-436T12の提案も行われている。基本型となるD-436T1のコアエンジンは、ファン1段、中圧圧縮機6段、高圧圧縮機7段、高圧タービン1段、中圧タービン1段、低圧タービン3段である。

なおモートル・シーチの製造施設はロシアのウクライナ侵攻により2022年5月に破壊されていて、現在はほとんど稼働していないと見られる。

U.S.A.
(アメリカ)

エンジン・アライアンス GP7200

Photo : Wikimedia Commons

[データ:GP7270]

ファン直径	2.96m
全長	4.92m
乾重量	6,712kg
最大推力	362.6kN
バイパス比	8.8
全体圧縮比	43.9:1

1990年代に新しい超大型機の計画がささやかれるようになると、アメリカのジェネラル・エレクトリックとプラット&ホイットニーは、その航空機向けエンジンを共同で開発する話し合いをもち、1996年8月に50:50の出資比率でエンジン・アライアンスを設立して、GP7000の開発に着手した。

ジェネラル・エレクトリックGE90、プラット&ホイットニーPW4000の経験と実績を組み合わせて設計されたこのエンジンのコアエンジンはファン1段、低圧圧縮機5段、高圧圧縮機9段、高圧タービン2段、低圧タービン6段という構成になっている。ファンは弦長が広い新設計ワイドコード型で、中空チタニウム製による三次元形状による後退ブレード24枚を有している。GP7200はトレント900とともに、エアバスA380の選択エンジンに選定されて、エールフランスとエミレーツ(トレント装備機も発注)、エティハド航空、大韓航空(KOREAN AIR)、カタール航空が採用した。このうちエティハド航空とカタール航空は発注をキャンセルしたので、GP7000装備機を受領したのは3社で110機であった(トレント900装備機の引き渡しは141機)。

またGP7200は、ボーイング747の発展型である747-8での使用も考えられていた。しかし、アメリカ製の航空機にアメリカの二大エンジン・メーカーの共同開発エンジンを使用することは独占禁止法に抵触するとされて、この案は放棄されている。このことはその後も変わらず、アメリカ製の航空機(現実的にはボーイング製しかない)にエンジン・アライアンスの製品を装備することは不可能である。こうしてエンジン・アライアンスの製品は、A380の受注・製造終了とともに終焉を迎えた。

Honeywell ALF502

U.S.A.
(アメリカ)

ハニウェル ALF502

Photo : Honeywell

[データ:ALF502L-3]

ファン直径	1.02m
全長	1.67m
乾重量	628kg
最大推力	33.4kN
バイパス比	5.7
全体圧縮比	43.9:1

旧アブコ・ライカミングがT55ターボシャフト・エンジンをもとにしてターボファン化したのがALF502小型ターボファンで、1973年にイギリスのホーカーシドレーが開発を決めた70席級の4発機HS146のエンジンに選定され、開発に着手した。しかし資金難から機体計画そのものが中止となり、いったんは日の目を見ることはなくなった。それが1977年にイギリスが航空機産業の統合化を行ってブリティッシュ・エアロスペースを設立すると、その記念事業としてHS146をBAe146の名称で復活させ、エンジンも当初の計画どおりALF502になって、実用化されることとなったのである。このエンジンは、アメリカ空軍の次期攻撃機で採用を競ったノースロップYA-9にも使われていたが、YA-9は1973年1月に選定に敗れていたので、二度の命拾いで量産に至ったことになる。

ALF502は直径1.02mのファン1段のあとに低圧圧縮機1段と高圧圧縮機7段、高圧タービンと低圧タービン2段というコアエンジンをもつ2軸式のターボファンだが低圧軸の先端に減速ギアをつけていて、2.3:1のギア比でファンの回転数を落とす、ギアード・ターボファンの形式を採っていた。このことは燃費率の改善をもたらすとともに、騒音も大きく低減することを可能にした。またエンジン全体が簡素なモジュール構成になっていたことで、整備性に優れるという評価も獲得している。なおのちに低圧圧縮機を2段にしたタイプが作られていて、このため1段のものをALF502R、2段のものをALF502Lと呼んで区別している。

U.S.A.
(アメリカ)

ハニウェル HTF7000

Photo : Honeywell

ALF502で低圧タービンを2段にしたALF502Lの改良発展型として1988年9月に計画が発表されたのがLF507で、ALF502の高バイパス比ギアード・ターボファンなどの特徴は基本的にそのまま受け継ぎ、油圧機力式だったエンジンの制御を、完全なデジタル電子式のFADECにすることが大きな改良点であった。コアエンジンには細かな手直しが加えられたが、構成は基本的に変わらず、ファン1段、低圧圧縮機2段、高圧圧縮機7段、低圧タービン2段、高圧タービン2段となっている。またファンを減速するギア比も、2.3:1で変わりない。

ハニウェルではBAe146/アブロRJの新世代型であるアブロRJX向けにHTF7000/AS907も研究していたが、RJXの開発が行われなかったためこの新エンジンはビジネスジェット機向けにのみに使われている。これらはバイパス比が4.4で高バイパス比エンジンではあるが、ギアード・ターボファン形式は用いられなかった。

[データ:HTF7000]

ファン直径	0.87m
全長	2.35m
乾重量	687～696kg
最大推力	30.9～34.0kN
バイパス比	4.4

General Electric CF6

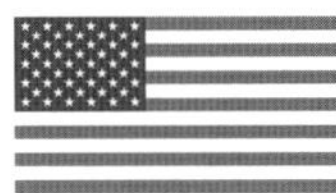

U.S.A.
(アメリカ)

ジェネラル・エレクトリック CF6

アメリカ空軍の超大型輸送機計画で採用されたロッキードC-5ギャラクシー用の高バイパス比ターボファンで、1964年に初運転を行ったTF39をベースにした民間向けエンジンで、民間旅客機で最初に装備したのはダグラスDC-10であった。民間向けの最初の生産型はCF6-6で、1971年8月に実用就役した。DC-10で発展型のDC-10-30が作られることになるとCF6もそれにあわせて推力を増加するなどしたCF6-50が開発され、1960年代末にワイドボディ旅客機でエンジン選択制が一般化するとエアバスA300やボーイング747にも装備されるようになった。CF6の最終発展型がCF60-80で、双発機向けで213.6～222.4kNのCF6-80A、ファンを大型化して空気流量を増やしたCF6-80C2、最大推力を320kN級にしたCF6-80E1が作られている。

長年にわたって発展を続けてきたCF6は、タイプによってコアエンジンにも違いがあるが、代表的なタイプのCF6-80C2はファンが1段、低圧圧縮機が4段、高圧圧縮機が14段、高圧タービンが2段、低圧タービンが5段となっている。またファン直径は最初のCF6-6が2.19mだったのに対し、もっとも大きなCF6-80E1では2.44mになっている。ただバイパス比は前者の5.76に対して、後者は5.1とわずかに小さくなった。これはエンジン本体の直径が2.67mから2.90mに増加したことによるものである。

Photo : Wikimedia Commons

[データ:CF6-80C2]

ファン直径	2.36m
全長	4.27m
乾重量	4,300～4,470kg
最大推力	232.3～275.7kN
バイパス比	5.31
全体圧縮比	31.8:1

U.S.A.
(アメリカ)

ジェネラル・エレクトリック CF34

ジェネラル・エレクトリックが大型ビジネスジェット機および小型旅客機向けに開発した小型高バイパス比ターボファンで、1982年に初号エンジンが初飛行し、1983年8月に型式証明を取得した。最初のアプリケーションはカナデア(のちにボンバルディア)のワイドボディ・ビジネス機のCL-600チャレンジャーだったが、チャレンジャーが地域旅客機のCRJに発展すると、CF34エンジンがそのまま使われ続けた。さらにエンブラエルが70～100席級の新旅客機エンブラエル170/175/190/195の開発を決めるとそのエンジンとして使われることになり、また中国のCOMACも地域ジェット旅客機ARJ21用にCF34を選定している。

各タイプのなかでもっとも推力が大きいのはエンブラエル190/195用のCF34-10Eで、逆にエンブラエル70/175用のCF34-8Eは旅客機用としてはもっとも小さい64.5kNとなっている。ARJ21用のCF34-10Aはほぼ中間の78.5kNだ。またCRJは、大型化したCRJ700/900/1000はいずれも同じ64.5kNのCF34-8Cを使用している。

コアエンジンの構成もタイプによって若干異なるが、CF34-10Eはファンに続いて低圧圧縮機3段、高圧圧縮機9段、高圧タービン1段、低圧タービン4段となっている。なおCF34-10Eでは、CFM56に用いられた新技術を適用していて、ファンの直後の軸部にブースターが設けられている。

Photo : Wikimedia Commons

[データ:CF34-8C]

ファン直径	1.17m
全長	3.25m
乾重量	1,090～1,110kg
最大推力	64.5kN
バイパス比	6.2
全体圧縮比	28～28.5:1

General Electric GE90

U.S.A.
(アメリカ)

ジェネラル・エレクトリック GE90

Photo : General Electric

ジェネラル・エレクトリックがCF6以来となる大推力高バイパス比ターボファンとして1990年に開発を開始したもので、ボーイング777用の選択エンジンの1つとなった。初号エンジンは1993年3月に初運転し、1995年11月にブリティッシュ・エアウェイズのボーイング777-200により初就航した。

GE90は、その最大推力により細かなタイプに分けられているが、489.4kNのGE90-110B1と511.8kNのGE90-115Bだけは777の長距離型である777-200LR/-300ERの専用型で、また777でこの2タイプだけはエンジン選択制が採られていない。またファン直径もこの長距離型用2タイプは、それまでの3.12mから3.25mに大型化されていて、コアエンジンの構成にもわずかに変化がでていて、低圧圧縮機が4段から3段に減る一方で高圧圧縮機が9段から10段に増えている。タービンが高圧2段と低圧6段というのは同じだ。ファン・ブレードはいずれのタイプも22枚で、後退角をもった複雑な形状をしている。ジェネラル・エレクトリックは以前からボーイングと緊密な関係にあって、777-200LR/-300ER以外でも747-8と777-8/-9でエンジンの単独採用を獲得している。

一方でエアバスのA350XWBでは、選択エンジンには挙げられておらず、今日の大型ターボファンでは、機体メーカーとエンジン・メーカーの組み合わせの固定化が進んでいる。

[データ:GE90-115B]

ファン直径	3.25m
全長	7.28m
乾重量	8,762kg
離陸最大推力	492.7～513.9kN
バイパス比	9
全体圧縮比	42:1

U.S.A.
(アメリカ)

ジェネラル・エレクトリック GEnx

Photo : Wikimedia Commons

ジェネラル・エレクトリックがGE90をベースにボーイング787ドリームライナー向けに開発した高バイパス比ターボファンで、2006年に初運転が行われて、2007年2月にはボーイング747飛行テストベッド機による空中試験も開始された。ボーイング787自体の開発作業が遅れたことでGEnxの開発にも影響がでたが、最初の生産型であるGEnx-1は2011年3月29日にアメリカ連邦航空局の型式証明を取得した。またパワーアップ型で最大推力を290kN級以上にする747-8向けも開発されている。

GEnxにも使用推力に応じて多くのタイプが設定されていて、コアエンジンの構成も数種類あるが、ここではもっとも大型(ファン直径2.82m、最大推力338.6kN)のGEnx-1B78を例に挙げておく。1段のファンに続いて低圧圧縮機は4段、高圧圧縮機は10段で、タービンは高圧が2段で低圧が7段となっている。また新技術の適用により前作のGE90に比べて部品点数が30%程度少なくなっていて、整備性が向上しているとされる。さらにエンジン全長を短くするなどの小型化と複合材料製ブレードの使用などによる軽量化で、燃費率の低減と排気物質の削減も実現している。

[データ:GEnx-1B78]

ファン直径	2.82m
全長	4.31m
乾重量	6,147kg
最大推力	338.6kN
バイパス比	9.1
全体圧縮比	58.1:1

General Electric GE9X

U.S.A.
(アメリカ)

ジェネラル・エレクトリック GE9X

Photo : General Electric

ボーイング777の最新発展型777-8/-9向けに開発された大推力エンジンで、777-8/-9はこのエンジンしか装備しない。開発エンジンの初運転は2016年4月に実施され、まず2018年3月13日に747-400飛行試験機で進空し、その後2020年1月25日に777-9で初飛行を行った。そして9月28日に、アメリカ連邦航空局の型式証明を取得している。

GE9Xは、基本的にはGE90の高効率派生型で、推力をGE90-115Bから10%程度減らしている。一方で全体圧縮比を高めて推力あたりの燃費率の向上を図っている。ファンのブレード数は16枚と、GE90の22枚やGEnxの18枚よりも減っていて、さらに複合材料による高強度の薄型設計にしていて、エンジン本体の軽量化に貢献している。高温部には、新素材のセラミック・マトリックス複合材料を使用していて、これも運転効率の向上と軽量化につながっている。コアエンジンは1段のファン、3段の低圧圧縮機、11段の高圧圧縮機、2段の高圧タービン、6段の低圧タービンで構成されている。まだ開発まもないエンジンなので推力のバリエーションはなく、489.4kNのGE9X-105B1Aのみが作られている。

[データ:GE9X-105B1A]

ファン直径	3.40m
全長	5.69m
乾重量	9,630kg
最大推力	489.4kN
バイパス比	9.9
全体圧縮比	60:1

U.S.A.
(アメリカ)

プラット&ホイットニー JT8D

Photo : Wikimedia Commons

J52ターボジェットをベースに開発されて1960年に運転試験を開始し、1963年2月型式証明を取得して実用就役を開始した低バイパス比ターボファンで、ボーイング727 3発機向けに開発されたものである。さらに双発で小型化したボーイング737-100/-200にも使われ、ダグラスも200席弱級のDC-9にこのエンジンを用いた。DC-9は胴体の延長により大型化を続けてDC-9-80では150席級機となり、この機種向けのJT8Dはファンの設計を改めたリファン・エンジンでJT8D-200シリーズと呼ばれるものとなって、バイパス比もターボジェットに近かった初期型の0.97から1.74に増加して、推力の引き上げと燃費率の低減を同時に実現していて、6段の低圧圧縮機、7段の高圧圧縮機、1段の高圧タービン、3段の低圧タービンという構成であった。

最終型のJT-8D-200シリーズは、今日ではJT8Dを装備したオリジナルの旅客機はほぼすべて退役しており、デルタ航空で比較的多数が使われていたMD-88もCOVID-19の影響で予定よりも早い2020年に退役した。このため本エンジンの装備機は、中古旅客機を貨物機に改造したものが残っている程度になっている。

[データ:JT8D-219]

ファン直径	1.37m
全長	4.29m
乾重量	2,048kg
最大推力	97.5kN
バイパス比	1.74
全体圧縮比	19.4:1

U.S.A.
(アメリカ)

プラット&ホイットニー JT9D

Photo : Pratt&Whitney

プラット&ホイットニーがアメリカ空軍の超大型機計画向けに開発したJTF14デモンストレーターをもとにしたもので、JTF14は1966年12月に運転試験を開始したが、採用されなかった。一方機体フレームでもボーイングがロッキードに敗れたが、ボーイングはこの設計を活用して超大型旅客機を開発することとして、エンジンの供給企業にプラット&ホイットニーを選んだ。こうして敗者同士によるボーイング747/JT9Dという組み合わせが誕生し、JT9Dは1965年9月に民間の型式証明を取得した。JT9Dは、もちろんプラット&ホイットニー初の高バイパス比ターボファンで、直径2.34mのファン1段のあとに3段の低圧圧縮機と11段の高圧圧縮機、2段の高圧タービンと4段の低圧タービンを有した。ボーイング747が発展を続け、またDC-10やエアバスの各種旅客機で採用されると、多くの推力バリエーションが生まれ、また長期にわたった製造期間中にさまざまな改良が採り入れられて進化していった。最終タイプはJT9D-7Rシリーズで、ファン直径は2.37mになり、バイパス比は4.8になった。

JT9Dは、当初の目的であったアメリカ空軍の輸送機での採用は逃したものの、ボーイング747の成功と旅客機にエンジン選択制が導入されたこともあってさまざまな機種に搭載されて3,200基以上が製造され、ビジネス面では軍での採用とは比べものにならない勝利を収めた。

[データ:JT9D-7R4]

ファン直径	2.37m
全長	3.37m
乾重量	4,053kg
最大推力	213.6～249.2kN
バイパス比	4.8
全体圧縮比	26.7:1

Pratt&Whitney PW4000

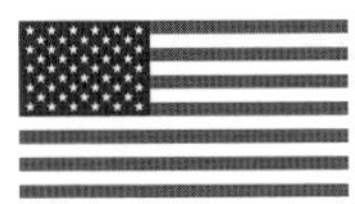

U.S.A.
(アメリカ)

プラット&ホイットニー PW4000

Photo : Wikimedia Commons

JT9Dの後継となる大推力高バイパス比ターボファンとして開発されたもので、1984年4月に運転試験を開始し、1986年7月にアメリカの民間型式証明を取得した。同時代に開発されたほかのエンジンと同様に、デジタル電子式のFADECによる制御や、より高温の運転を可能にする単結晶ブレードの使用などにより運転効率と耐久性を高めている。また燃焼室にはアフォーダブルな低一酸化窒素(Talon)と呼ぶ技術を導入し、低排気物質を実現している。

最初のタイプで2.39mのファンをもつPW4000-94は、バイパス比が4.8で1段のファン、4段の低圧圧縮機、11段の高圧圧縮機、2段の高圧タービン、4段の低圧タービンという構成だったが、ボーイング777用でファン直径24.84mにしたPW4000-112では低圧圧縮機が7段、高圧圧縮機が11段、高圧タービンが2段、低圧タービンが7段に変わっている。

おもな使用機種にはボーイング747-400、エアバスA300-600、A310、A330、ボーイング777があるが、ボーイングが777の長距離型と747-8のエンジンをジェネラル・エレクトリックのものだけにしたことと、エアバスがA350XWBとA330neoのエンジンをトレントだけにしたことで、プラット&ホイットニーは民間向けで新規に開発する大型エンジンが途絶えた状態になっている。

[データ:PW4000-112]

ファン直径	2.84m
全長	4.84m
乾重量	7,375kg
最大推力	408.4～440.7kN
バイパス比	5.8～6.4
全体圧縮比	34.2～42.8:1

Pratt&Whitney PW2000

U.S.A.
(アメリカ)

プラット&ホイットニー PW2000

Photo : Pratt & Whitney

アメリカ空軍の中型輸送機向けの試作機マクダネル・ダグラスYC-15向けに開発が着手された高バイパス比ターボファンで、1981年12月に初運転が行われた。中型輸送機計画はキャンセルとなったが、一方でボーイングが新しい200席級単通路双発旅客機757を開発することになって、そのエンジンに提案が行われて採用されている。当初このエンジンはJT10Dと呼ばれていたが、1980年12月にプラット&ホイットニーはエンジンの商品名を一新したことで、PW2000の名称になり1タイプしか作られていない。型式証明の取得は1984年で、世界初のFADEC制御による認定を受けた民間エンジンとなった。コアエンジンの構成は1段のファン、4段の低圧圧縮機、12段の高圧圧縮機、2段の高圧タービン、5段の低圧タービンで、ファンは直径が1.99mあって36枚のブレードを有する。

おもなアプリケーションはボーイング757だが、ロシアのイリューシンIℓ-96"キャンバー"の代替エンジンにも指定されて、PW2000装備のIℓ-96は1993年に初飛行している。このIℓ-96はIℓ-96Mと呼ばれたが、量産には至らなかった。開発の原点であった軍用機輸送向けとしては、アメリカ空軍の新輸送機であるマクダネル・ダグラス(のちにボーイング)C-17グローブマスターIII向けにF117の制式名称で採用された。

[データ:PW2037]

ファン直径	1.99m
全長	3.73m
乾重量	3,221kg
最大推力	170.8～194.5kN
バイパス比	6.0
全体圧縮比	27.6～31.2:1

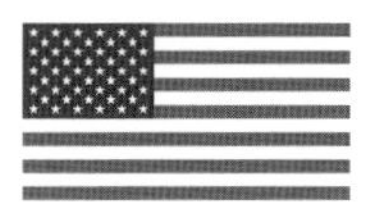

U.S.A.
(アメリカ)

プラット&ホイットニー ピュアパワーPW1000G

100～200席級双発機向けに開発された高バイパス比ターボファンで、低圧軸の先端に減速ギアを有して、それによってファンの回転数を低圧圧縮機よりも少なくして運転効率を高める、ギアード・ターボファン形式を採ったものだ。2007年に運転試験を開始して、2014年12月19日に最初の実用型であるピュアパワーPW1100Gがアメリカとヨーロッパの型式証明を取得した。

エアバスA320neoファミリー、エアバスA220、エンブラエルE2ジェット、イルクートMC-21が装備し、名称は順にピュアパワーPW1100G、ピュアパワーPW1500G、ピュアパワーPW1900Gとなっていて、推力範囲はもちろん、ファン直径やブレード枚数、コアエンジンの構成などが微妙に違っていて、細かく最適化を図った設計になっている。推力範囲は106.8～155.7kN9ともっとも広く、また最大推力が大きなピュアパワーPW1100Gを例にとると、ファン直径は2.06mでブレード数は20枚(ほかのタイプはすべて18枚)、コアエンジンはファン1段、低圧圧縮機3段、高圧圧縮機8段、高圧タービン2段、低圧タービン3段で、バイパス比は12.5である。またピュアパワーPW1100Gは1100G-JMとも呼ばれ、「JM」は日本企業製のモジュールを使用していることを意味している。

なおこのエンジンのローンチ・カスタマーは三菱航空機だったが、同社がスペースジェットの開発を取りやめたため、この機種向けで最小型であったピュアパワーPW1200Gは製造されていない。

Photo : Yoshitomo Aoki

Photo : Mitsubishi Aircraft Corporation

三菱MRJの主翼に取りつけられて運転されるピュアパワーPW1200G

[データ:PW1900Gピュアパワー]

ファン直径	1.85m
全長	3.18m
乾重量	2,177kg
最大推力	106.0kN
バイパス比	12.0
全体圧縮比	34.2～42.8:1

Pratt&Whitney Canada PT6

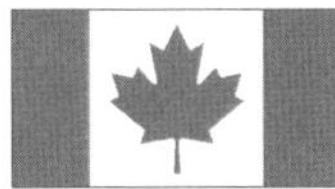

Canada
(カナダ)

プラット&ホイットニー・カナダ PT6

Photo : Wikimedia Commons

[データ:PT6A-6]

直径	48.3cm
全長	1.58m
乾重量	122.5kg
最大出力	431kW
全体圧縮比	6.3:1

初期のターボプロップ・エンジンの傑作で、1958年に設計に着手して1960年3月に初号エンジンが初運転された。生産は373kWのPT6Aで開始され、小型のものは560kW級までパワーアップし、さらに630～720kWの中型シリーズ、890～1,300kWの大型シリーズとファミリーを広げた。このエンジンの用途は広く、単発/双発の軽飛行機はもちろん、地域旅客機、ビジネス機、農業機、軍用練習機などに使われている。さらにはヘリコプター用のターボシャフト・エンジンもあり、中型はPT6Aの名称だが、大型のものにはPT6B、ターボシャフトにはPT6Tの名称が用いられている。

ターボシャフトのなかで有名なのがPT6Tで、小型のエンジンを2基連結した「ツインパック」と呼ぶ形式が採られて、容易にタービン双発ヘリコプターを開発することを可能にした。PT6Aにデジタル制御システムを用いたものは、PT6Eと呼ばれている。

前記したようにPT6はきわめて出力範囲が広いが、2020年時点でもっとも出力の大きなものは1,268kWのPT6A-67Fで、農業機をベースにした攻撃機のエアトラクターAT-802に使用されている。なお2001年にはPT6Aの初飛行から40周年を迎えて、この時点でPT6Aシリーズだけで30,000基以上を製造していた。初期型のPT6Aは3段の軸流圧縮機と1段の遠心式圧縮機、1段の瓦斯駆動タービンと1段のフリーパワー・タービンを有して、この基本構成はその後も大きくは変わっていない。

Pratt&Whitney Canada PW100

Canada
(カナダ)

プラット&ホイットニー・カナダ PW100

Photo : Pratt & Whitney Canada

[データ:PW150]

直径	79cm
全長	2.42m
乾重量	71.7kg
最大出力	3,415kW
全体圧縮比	17.97:1

PT6の後継となる新ターボプロップ・エンジンとして1977年に技術デモンストレーターの製造が行われ、詳細設計などを経て1981年3月に初運転して1982年4月に飛行試験に入って、1984年12月に実用就役を開始した。PT6と同様に広い出力範囲をカバーすることが計画されて、1,300～3,700kWが計画され、最終的には4,095kWの最大出力を有するものが完成している。

最初の生産型であるPW119以降、出力の増加によりPW118/119、PW120/121/123/124/125/126/127、PW150の各シリーズがある。用途範囲はPT6ほどは広くなく、特に出力の大きなタイプは、民間では地域旅客機による装備が主体だ。ヘリコプター向けのターボシャフトは作られていない。またエアバスA400M軍用輸送機向けにPW150ツインパックが開発されて2基のエンジンで1本のプロペラ軸を回転させることを計画したが、燃費率があまりにも悪かったため、採用はされなかった。

PW150のコアエンジンは、軸流式圧縮機3段、遠心式圧縮機1段、各1段の低圧タービンと高圧タービン、そして2段のパワータービンとなっている。

China
(中国)

東莞
渦奨5（WJ-5）

中国が独自に開発したターボプロップ・エンジンで、詳細は不明である。ただ、中国でライセンス生産を計画していたアントノフAn-24“コーク”を中ソ対立の結果独自に開発・製造することになったため、イフチェンコAI-24をなんらかの方法で取得し、それを手本に独自に開発していった可能性は十分にあり、一からのオリジナルエンジンではないだろう。

Photo : Wikimedia Commons

最初に作られたのは出力2,162kWの渦奨5Aで、哈爾浜 水轟5(SH-5)大型4発飛行艇向けのものであった。水轟5は1976年4月3日に初飛行しているので、渦奨5はもちろんそれまでに完成していて、必要な試験を終えていたことになる。ちなみに水轟5は、対潜哨戒や洋上捜索・救難や消防飛行艇を目指して開発された、完全な中国独自設計機である。その用途から中国人民解放軍海軍が装備することになっていたが、製造されたのは試作機1機と量産機6機の7機だけで、実用配備されているにしてもその運用はきわめて限定的なはずである。

本来の用途である輸送機の西安 運輸7(Y-7)向けのものは、出力1,800kWで渦奨5A-1Gと呼ばれている。出力は低下しているが渦奨5Aの改良型で、アメリカのジェネラル・エレクトリックが開発に協力した。アメリカは1972年以来中国との国交正常化を進めて、軍事や航空といった分野でも技術協力を行っていた。しかし1989年6月の天安門事件がそれを完全にひっくり返し、航空関連の技術供与などは現在に至るまで行われないようになり、渦奨5も同様となった。

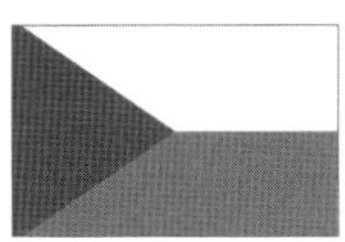

Czech
(チェコ)

ワルター
M601

チェコのワルター・エアクラフト・エンジンが国産の農業機に搭載するために開発したターボプロップで、1967年に初運転が行われた。さらにLetが開発した双発軽輸送機のL-410ターボレットにも使われている。L-410は1969年4月16日に初飛行し1970年に就役しているので、M601も同様に長期にわたって使われ続けていることになる。

Photo : Wikimedia Commons

［データ:M601D-1］

直径	59.0cm
全長	1.68m
乾重量	197kg
偉大出力	544kW

最初の量産型はM601Aで、L-410で翼幅をわずかに広げたL-410UVP向けがM601D、そのオーバーホール間隔延長型がM601D-11、ニュージーランドのフレッチャーが開発したFU-24農業機向けがM601D-11NZ、ポーランドのPZL-130オーリク軍用練習機向けでアクロバット飛行を可能にしたのがM601Tである。またロシアのミヤシシチェフが開発し1995年3月31日に初飛行させた乗客7人乗りのターボプロップ単発ビジネス機M-101Tにも採用されていて、このタイプはM601Fと呼ばれて、最大出力が567kWに増加している。M601のコアエンジンは1段の軸流式圧縮機と1段の遠心式圧縮機、そして1段の高圧タービンと1段のフリータービンとなっている。

Russia
(ロシア)

イフチェンコ AI-20

Photo : Wikimedia Commons

1950年代に旧ソ連で開発に着手されたターボプロップ・エンジンで、アントノフAn-12"カブ"輸送機やイリューシンIℓ-18"クート"旅客機およびその各種軍用派生型に使用され、これらの合計生産機数が膨大な数となったことで、エンジンも多数が製造された。初期型のAI-20Aシリーズ1では出力が2,985kW、平均オーバーホール間隔が200〜400時間であったが、後期型のシリーズ5では最大出力が3,170kWに引き上げられ(大出力型のAI-20Dシリーズ5では3,864kWも可能とされる)、平均オーバーホール間隔も600時間に延びて、信頼性が向上している。圧縮機は軸流式10段で、2段の軸流式タービンがある。エンジンの運転寿命は、初期型の8,000時間に対して最終生産型のAI-20DMでは22,000時間になったとされる。

このエンジンは中国でライセンス生産が行われる予定だったが、1950年代後期の中ソ対立から実現しなかった。しかし中国は、ソ連が残していった図面や各国から入手したエンジンを手本にして1969年8月に株洲航空発動機で国内生産に着手し、1973年に飛行試験を始めている。これが渦奨6で、すでに原産国のロシアではAI-20の製造は終わっているものの、中国では改良型の開発が続いていて、陝西 運輸8(Y-8)および運輸9(Y-9)輸送機や、その改造型特殊軍用機に使用されている。

[データ:AI-20Dシリーズ5]

直径	45.0cm
全長	3.96m
幅	84.2cm
全高	1.18m
乾重量	1,040kg
最大出力	3,170kW
全体圧縮比	7.6:1

Ivchenko AI-24

Russia
(ロシア)

イフチェンコ AI-24

Photo : Wikimedia Commons

1950年代末期にAI-20の改良型として開発されたターボプロップ・エンジンで、アントノフAn-24"コーク"、An-26"カール"、An-30"クランク"に使われた。An-26から発展しエンジンを主翼の上に配置したAn-32"クライン"ではAI-20に戻されて、シリーズ5が装備された。AI-24の生産は最大出力1,900kW級でスタートし、のちには水噴射型が作られて2,100kW級にパワーアップしている。

主要な生産型には、最大出力を1,790kWに制限した最初の生産型AI-24、最大出力を1,875kWにしたAI-24A、An-24/-26のペイロード増加型向けで最大出力を2,103kWにしたAI-24T、AI-24TにRU-19A-300補助動力ブースターを組み込んだAI-24Tがある。どのタイプでも自動運転モードが備わっていて、広い範囲の飛行高度と飛行速度に対応しての安定した運転が維持されるようになっている。

[データ:AI-24T]

直径	36.0cm
全長	4.36m
乾重量	600kg
最大出力	2,100kW
全体圧縮比	7.05:1

コアエンジンの構成は、10段の軸流式圧縮機と3段の遠心式圧縮機という、きわめて一般的かつ簡素なものになっていて、このため整備性に優れ、またエンジン寿命が長いという特徴を有する。多くの機種で、VA-72T 4枚ブレード定速プロペラと組み合わせて使用された。中国では東莞が渦奨5の名称で同等品の生産を行い、西安 運輸7(Y-7)に使用した。

Klimov AI-30

Russia
(ロシア)

クリモフ AI-30

Photo : Wikimedia Commons

1974年に開発されたTV3-117ターボシャフト・エンジンをベースにしたターボプロップ・エンジンで、TV3-117 VMA-SBM1の型式名称を有していたが、An-140用で装備されることになってAI-30に名称を変えた。TV3-117は、ミルMi-8“ヒップ”汎用機とカモフKa-27“ヘリックス”で使用されたほか、Mi-8の発展型であるMi-17“ヒップH”、Mi-14“ヘイズ”Mi-24“ハインド”といった多くの機種に使われ、一時は旧ソ連の軍用ヘリコプターの約95%がこのエンジンを装備したといわれている。もちろん民間や輸出向けの機体にも使われ、エンジンの総生産数は25,000基を超えていると見られる。

長期にわたる生産期間中に多くの改良型が作られていて、その際新型はVK-2500と名づけられていて、最大出力が1,800kW級になるとともに、高温・高地での運用能力が高まっている。このタイプはロシア空軍の最新武装ヘリコプターでウクライナでの戦いにも投入されているカモフKa-52“ホーカムB”(アリゲトール)に使用されている。

AI-30を装備するAn-140は、イランのHESAでライセンス生産が行われることになっているが、エンジンも含まれているかは明らかになっていない。またAI-30の詳細についても、最大出力が1,838kWである以外はコアエンジンの構成などは不明だ。また製造はウクライナのモートル・シーチで行われていたが、この現状も不明である。

Klimov TV7-117

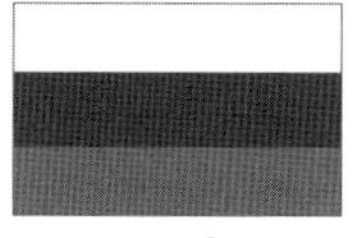

Russia
(ロシア)

クリモフ TV7-117

Photo : Wikimedia Commons

1990年代に開発が行われたロシアの新ターボプロップ・エンジンで、1997年に型式証明を取得した。イリューシンが開発を行っていた60席級双発機のIℓ-114向けのエンジンであった。最大出力2,088kWのTV7-117Sが最初の生産型で、続いてTV7-117SM/STと呼ぶタイプが作られたが、Sは貨物型、Mは民間型、Tは軍用型を示し、装備する機体の違いを示しているだけで、エンジン自体は同一のものである。これらのタイプでは、制御はデジタル電子式のFADECで行われている。

軍用の輸送機でこのエンジンを装備したのがイリューシンIℓ-112で、そのTV7-117STでは最大出力が2,610kWに増加している。この大出力型はIℓ-114-300で使われていて、Iℓ-114-300は基本型のIℓ-114-100に対して胴体をわずかに短縮して52～68席機としたものだ。また機体構造に、複合材料などの新技術が採り入れられて航続距離を延伸するとされているが、まだ製造の決定は成されていない。

TV7-117のコアエンジンは、軸流式圧縮機1段と遠心式圧縮機5段に軸流式タービン2段の組み合わせである。またヘリコプター用のターボシャフト・エンジンも開発されていて、ミルMi-38が装備しているTV7-117Vは2,100kWの最大出力をだす。

[データ:TV1-117VM]

直径	64.0～82.0cm
全長	1.61m
乾重量	360kg
最大出力	2.088kW
全体圧縮比	16:1

U.K.
(イギリス)

ロールスロイス AE2100

アリソンが計画していたGMA2100ターボプロップ・エンジンがもとで、1989年7月11日にサーブがサーブ2000のエンジンに選定したことで開発が始まり、1990年8月23日にP-3改造機による最初の飛行試験が実施された。その後C-130JハーキュリーズやC-27Jスパルタンでも採用されている。なおアメリカ連邦航空局の型式証明は、C-130J用のAE2100Dが1997年4月に取得している。またアリソンがロールスロイスと合併したことでロールスロイスの製品となって、名称もAE2100に変更された。最初の量産型がAE2100Aで、サーブ2000に搭載された。基本的に同じエンジンでIPTN N-250用としたのがAE2100Cだが、60席級地域旅客機を目指したN-250は2基の試作のみに終わっている。C-27J向けがAE21002Aで、このほかにもダウティR394プロペラと組み合わせるAE2100F、ATRが計画しているATR82用のAE2100Gなどの発展型の計画もある。なお日本の新明和US-2救難飛行艇もメイン・エンジンに使用していて、このタイプはAE2100Jと呼ばれる。

Photo : Wikimedia Commons

[データ:AE2100D3]

直径	72.9cm
全長	3.15m
乾重量	790kg
最大出力	3,458kW
全体圧縮比	16.6:1

コアエンジンはどのタイプも同じで、14段の軸流式圧縮機と2段の高圧タービン、そして2段のフリータービンの組み合わせである。またベル/ボーイングV-22オスプレイに使われているAE1107Cリバティ・ターボシャフトとは同じ高圧コアを使用していて、出力に対する大きなマージンにより耐久性や信頼性を高めている。

Honeywell TPE331

U.S.A.
(アメリカ)

ハニウェル TPE331

1950年代後期に当時のギャレット・エアリサーチ(現ハニウェル)が開発に着手した小型のターボプロップ・エンジンで、1960年に初運転を行い、1967年12月に最初の生産型TPE331-1が型式証明を取得して実用エンジンの引き渡しが始まったもの。おもに双発のビジネス機を主体に採用されて、三菱が開発したMU-2にも装備された。総生産台数は13,500を超え、作られたエンジンの出力範囲も429kWから1,230kWまでときわめて広い。

ユニークなところでは旧ソ連のアントノフが、An-28"キャッシュ"のエンジン換装型An-30への装備を決めて、アメリカから輸出許可を得ている。近年で注目されるのが軍用の無人航空機(UAV)での使用で、ジェネラル・アトミックスMQ-9リーパーがその一例となっている。1999年にギャレットがハニウェルに吸収されてもハニウェルは製品をそのまま受け継いで、製造は続けられた。

Photo : Wikimedia Commons

[データ:TPE331-43A]

直径	53.0cm
全長	1.20m
乾重量	152kg
最大出力	429kW
全体圧縮比	10.55:1(TPE331-10)

コアエンジンは、2段の遠心式圧縮機と3段の軸流式タービンで構成され、回転軸用のギアボックスを内蔵している。1987年には大幅な出力増加改良型で最大出力を1,570kW以上とするTPF351が計画されたが、試作エンジンが初運転を行っただけで開発は中止となった。

U.S.A.
(アメリカ)

ジェネラル・エレクトリック CT7

アメリカ陸軍の主力ヘリコプター向けに設計されたGE12ターボシャフト・エンジンを出発点としたターボプロップ・エンジンで、GE12はT700としてまずUH-60ブラックホーク多用途ヘリコプターとAH-64で実用化された。そののちもアグスタウエストランドAW101やAW149、韓国のKUH-1スリョンなど多くのヘリコプターに使われている。ターボプロップ型も50席級以下の双発機が主体だが、サーブ340やエアテックCN-235に使用され、チェコのLet L-610(実用化されなかった)やスホーイSu-80(資金難で開発中断)にも採用された。

ターボシャフトのT700になるがコアエンジンは、5段の軸流式圧縮機、1段の遠心式圧縮機、2段のガスジェネレーター・タービン、そして2段のフリータービンとなっている。

Photo : General Electric

[データ:CT7-8A]

直径	66.0cm
全長	1.24m
乾重量	246kg
最大出力	2,002kW
全体圧縮比	18:1

General Electric HSeries

U.S.A.
(アメリカ)

ジェネラル・エレクトリック Hシリーズ

ジェネラル・エレクトリックがチェコのモートレットM601をベースに開発している近代化型がH80で、2009年に作業がスタートした。低燃費率型エンジンとすることが改良の主眼で、出力を3%増強する一方で、運転効率の10%向上を目標とした。最初の開発型は出力580kWのH80で、2009年に初運転を行って2011年12月13日にヨーロッパの型式証明を取得し、2011年3月にはアメリカの、2012年10月にはロシアの型式証明も取得している。認定を得た平均オーバーホール間隔は4,000時間と、優れた信頼性を実現した。

このパワーアップ型となるのがH80とH85で、H80の最大出力はH75と変わらないが、高温・高地での運用能力が高められる。H85は、最大で670kWの出力が得られる予定。コアエンジンの構成はどのタイプも同じで、2段の軸流式圧縮機と1段の遠心式圧縮機、1段の軸流式ガスタービンと1段の軸流式フリータービンである。現時点での主要なアプリケーションはLet L-410やドルニエDo228の近代化型であるが、ロシアのリサチョク、アメリカのネクスタントG90XTといった新型ビジネス機での採用も視野に入れている。

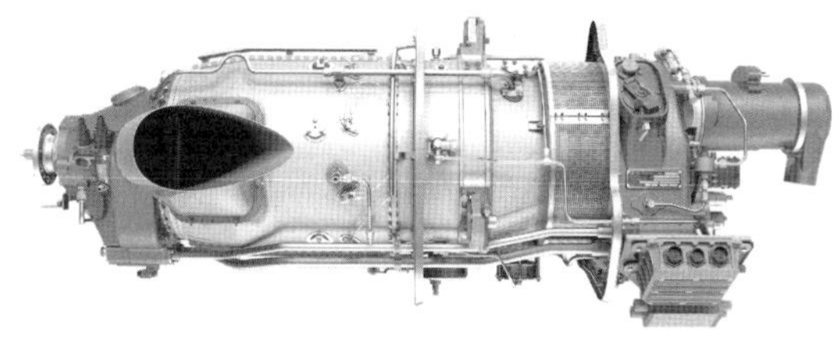

Photo : General Electric

[データ:H85]

直径	55.9cm
全長	1.67m
全高	58.4cm
乾重量	390kg
最大出力	670kW
全体圧縮比	6.7:1

国別・メーカー別索引（旅客機）

Brazil（ブラジル）

Canada（カナダ）

China（中国）

Czech（チェコ）

France（フランス）

Germany（ドイツ）

Indonesia（インドネシア）

International（国際共同）

Iran(イラン)

Poland(ポーランド)

Russia(ロシア)

Sweden(スウェーデン)

The Netherlands(オランダ)

U.S.A(アメリカ)

■ボーイング（マクダネル・ダグラス）

■ロッキード

■ロッキード・マーチン

U.K.（イギリス）

■BAEシステムズ

■ブリティッシュ・エアロスペース

■ショート

Ukraine（ウクライナ）

■アントノフ

国別・メーカー別索引（エンジン）

Canada(カナダ)

China(中国)

Czech(チェコ)

International(国際共同)

Russia(ロシア)

U.K.(イギリス)

Ukraine(ウクライナ)

U.S.A(アメリカ)

【著者紹介】

青木 謙知（あおき よしとも）

1954年12月、北海道札幌市生まれ。
1977年3月、立教大学社会学部卒業。同年4月、航空雑誌出版社「航空ジャーナル社」に編集者/記者として入社。
1984年1月、月刊『航空ジャーナル』の編集長に就任。
1988年6月、月刊『航空ジャーナル』廃刊にともない、フリーの航空・軍事ジャーナリストとなる。著書は、『幻の第5世代戦闘機 YF-23マニアックス』『幻の国産旅客機SpaceJetマニアックス』（秀和システム）をはじめ、『戦闘機年鑑2022-2023』（イカロス出版）など多数。

■協力　石原 肇、相良静造、益田麻理子
■カバー・DTP　片倉 紗千恵

世界旅客機年鑑
2024年最新鋭機対応版

発行日　2024年　1月31日　第1版第1刷

著　者　青木　謙知

発行者　斉藤　和邦
発行所　株式会社　秀和システム
〒135-0016
東京都江東区東陽2-4-2　新宮ビル2F
Tel 03-6264-3105（販売） Fax 03-6264-3094
印刷所　株式会社シナノ　Printed in Japan

ISBN978-4-7980-7107-7 C0050

定価はカバーに表示してあります。
乱丁本・落丁本はお取りかえいたします。
本書に関するご質問については、ご質問の内容と住所、氏名、電話番号を明記のうえ、当社編集部宛FAX または書面にてお送りください。お電話によるご質問は受け付けておりませんのであらかじめご了承ください。